Pythonで学ぶ
暗号理論

博士（理学）　神永　正博
博士（工学）　吉川　英機　共著

コ ロ ナ 社

ま　え　が　き

本書は，専門的に暗号理論を学ぶ大学生，大学院生，技術者向けの教科書である。もともと，暗号の研究は，軍事的な目的で秘密裏になされていた。1970 年代の終わりに，標準暗号アルゴリズム DES や，公開鍵暗号が発明され，後にインターネットが普及してから暗号の研究が急速に拡大した。Wi-Fi，インターネットショッピング，IC 乗車券，携帯電話の SIM カード，SNS での暗号通信，ブロックチェーン技術など，いまや暗号なしの生活は考えられない。情報セキュリティ技術はソフトウェアを含む広大な領域であり，暗号理論はその一部にすぎないが，きわめて重要な領域である。暗号は，自己と他者を区別する免疫の役割を担っているからである。

暗号理論の核心部分は，共通鍵暗号，ハッシュ関数，公開鍵暗号の 3 つである。本書では，共通鍵暗号，ハッシュ関数，RSA 暗号，ラビン暗号，楕円曲線暗号の解説とともに，ブロック暗号に対する差分解読法，線形解読法，そしてハッシュ関数の解析，RSA 暗号に対する攻撃などを体験できる Python プログラムを提供する。本書を活用することにより，理論の学習だけでは実感が湧きにくい暗号の仕組みについて，プログラムを動かしながら楽しく学べると考えている。

Python には，暗号処理用のモジュールが用意されており，これらを使えば，ほとんどのことができる。そのためには，そこで何が行われているかを理解しておく必要がある。また，IoT 端末などでは，ハードウェア規模や電力リソースの制限などで，便利なモジュールを直接利用できないことも多く，そうした機器への暗号技術の実装のためには，原理面からの理解が欠かせない。本書では，暗号の解読技術を通じて「何が危険なのか」の説明に比較的多くのページを割いている。加えて，利用されている暗号のアルゴリズムについても，どのような難しさがあり，それがどう克服されているか，またはどのように現実と妥協しているかについて説明する。

暗号理論は，符号理論と並んで，実用的な技術の基礎理論としては際立って純粋数学的であり，特に代数学に関する知識が多用される。伝統的な工学教育では特に代数学の教育がきわめて限定的で，そのことが暗号理論を学ぶ際の大きな障害となっているように思われる。数学科で学ぶような代数学（群論，環論，体論，初等整数論）の基礎をすべて学んでから暗号理論を学ぶのは理想的だが，工学系の学生には負担が大きすぎるであろう。本書ではこうした知識を補い，Python で実際にアルゴリズムを実装して理解を深めていく。暗号で必要になる代数学の知識は多岐にわたるが，必要になった段階で導入する形を取った。

適宜，Python の操作やプログラムの実行などを含む基本的な問題が出題されているので，解いてみていただきたい。ごく一部を除いては簡単に解くことができるはずである。やや時間がかかりそうな問題には，$*$ 印がついている。時間がないときは $*$ 印のついている問題を飛ばして読んでも問題なく読み進めることができるように配慮した。プログラムの実行には，Spyder，Visual Studio 等の統合環境を想定しているが，実習の際には，Jupyter Notebook や Google colaboratory を使うほうが適しているかもしれない。読者にとって最も適当な環境で使っていただければ幸いである。

暗号学習者が陥りがちな罠は，暗号理論の一部のみの学習を深めてしまうことである。例えば，数学が達者な人は公開鍵暗号ばかり勉強してしまいがちであるが，それだけでは実用的なシステムをつくることは難しい。少なくとも，共通鍵暗号，ハッシュ関数，公開鍵暗号とその周辺技術，モジュールまで含めた理解とソフトウェア実装経験が必要であろう。

なお，本書を通じて，すでにモジュールが用意されていても，暗号の仕組みを理解するためにあえてプログラムを提供する場合がある。プログラムは練習問題の解答にあたるものも含めて，コロナ社のサイト（https://www.coronasha.co.jp/np/isbn/9784339029468/）より取得することができる。本書のプログラムはアルゴリズムを説明するためのものなので，説明の邪魔になる例外処理を含め情報セキュリティ上必要なパラメータのチェックなどは行っていない。そのまま製品やサービスに組み込まないようお願いするとともに，本書のプログラムは，あくまで暗号の基本原理を理解するためにのみお使いいただければ幸いである。多数のプログラムが提供されるが，何度も利用される処理をクラスにまとめるようなことはしていない。あちこちで重複が生じているが，アルゴリズム全体を理解するには，このほうが好都合だと思われる。

本書は，著者（神永）が，工学部の「情報セキュリティ工学」と大学院電気工学専攻における「暗号・情報セキュリティ工学特論」で毎年アップデートしながら講義してきた内容をベースにして執筆した。神永が全体設計を行い，共通鍵暗号・ハッシュ関数の解析を得意とする吉川が，第 3 章（の前半），第 4 章，第 6 章を執筆し，両者で全体の見直し，表現の統一などを行ってまとめたものである。東北学院大学の森島佑先生には暗号利用モードの処理についてご教授いただいた。また，神永研究室の大学院生の佐藤健人君にもプログラムのチェックをしていただいた。記して感謝したい。

2024 年 8 月

神永 正博，吉川 英機

本書の URL は，すべて 2024 年 8 月現在である。また，本書では，製品名に ™，® マークは明記していない。

目　　　次

1. 共 通 鍵 暗 号

2. ブロック暗号の基礎

3. 現代のブロック暗号と暗号利用モード

4. ブロック暗号に対する差分解読法・線形解読法

5. ハッシュ関数とメッセージ認証子

6. ハッシュ関数の衝突シミュレーション

7. RSA 暗号と RSA 電子署名

8. RSA暗号の実装アルゴリズム

9. 素　数　生　成

10. RSA暗号に対する攻撃

11. 平方剰余とラビン暗号

12. 楕円曲線と楕円曲線上の離散対数問題

13. 楕円曲線の暗号への応用

共 通 鍵 暗 号

本章では，共通鍵暗号の仕組みの概略，特に通信路暗号化とチャレンジレスポンス認証を説明し，素朴な暗号として，単換字式暗号とその解読方法である頻度解析を説明する。

1.1　共通鍵暗号の基本

1.1.1　暗号化，復号，秘密鍵

暗号理論で用いられる基本的な概念を説明しておこう。最もシンプルな共通鍵暗号のイメージは，**図 1.1** のようなものである。図 1.1 は，A 氏から B 氏にメッセージ P を暗号化して送る様子を表している。メッセージ（暗号化されていないもの）は，**平文**（plaintext）と呼ばれる。読みは，「ひらぶん」であって「へいぶん」ではない。平文が秘密鍵 K によって暗号化され，暗号文となる。共通鍵暗号では，秘密鍵 K は何らかの手段で通信前に共有されている必要がある。図 1.1 における E_K は暗号化関数であり，秘密鍵 K を用いて平文 P を暗号文 C に変換する。つまり，$C = E_K(P)$ と書くことができる。一方，D_K は復号関数である。K を固定したとき，D_K は逆関数 $D_K = E_K^{-1}$ になっている。つまり，$D_K(C) = E_K^{-1}(E_K(P)) = P$ となる。K を固定したときは，平文と暗号文は一対一に対応している。理想的な暗号では，K を知らない限り，C は乱数と区別できず，暗号文だけ見ても平文に関する情報が一切得られない。ただ，実際にはそうではないところが暗号理論の面白いところである。暗号解読を試みる者を攻撃者（アタッカー）という。

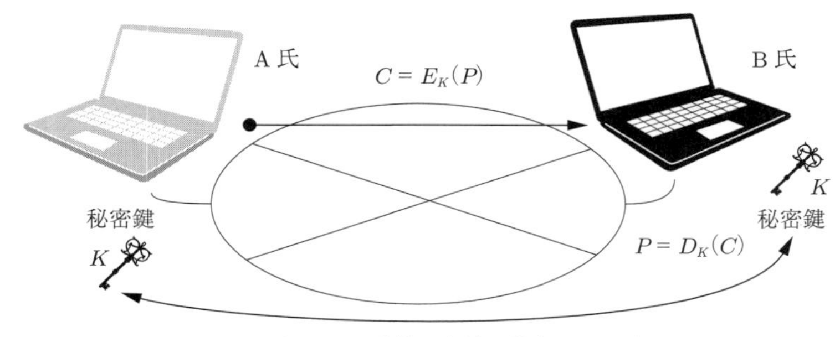

図 1.1　インターネットにおける共通鍵暗号化と復号のイメージ

1.1.2　チャレンジレスポンス認証

図 1.1 は，通信路暗号化という，最もわかりやすい暗号の使い方であるが，この他に重要な使い方として**チャレンジレスポンス認証**（challenge-responce authentication）がある。**図 1.2** は，IC 乗車券を例に取ったチャレンジレスポンス認証の概念図である。IC 乗車券は，カード内に IC チップがあり，そこで暗号の処理を行うことができる。改札からの電波による電磁誘導で電力を生み出し，IC チップに供給する非接触 IC カードである。まず，IC チップが改札に近づくと電磁誘導により IC チップが起動し，ゲートを開けるように要求する。これに対し，改札は，**チャレンジ**（challenge）と呼ばれる乱数 r を IC 乗車券に向けて送信する。IC 乗車券は，乗車券発行時に付与された秘密鍵 K を用いてチャレンジ r を暗号化し，$r' = E_K(r)$（**レスポンス**（response））を改札に送り返す。改札側（正確には改札につながっているサーバ）は，自らも保持している共通の鍵 K を用いてチャレンジを暗号化したものと r' が一致しているかどうかを確認する。これが一致していれば，カード側は発行者のリストにある鍵 K を保持していることがわかる。残高などが規定条件を満たせば，ゲートを開ける，という流れになる。チャレンジは毎回異なるので，K を持っていない限り正しい $E_K(r)$ を計算することはできない。これがチャレンジレスポンス認証である[†1]。チャレンジレスポンス認証の仕組みは幅広く用いられており，車の鍵として遠隔で開錠できるキーレスエントリでも同様である。

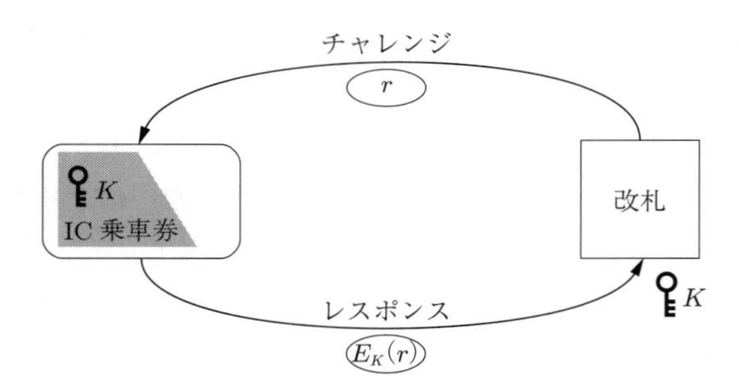

図 1.2　チャレンジレスポンス認証

1.1.3　暗号用乱数と安全なパスワード生成

なお，一般にチャレンジは**疑似乱数**（pseudorandom numbers）である。本物の乱数を疑似乱数に対比させて**真正乱数**（true random numbers）と呼ぶ。真正乱数に近いものがよい疑似乱数であるが，その「近さ」に関しては，少なくとも 2 つの視点がある。1 つは統計的な視点である。例えば，0 と 1 の頻度や，独立性などを統計的な検定で評価し，多くの検定を通過するものがよい疑似乱数である。この方向では，**メルセンヌツイスタ**（Mersenne Twister，MT）がきわめて優れた疑似乱数生成器である[†2]。MT は，松本眞と西村拓士によって発明された。

[†1] r はメッセージにあたるが，乱数であって，何か意味のある情報ではないことに注意されたい。

[†2] より高速な SIMD-oriented Fast Mersenne Twister（SFMT），Double precision SIMD-oriented Fast Mersenne Twister（dSFMT）もあり，現在広く利用されている。

Matsumoto-Nishimura[1)][†1]は記念碑的論文である（論文は1998年掲載だが，結果は1996年の国際会議で発表されている）。MTは，$2^{19937}-1$（メルセンヌ素数）という長大な周期を持っており，モンテカルロシミュレーション（乱数を用いたシミュレーション）などではほとんどの場合満足のいく乱数を生成する。Pythonをはじめとして，多くのプログラム言語が，MTを採用して乱数を生成している。Pythonの`random`モジュールはMTを提供している。もう1つの視点は，予測困難性である。疑似乱数は所定の規則に従ってシード（初期値）を更新するアルゴリズムであるから，原理的には予測可能だ。しかし，暗号用途では，予測困難であることが必要である。MTは，予測困難ではないので，暗号用途で使うことは避けなければならない。MTのコード[†2]によれば，MTは内部ステートとして624個の32ビットの（unsigned long型）整数を持っており，624回出力すると内部ステートがすべて更新される。したがって，624個の出力からMTの内部ステートを復元してつぎの出力が予測できる。

Pythonで暗号用の乱数を生成したい場合は，`secrets`モジュール[†3]を利用するのが一般的である。例えば，`secrets.randbits(k)`はkビットの予測困難な疑似乱数を生成する。なお，Cに標準装備されている`rand`は周期の短い線形合同法で生成された疑似乱数を提供するが，統計的視点で見てもまったく不十分なものであり，予測困難性の観点では論外である。

真正乱数は真円と同様に数学における理想的な概念であるが，暗号理論の文脈では，物理的な手段で生成される乱数を真正乱数と呼ぶことが多い。例えば，抵抗間の電圧のゆらぎをオペアンプで増幅し，そのアナログ信号をビット列に変換したり，高速なクロック信号を低速なクロックでサンプリングするなどの方法が用いられる。他にも環境電磁波を利用するなどの方法もある。これらは，温度や電波状況を故意に操作した場合に乱数の質が悪化する可能性があるが，通常は，物理乱数とよい疑似乱数生成器の組み合わせで十分安全な乱数が生成できると考えられている。

問題1-1　`secrets`モジュールの`secrets.randbits(k)`を用いて，8ビットの乱数を生成し，2進数表示せよ。2進数表示するには，`bin`関数を用いればよい。

`secrets`モジュールを使えば安全なパスワードを生成するプログラムも簡単にできる。**リスト1.1**のプログラムは，`length`で指定した文字数（ここでは8）のランダムなパスワードを生成するものである。

リスト1.1（StudySecurePassword.py）

```
1 import secrets
2 import string
3
4 length = 8
5 lst = string.ascii_letters + string.digits
6 password = ''.join(secrets.choice(lst) for i in range(length))
```

[†1] 肩付きの数字は，巻末の引用・参考文献の番号を示す。

[†2] http://www.math.sci.hiroshima-u.ac.jp/m-mat/MT/MT2002/CODES/mt19937ar.c

[†3] このモジュールは，オペレーティングシステム（OS）が提供する最も安全な乱数源に基づく乱数を生成するために用いられる。`secrets`は，`os.urandom`と`random.SystemRandom`に基づく。

```
7 print("password:", password)
```

string モジュールは，アスキー文字列，数字列などを含むもので，5 行目の lst は，アルファベットと数字を列挙したもの，つまり

```
'abcdefghijklmnopqrstuvwxyzABCDEFGHIJKLMNOPQRSTUVWXYZ0123456789'
```

である。6 行目で secrets.choice を使って，上記の文字列から，length で指定した回数だけランダム選択してつないでパスワードを生成している。

問題 1-2　リスト 1.1 のプログラムを修正して，10 文字のパスワードを生成してみよ。

1.1.4　リレーアタック

一見すると暗号を破ることなしにチャレンジレスポンス認証を破ることは不可能に思えるが，実際には抜け道がある。実際に犯罪に使われたものとして自動車のスマートキーに対する**リレーアタック**（vehicle relay attack）がある。リレーアタックは，スマートキーが車に近づくと（1 m 程度）鍵が開くという仕組みを利用した攻撃手法である。この物理的に鍵を差し込まずに解錠できるシステムは，**スマートエントリシステム**（smart-entry system）と呼ばれるもので，1993 年にシボレー・コルベットに採用された**パッシブ・キーレスエントリー・システム**（Passive Keyless Entry System）や 1998 年にメルセデス・ベンツ・S クラスに採用された「キーレス・ゴー」など広く用いられている。スマートエントリシステムでは，ドライバーが車から離れると自動的に施錠される。

車の盗難防止の仕組みとしては，**イモビライザ**（immobilizer）がある。イモビライザとは，電子的なキーの照合システムによって，専用のキー以外ではエンジンの始動ができないという自動車盗難防止システムのことである。物理的な方法でドアを開けてもエンジンがかからないという意味で効果的な盗難対策である。スマートキーと呼ばれるものは通常イモビライザキーを兼ねている。

リレーアタックでは，スマートエントリにおいて，スマートキーが近くにあることを車のコントロールユニットが検知して（弱い電波が発信されている）ドアロックが解除され，エンジンがかかる（イモビライザを兼ねているから）ことを利用して車を盗難する。スマートキーが近くにあるのと等価な状況をつくり出すことができれば施錠を解くことができるからである。一方の機器は車の隣に配置する必要があり，もう一方の機器は車の所有者のスマートキーの近くに配置する必要がある。

リレーアタックでは，自動車とスマートキーを持っているドライバーとの間に入り，アンプで信号を増幅して中継することでロックの解除が可能になる。信号は復号されるのではなくコピーされ，結果的には秘密鍵を傍受するのと同じ効果がある。リレーアタックによる車の盗難は，欧米で先行して確認され，2018，2019 年頃には日本でも被害が確認された。リレーアタックの手順をまとめるとつぎのようになる。犯行は通常複数名で行われることが多い（**図 1.3**）。

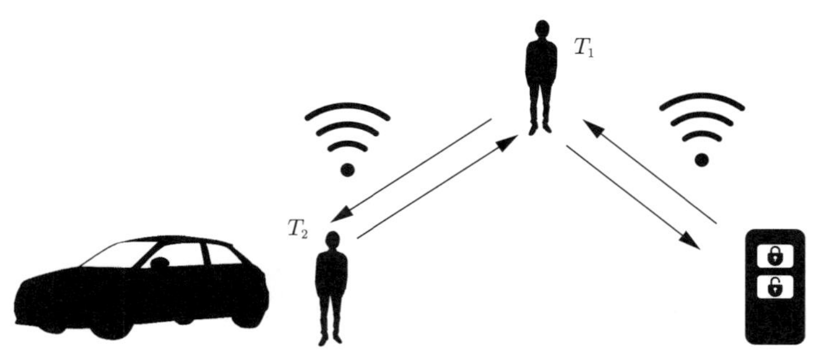

図 1.3　リレーアタック

1. グループの 1 人 T_1 がスマートキーに近づく（キーは運転手自身の手元にある場合もあるし，そうでない場合もある。また，運転手の手元ではなく，例えば，玄関先にキーが置かれている場合であれば，玄関に近づくという意味）
2. スマートキーの微弱電波を受信し増幅させて犯行グループの別の一人 T_2 に送信
3. 増幅させた電波を受けた T_2 が受信機を持って車に近づき，ロック解除
4. エンジン始動・盗難

リレーアタックにおいては，犯人は暗号を解読したわけではない。彼らは信号を中継しただけである。これは，**中間者攻撃**（man-in-the-middle attack）の一種である†。プロトコルを変えずに対策するには，スマートキーを金属缶などで遮蔽（しゃへい）することが比較的容易で有効な対策である。ポータブルな遮蔽グッズも販売されている。IC 乗車券などでリレーアタックが問題にならないのは，電波の中継が困難だからである。

1.1.5　暗号への攻撃法の種類

暗号に対する攻撃はアタッカーがどのような情報を得ることができるかによって分類されることが多い。暗号においては秘密鍵を復元する攻撃が最も強力である。秘密鍵が手に入れば，どんな暗号文でも復号できるからである。暗号理論においては，平文 P，暗号文 C，秘密鍵 K についての方程式

$$E_K(P) = C$$

を何らかの方法で「解く」ことが求められる。この観点で暗号への攻撃を分類すると以下のようになる。

- **選択平文攻撃**（chosen plaintext attack）：　アタッカーが，任意の平文 P に対し，暗号文 C を得ることができる場合の攻撃
- **既知平文攻撃**（known-plaintext attack）：　アタッカーが，既知の平文 P に対応する暗号文 C を得ることができる場合の攻撃

† 通常の中間者攻撃では，A 氏，B 氏がおのおの C 氏を通信相手と思っている（A 氏は C 氏を B 氏と思っており，B 氏も C 氏を A 氏と思っている）状況（なりすまし）をつくり出さなければならない。

後に説明するが，ブロック暗号に対する差分解読法は選択平文攻撃であり，線形解読法は既知平文攻撃である。

チャレンジレスポンス認証においては，チャレンジもレスポンスも既知と考えられるのでアタッカーは，平文と暗号文のペアから秘密鍵を計算する，すなわち，K を未知数とする（一般には連立）方程式

$$E_K(P_j) = C_j \quad (j = 1, 2, \ldots, n)$$

から K を求めることになる。この方程式を解く最も原始的な方法は，手あたり次第鍵 K を変えて，上記の関係式を満たす平文暗号文ペアが得られるまで試すという方法である。このような攻撃は，**総当たり攻撃**（brute-force attack）と呼ばれる。K のサイズが小さいときは，この攻撃法は現実的であり，例えば，後に紹介する DES（シングル DES）においては，実質的な鍵長が 56 ビットしかないため，現在，24 時間かからずに鍵の探索が終わる。つまり，この程度の鍵長では安全とはいえない。

1.2　単換字式暗号と頻度解析

最も素朴な暗号として，アルファベットを異なるアルファベットに対応させる**単換字式暗号**（simple substitution cipher）がある。単換字式暗号を勉強することは歴史を学ぶようなもので，技術的な意味はないと考える人もいると思うが，単換字式暗号とその解読技術には，共通鍵暗号の解読に通ずるものがあるため，やや詳しく解説する。

単換字式暗号では，アルファベットを，例えば**図 1.4** のように並べ替え，その対応表（これが秘密鍵）は秘密に保持しておき，送信側と受信側だけで共有しておく。

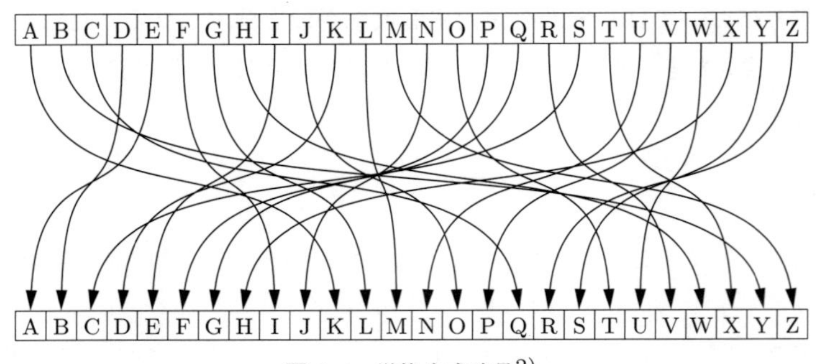

図 1.4　単換字式暗号[2]

この表に基づいて，ユリウス・カエサルの名言（の英訳）

Men willingly believe what they wish.
人は喜んで自分が欲しているものを信じるものである。

を並べ替えた暗号文をつくる。スペースは詰め，ピリオドを削除するとつぎのようになる。

ZAJUEMMJLMRYAMEAPAUWKXXWARUECW

これを一見して読める人はいないだろうし，この文だけ見せられても解読するのは難しいであろう。なにしろ，換字表は

$$26! = 403291461126605635584000000 \approx 2^{88.382}$$

通りもあるのである。これは 88，89 ビットの鍵に相当し，「鍵の長さだけ見れば」現代の基準から見ても十分な強度を持つと考えられる。以下，データ M を 2 進数で表現したときの桁数を $|M|$ のように表し，M の**ビット長**（bit length）と呼ぶことにする。ただし，暗号理論では，データの桁数そのものではなく，表現したいデータの数を指す。例えば，$2^8 = 256$ 通りの表現をしたいときには 8 ビットを要する。この場合，データのビット長は 8 ビットということになる。

問題 1-3　`math` モジュールの `factorial` メソッドを使えば，階乗の計算ができる。これを用いて 26! を計算せよ。また，`log2` メソッドを使って，2 進数で表したときの桁数を求めよ。

リスト 1.2 に単換字式暗号のプログラムを示す。先のユリウス・カエサルの名言（の英訳）の暗号化は，このプログラムで行ったものである。このプログラムは，与えられた英文のアルファベット以外の文字を除き，すべて大文字にしたうえで換字表に基づいて置換を行う。

リスト 1.2（StudySubstitutionCipher.py）

```
1  import re
2  def Enc(text, org, key):
3      tmp = re.sub(r'\W+', '', text)
4      text = tmp.upper()
5      res = ''
6      for lett in text:
7          index = org.index(lett)
8          res += key[index]
9      return res
10
11 alphabet  = 'ABCDEFGHIJKLMNOPQRSTUVWXYZ'
12 key = 'KYQBAILWEODMZJTFGVCXNPUHRS'
13
14 ptext = 'Men willingly believe what they wish.'
15 ctext = Enc(ptext, alphabet, key)
16 dtext = Enc(ctext, key, alphabet)
17 print('plaintext:', ptext)
18 print('ciphertext:', ctext)
19 print('decoded ciphertext:', dtext)
```

この `re` モジュールは Perl で用いられている**正規表現**（regular expression）を扱う機能を提供する。正規表現とは，テキストパターンを記述し，検索や置換などの文字列操作を行う際に利用される記号表現で，文字列が「〜を含んでいる」や「〜と一致する」などのパターンと一致するかどうかを判定するために使われる。この「〜」を記述するのが正規表現である。ここでは，3 行目で正規表現が使われている。`re` モジュールの `sub` メソッドは，文字の置き換えを行うメソッドであり

```
r'\W+'
```

が非単語文字を表している。3 行目では，非単語文字は，空文字に置き換えている。つまり，非単語文字を削除していることになる。ここで定義されている Enc 関数では，まず，re.sub を用いて text のうちアルファベット以外を削除し，upper() ですべて大文字に変換している。そうしたうえで，text から一文字ずつ読んで，そのインデックス（アルファベットの何番目か）を読んで key の該当するインデックスの文字に入れ替えている。

問題 1-4　リスト 1.2 のプログラムを実行し，暗号化が正常に行われていることを確認せよ。自分で考えた短い英文を平文として，それを暗号化してみよ。

リスト 1.2 は，かなり直接的な実装で，このままではファイルをそのまま暗号化はできず不便なので，ファイルを読み込んで暗号化し，別のファイルに出力するインターフェースを追加したのが，**リスト 1.3** のプログラムである。

リスト 1.3（StudySubstitutionCipher2.py）

```
 1 import re
 2 def Enc(text, org, key):
 3     tmp = re.sub(r'\W+', '', text)
 4     text = tmp.upper()
 5     res = ''
 6     for lett in text:
 7         index = org.index(lett)
 8         res += key[index]
 9     return res
10
11 alphabet  = 'ABCDEFGHIJKLMNOPQRSTUVWXYZ'
12 key = 'KYQBAILWEODMZJTFGVCXNPUHRS'
13
14 f1 = open('test.txt','r')
15 f2 = open('cipher.txt','w')
16 s = f1.read()
17 ptext = s.upper()
18 #ptext = 'Men willingly believe what they wish.'
19 ctext = Enc(ptext, alphabet, key)
20 dtext = Enc(ctext, key, alphabet)
21 print('plaintext:', ptext)
22 print('ciphertext:', ctext)
23 print('decoded ciphertext:', dtext)
24 f2.write(ctext)
25
26 f1.close()
27 f2.close()
```

リスト 1.3 のプログラムと先ほどのリスト 1.2 のプログラムとの違いは，ファイルの読み込みを行っている部分と暗号文を別のファイルに書き込んでいるところだけである。open でファイルオブジェクト f1，f2 を生成し，read で f1 で指定したファイルを読んで，f2 で指定したファイルに書き出し，最後にファイルオブジェクトをクローズしている。

単換字式暗号方式で暗号化された文章は，短ければ解読は困難だが，長くなると確率論的な効果が効いて解読できるようになる。単換字式暗号の解読の鍵を握るのは，アルファベットの

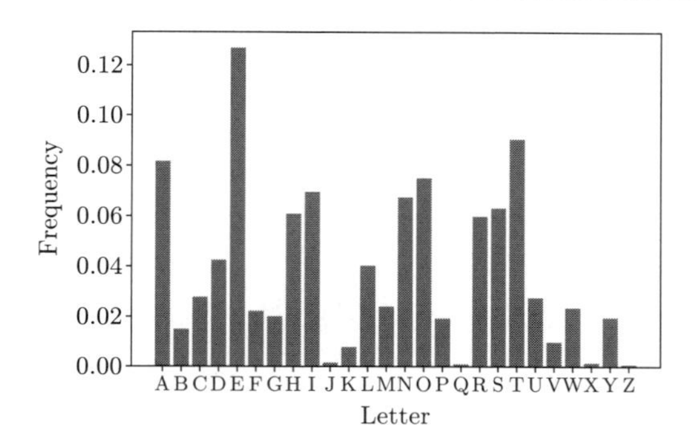

図 1.5 アルファベットの頻度

頻度情報である。**図 1.5** をご覧いただきたい[†]。

図 1.5 を見てすぐにわかるように，E の頻度が突出して高く，T がそれに続き，つぎが A, O, ... のようになっている。J, Q, X, Z の頻度は非常に低いことなどもわかる。この情報を使って確率論でよく知られている**大数の法則**（law of large numbers）を応用して単換字式暗号を解読するのである。つまり，単換字式暗号で暗号化されたある程度長い文章におけるアルファベットの頻度は，図 1.5 のような頻度に徐々に近づいていくということである。これをシミュレーションで確認しておこう。そのためには，**多項分布**（multinomial distribution）と呼ばれる確率分布を利用する必要がある。背反事象 $A_1, A_2, \ldots, A_k$ が起きる確率をそれぞれ，$p_1, p_2, \ldots, p_k (p_1 + p_2 + \cdots + p_k = 1)$ とする。全部で n 回の試行が行われたとする。このとき，$X = (X_1, X_2, \ldots, X_k)$ をそれぞれの事象が起きた回数とすれば，$X = (n_1, n_2, \ldots, n_k)$ となる確率は，式 (1.1) のように表される。

$$P(X = (n_1, n_2, \ldots, n_k)) = \frac{n!}{n_1! n_2! \cdots n_k!} p_1^{n_1} p_2^{n_2} \cdots p_k^{n_k} \tag{1.1}$$

これが多項分布である。Python には多項分布に従う乱数を発生させる関数 `random.choice` が用意されている。**リスト 1.4** は，多項分布関数を用いて，アルファベットの頻度と同じ確率で 0 から 25 までの数字（アルファベットの A〜Z に対応する）を発生させ，ヒストグラムを描くプログラムである。

リスト 1.4（StudyLawofLargeNumber.py）

```
1 import numpy as np
2 import matplotlib.pyplot as plt
3
4 N = 10000
5 ratio = np.array([0.08167, 0.01492, 0.02782, 0.04253, 0.12702, 0.02228,
     0.02015, 0.06094, 0.06966, 0.00153, 0.00772, 0.04025, 0.02406, 0.06749,
     0.07507, 0.01929, 0.00095, 0.05987, 0.06327, 0.09056, 0.02758, 0.00978,
     0.02360, 0.00150, 0.01974, 0.00074])
6 r = ratio/sum(ratio)
7 letter = np.arange(26)
8 sample = np.random.choice(letter, p = r, size = N)
9 samplelist = sample.tolist()
```

[†] アルファベットの頻度については調査によって若干の違いがある。

```
10 countsample = [samplelist.count(j)/N for j in range(26)]
11 alphabetlist = [chr(ord("A")+i) for i in range(26)]
12
13 plt.bar(alphabetlist, countsample)
14 plt.show()
```

リスト1.4のプログラムでは，7行目で0〜25を並べた配列`letter`をつくり，8行目で`letter`から確率`r`に基づいて値を取り出す。6行目の処理は必要ない可能性もあるが，`ratio`で指定した確率の総和が，桁落ちなどで1にならないことも考慮して念のため入れてある。9行目は，numpyの配列をリスト`countsample`に変換している。10行目では，`countsample`の0から25までをカウントした26個の要素からなる値それぞれをNで割って割合を求めたもののリストを作成している（リスト内包表記）。11行目では，棒グラフのラベルのため，アルファベットのリストをつくっている。13行目で棒グラフを描いている。

図1.6，**図1.7**はそれぞれ，サンプルサイズ100，10000としたものである。これは，100文字，10000文字の平文に相当する。

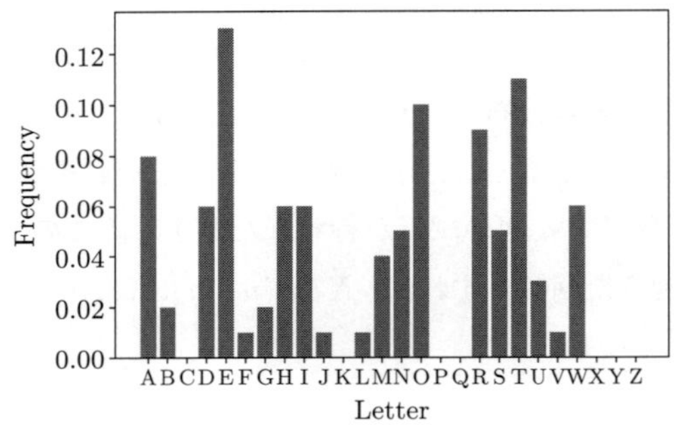

図1.6　サンプルサイズ100

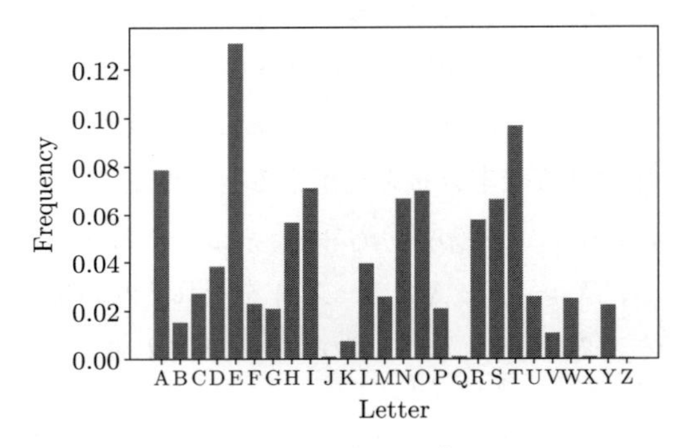

図1.7　サンプルサイズ10000

サンプルサイズが大きくなると本来の頻度に近づくことがわかる。つまり，先ほどの単換字式暗号においては，暗号文が十分長ければ，最も頻度が高い文字として平文のEに対応するAが浮かび上がってくると考えられる。つぎに頻度が高いのは，X（平文のTに対応）かK（平文のAに対応）であろう。このようにしてアルファベットの対応表を導き出すのである。なお，上記はアルファベットの頻度という情報しか使っていない場合の解読原理であるが，実際には単語の知識，文法的知識などを使えばより効率的な解読が可能となる。

実際のテキストで確認してみよう。`test.txt`には，エドガー・アラン・ポーの小説『アッシャー家の崩壊（The Fall of the House of Usher)』の一部が収められている。このテキストのアルファベットを数えるプログラムが，**リスト1.5**である。`test.txt`に所望のファイルを指定すれば，そのテキストのアルファベットをカウントする。結果は辞書型データとして出力される。

リスト 1.5（StudyCount.py）

```
1 import collections
2 import re
3
4 f = open('test.txt','r')
5
6 s = f.read()
7 tmp = re.sub(r'\W+', '', s)
8 text = tmp.upper()
9
10 c = collections.Counter(text)
11 print(c)
12
13 f.close()
```

2行目でインポートしているのは，すでに説明した正規表現処理のためのモジュールである。8行目で作成した`text`は，`test.txt`に出現したアルファベット（コンマ，スペースなどは削除したもの）を並べたものであり，10行目でそのアルファベットをカウントしている。そのために1行目で`collections`モジュールが必要になる。実行結果は，つぎのようになるはずである。

```
Counter({'E': 507, 'T': 341, 'A': 308, 'I': 296, 'O': 283,
'N': 280, 'S': 238, 'H': 233, 'R': 212, 'L': 166, 'D': 159,
'F': 120, 'U': 116, 'C': 102, 'M': 93, 'P': 92, 'W': 86,
'Y': 80, 'G': 58, 'B': 49, 'V': 42, 'K': 22, 'Q': 4, 'X': 4,
'J': 2, 'Z': 1})
```

問題 1-5　リスト1.5のプログラムを利用し，ウェブサイトの英文記事を適当に選択してテキストファイルにしたうえで，そのファイルに含まれるアルファベットの出現回数を数えよ。

単換字式暗号は非常にシンプルなものだが，類似の換字式の暗号とこれを改良した暗号は長く使われていた。いまでは使われることはないが，頻度解析がわれわれ暗号学徒に与えてくれる教訓は，現代暗号の解読にも生きている。それは，すなわち，「偏りを探せ」ということである。暗号化関数は，理想的には乱数と区別できないビット列を生成するものであるべきだが，実際にはそのようなことはなく，どこかに偏りが生じるのである。アタッカーは，何らかの偏りを利用して暗号を解読する。ただし，単換字式暗号においても暗号文が短ければ解読できる可能性は下がる。例えば50文字程度であれば，解読はきわめて困難である。一方，数万字あれば，大数の法則によって容易に解読できる。

2 ブロック暗号の基礎

ブロック暗号は，平文を所定のビット長のデータに区切って暗号化・復号を行う暗号である。ブロック暗号は，ラウンドと呼ばれる1単位の処理を繰り返すことによって暗号化を行うため，写像の合成とみなすことによって明解に理解することができる。本章では，写像の合成に関する基礎事項を説明し，古典的な標準暗号であるDESを例に，ブロック暗号構成の基本的な考え方を解説する。

2.1 ブロック暗号の構成要素

ブロック暗号とは平文を所定のビット長のデータ（**ブロック**（block）と呼ばれる）に区切り，ブロック単位で暗号化，復号を行う暗号である。ブロック暗号のブロックのビット長は**ブロックサイズ**（block size）と呼ばれる。共通鍵暗号といえばブロック暗号を指していることが多い。

ブロック暗号は大きく分けて2つの部品から構成されている。1つはビットの位置を入れ替える**転置**（permutation）であり，複数のビットを別のビットで置き換える**換字**（かえじ）（substitution）である。換字の処理は一般に**Sボックス**（S box）と呼ばれる。転置と換字をつなげて秘密鍵と混ぜる処理を何度も繰り返すことで強いブロック暗号をつくることができる。このアイデアは，シャノンにまで遡ることができる。

転置と換字，どちらが欠けても強く効率的な暗号をつくることはできない。転置だけで構成すると転置は**線形変換**（linear transformation）なので，入力を変えながら秘密鍵を1ビットずつ同定することができてしまうため危険だからである†。一方，**換字だけで構成すると巨大なSボックスが必要**となり非効率である。後にDESの例を見るが，Sボックスはテーブル（表）であり，巨大なSボックスを格納するためには広大なメモリが必要になる。そこで両者を適当な割合で組み合わせて暗号を構成することが現実解となる。通常，Sボックスはテーブルとして格納され，それを参照する処理（テーブルルックアップ）として実装されるが，Sボックス自体を論理回路として表現することも可能である。例えば，Simon等の暗号ではSボックス相当の処理は，算術演算，論理演算で構成されている。ただし，これらの暗号で使われているSボックス（論理演算表現されたもの）はテーブルとして表現すると巨大なものになるため，通常のSボックスとは区別しておきたい。定着した用語ではないが，テーブルルックアップでき

† 線形変換の意味は後ほど説明する。

る程度の大きさのSボックスを持つブロック暗号をSボックス型，複数のビットをまとめて変換する論理演算を備えた暗号を論理演算型と呼ぶことにする。Simonは論理演算型のブロック暗号であり，次節で説明するDESはSボックス型のブロック暗号である。

2.2 写像の合成とブロック暗号

ブロック暗号を数学的に扱う場合には，写像の概念が有効である。ブロック暗号は，写像の合成とみなすことができるからである。

写像（mapping）とは，関数を一般化した概念であり，1つの集合 X の元（げん）（要素）を集合 Y の元に対応させる規則 f のことを指す。$X = Y$ でもよいが，一般には $X \neq Y$ である。記号では

$$f : X \to Y, \quad X \xrightarrow{f} Y$$

のように表す。例えば，$f(x) = 2x$ は，任意の実数 x を受け取り，それを2倍した値を出力する写像である。$f : X \to Y$ において，$f(X)$ は Y の部分集合である。$f(X)$ を X の像，または，$f : X \to Y$ の値域であるという（X は f の定義域であるという）。

特に，$f(X) = Y$ となるとき，f は**全射**（surjection）と呼ばれる。x が集合 X の元であることを $x \in X$ で表す。$x, y \in X (x \neq y)$ に対しては，必ず $f(x) \neq f(y)$ となる f は，**単射**（injection）と呼ばれる。f が全射かつ単射であるとき，f は**全単射**（bijection）という。暗号理論では，X, Y は有限集合（元が有限個の集合）であることがほとんどだが，X, Y の元の個数が等しいとき，$f : X \to Y$ が，全射であることと単射であることは同値である。

2つの写像 $f : X \to Y$ と $g : Y \to Z$ を考える。f が全射のとき，$(g \circ f)(x) = g(f(x))$ として，写像 $g \circ f : X \to Z$ が定義できる。これを f と g の合成という。例えば，$\mathbb{R}$ を実数全体とし，$f : \mathbb{R} \to \mathbb{R}$ を $f(x) = x + 1$，$g : \mathbb{R} \to \mathbb{R}$ を $g(x) = 2x$ で定義するとき，$(g \circ f)(x) = 2(x + 1) = 2x + 2$，$(f \circ g)(x) = 2x + 1$ となる。この例からもわかるように，一般に，$g \circ f$ と $f \circ g$ は異なる写像となる。写像 $f : X \to X$ に対して，つぎのように表す。

$$f^s = \overbrace{f \circ f \circ \cdots \circ f}^{s\text{個}}$$

問題 2-6　写像 $f : \mathbb{R} \to \mathbb{R}$ を $f(x) = x^2$ と定義したものは，全射か？また，f は単射か？

問題 2-7　2つの写像 $f : \mathbb{R} \to \mathbb{R}$ を $f(x) = 2x + 1$，$g : \mathbb{R} \to \mathbb{R}$ を $g(x) = 3x - 2$ と定義するとき，$g \circ f$ と $f \circ g$ を求めよ。

全単射 $f : X \to Y$ が与えられ，全単射 $g : Y \to X$ が，任意の $x \in X, y \in Y$ に対し

$$g(f(x)) = x, \quad f(g(y)) = y$$

を満たすとする。f に対しこのような g が1つだけ定まる。このように $g \circ f = f \circ g = I$（$I$ は，$I(x) = x$ となるような写像で**恒等写像**（identity mapping）と呼ばれる）となるとき，g

を f の逆写像といい，f^{-1} のように表す。

問題 2-8　写像 $f:\mathbb{R}\to\mathbb{R}$ を $f(x)=2x+1$ で定義するとき，逆写像 f^{-1} を求めよ。

命題 2.1　2 つの全単射 f, g の合成写像 $g\circ f$

$$\begin{array}{ccc} X & \xrightarrow{f} & Y \\ {\scriptstyle g\circ f}\downarrow & \circlearrowright & \swarrow{\scriptstyle g} \\ Z & & \end{array}$$

に対し，$(g\circ f)^{-1}=f^{-1}\circ g^{-1}$ が成り立つ。

証明

$$\begin{aligned}(f^{-1}\circ g^{-1})\circ(g\circ f) &= f^{-1}\circ(g^{-1}\circ g)\circ f\\ &= f^{-1}\circ I\circ f\\ &= f^{-1}\circ f = I\end{aligned}$$

であるから，$f^{-1}\circ g^{-1}$ は，$g\circ f$ の逆写像になっている。□

2 つの集合 X, Y に対し，$x\in X, y\in Y$ の組 (x,y) 全体からなる集合を X と Y の**直積集合**（direct product set）または単に**直積**（direct product）といい，$X\times Y$ と書く。3 つの集合の直積 $X\times Y\times Z$ は，$x\in X, y\in Y, z\in Z$ の組 (x,y,z) の全体として定義される。X の n 個の直積は

$$X^n=\overbrace{X\times X\times\cdots\times X}^{n\text{ 個}}$$

のように表す。特に，$\{0,1\}$ の n 個の直積を $\{0,1\}^n$ のように書く。暗号理論では，任意のビット長のデータを $\{0,1\}^*$ のように書く。$*$ には任意の自然数が入ると考えるのである。

問題 2-9　$X=\{0,1\}$ と $Y=\{0,1,2\}$ に対し，$X\times Y$ と $Y\times X$ を求めよ。

一般に，ブロック暗号の暗号化関数は，鍵 $K\in\{0,1\}^m$（m は鍵長）ごとに定まる全単射

$$\Gamma_K:\{0,1\}^n\to\{0,1\}^n$$

と考えることができる。復号関数は，Γ_K の逆写像 Γ_K^{-1} と考えることができる。一般に鍵長 m は十分大きく取る必要がある。場合にもよるが，$m=30$ 程度では容易に全数探索できてしまう。m の目安は時代とともに変化するが，現在の標準ブロック暗号 **AES**（Advanced Encryption Standard）では，$m\geqq 128$ であり，全数探索は実質的に不可能である（AES については第 4 章で詳しく説明する）。

ブロック暗号では，Γ_K をラウンドと呼ばれる小さな写像の合成で表現する。ラウンド数を

r としよう。鍵 $K \in \{0,1\}^m$ を r 個の鍵に変換する写像 KS

$$\begin{array}{ccc} \{0,1\}^m & \xrightarrow{\text{KS}} & \overbrace{\{0,1\}^\ell \times \{0,1\}^\ell \times \cdots \times \{0,1\}^\ell}^{r\text{ 個}} \\ \Psi & & \Psi \\ K & \longmapsto & (k_1, k_2, \ldots, k_r) \end{array}$$

を**鍵スケジュール**（key schedule）という。各 $k_j (j = 1, 2, \ldots, r)$ は**ラウンド鍵**（round key）または**補助鍵**（subkey）と呼ばれる。元の鍵のビット長 m とラウンド鍵のビット長 ℓ は一般には一致しない。1 ラウンドの処理は，$k \in \{0,1\}^\ell$ に対して定まる写像

$$\Psi_k : \{0,1\}^n \to \{0,1\}^n$$

で表される。Ψ_k を**ラウンド関数**（round function）と呼ぶ。ラウンド関数は S ボックスを含む。一般のブロック暗号は，秘密鍵 K に対し，$\text{KS}(K) = (k_1, k_2, \ldots, k_r)$ となるとき

$$B_K = \Psi_{k_r} \circ \Psi_{k_{r-1}} \circ \cdots \circ \Psi_{k_1}$$

として表現できる（**図 2.1**）。同じような処理を繰り返すことで暗号化の処理が効率的になる。

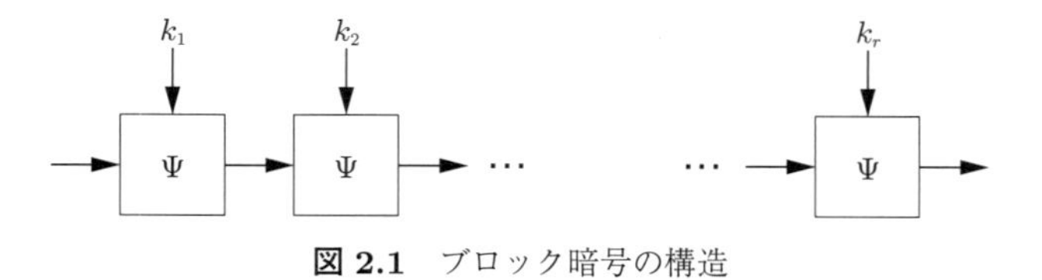

図 2.1　ブロック暗号の構造

復号は，逆写像

$$B_K^{-1} = (\Psi_{k_r} \circ \Psi_{k_{r-1}} \circ \cdots \circ \Psi_{k_1})^{-1} = \Psi_{k_1}^{-1} \circ \Psi_{k_2}^{-1} \circ \cdots \circ \Psi_{k_r}^{-1}$$

となる。つまり，復号のために，ラウンド関数の逆関数が必要となる。

なお，鍵スケジュールの設計原理には確立した基準はない。しかし，$k_1 = k_2 = \cdots = k_r = k$ となる場合，つまりすべてのラウンド鍵が同じになるような鍵スケジュールは好ましくない。$\Psi_k(x) = x$ となる x（これを**不動点**（fixed point）という）が見つかったとすると，$B_K(x) = x$ となり，1 ラウンドの暗号解析で暗号処理全体の解析が可能になって危険な場合がある（例えば，Bard[3)] を参照されたい）。

2.3　DES

本節では，ブロック暗号 DES の詳細な構造を説明するとともに，理解を助けるための Python プログラムを提供する。**DES**（Data Encryption Standard）は，最初の米国標準暗号である。

現在では，DES は 24 時間以内に解読できる（Wiener（ウィーナー）は平均 3 時間半で解読できるという論文を発表している[4)]）。このような現状に伴い，**米国立標準技術研究所**（National Institute of Standards and Technology：**NIST**）は 2018 年 7 月 19 日，DES を強化したトリプル DES についても，将来のアプリケーションでの使用を中止し，2023 年以降は禁止する提案を行った。これにより，DES は今後利用されなくなる。新しい標準暗号である AES にとって代わられたことになる。

しかし，DES を通して学ぶことはいまなお多い。第一の理由は，DES の構造が，いまでも多くのブロック暗号で採用されている方式であること。第二の理由は，DES が最も詳しく研究されたブロック暗号であるということである。著者の経験では，ブロック暗号を理解するためには，多数の暗号を表面的に知るよりも DES を徹底的に知るほうが効率的である。DES にはブロック暗号の設計のエッセンスが詰まっている。

DES はホルスト・フェイステル[†]によって設計された Lucifer をベースにした特有の構造を持つ。この構造を持つブロック暗号は，彼の名を取って**フェイステル型ブロック暗号**（Feistel block cipher）と呼ばれる。全体構造を**図 2.2** に示す。

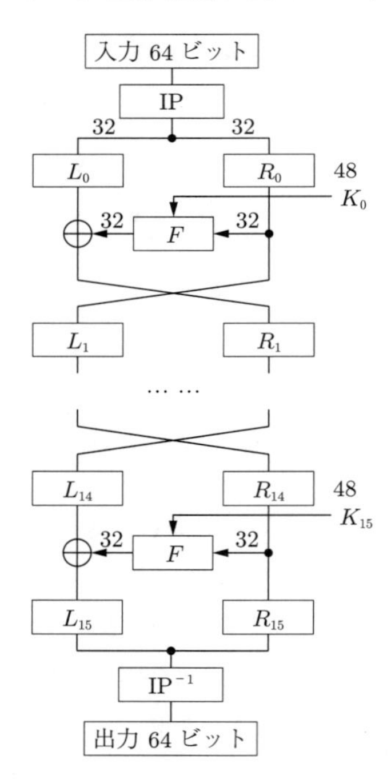

図 2.2　DES の構造

図 2.2 において，平文は，初期転置 IP を経由して 32 ビットずつの 2 つの小ブロックに分割される。⊕ はビットごとの排他的論理和，F は F 関数と呼ばれる処理であり，後にその詳細を説明する。一般に暗号文を復号するためには，復号関数（暗号化関数の逆関数）が必要となるが，DES

[†] ホルスト・フェイステル（Holst Feistel）は，ドイツ・ベルリン生まれのアメリカの暗号学者である。IBM で暗号の設計に携わり，Lucifer を設計した。

を含むフェイステル構造のブロック暗号に対しては，復号関数を新たに用意する必要がない。この事実は，F 関数がどんなものであっても成立する点が重要である。DES は初期転置 IP とその逆変換 IP^{-1} を除いては，つぎの 2 つの写像から構成されている。$f_k : (x, y) \mapsto (x \oplus F(y, k), y)$ と $\mu : (x, y) \mapsto (y, x)$ である。ここでは，入力を左右に分けて $(x, y) \in \{0, 1\}^{32} \times \{0, 1\}^{32}$ と書いている。この 2 つの写像は，2 回繰り返すともとに戻るという性質を持っている。このような写像は**対合**（ついごう）（involution）と呼ばれる。μ が対合であることは明らかであろう。f_k が対合であることは，同一の値に対する排他的論理和が 0 であることからわかる。実際

$$f_k^2(x, y) = (x \oplus F(y, k) \oplus F(y, k), y) = (x \oplus 0, y) = (x, y)$$

が確認でき f_k が対合であることがわかる。よって，$f_k^{-1} = f_k, \mu^{-1} = \mu$ であることがわかる。

DES は，16 個のラウンド鍵 $K_1, K_2, \ldots, K_{16} \in \{0, 1\}^{48}$ をパラメータとした関数であるから，$\mathrm{DES}_{K_1,\ldots,K_{16}}$ のように書くことができる。写像の合成を $\circ$ で表せば

$$\mathrm{DES}_{K_1,\ldots,K_{16}} = \mathrm{IP}^{-1} \circ f_{K_{16}} \circ \mu \circ \cdots \circ \mu \circ f_{K_1} \circ \mathrm{IP}$$

のように表現できる。IP は，入力のビットを散らすための転置であるが，暗号の強度には影響を与えない処理であり，DES 以後の暗号では入力（および出力）部に転置処理を入れることはあまりない。命題 2.1 より，$\mathrm{DES}_{K_1,\ldots,K_{16}}$ の逆写像は

$$\begin{aligned}
\mathrm{DES}_{K_1,\ldots,K_{16}}^{-1} &= (\mathrm{IP}^{-1} \circ f_{K_{16}} \circ \mu \circ \cdots \circ \mu \circ f_{K_1} \circ \mathrm{IP})^{-1} \\
&= \mathrm{IP}^{-1} \circ f_{K_1}^{-1} \circ \mu^{-1} \circ \cdots \circ \mu^{-1} \circ f_{K_{16}}^{-1} \circ (\mathrm{IP}^{-1})^{-1} \\
&= \mathrm{IP}^{-1} \circ f_{K_1} \circ \mu \circ \cdots \circ \mu \circ f_{K_{16}} \circ \mathrm{IP} = \mathrm{DES}_{K_{16},\ldots,K_1}
\end{aligned}$$

となる。つまり，$\mathrm{DES}_{K_1,\ldots,K_{16}}^{-1}$ は，ラウンド鍵の順序を逆にした $\mathrm{DES}_{K_{16},\ldots,K_1}$ と一致するため，復号のための新しい関数が必要ないのである。これはフェイステル型ブロック暗号の利点といえる。

一方，フェイステル型の欠点としては，**1 ラウンドで半分のビットはそのままつぎのラウンドに流れてしまう**ということが挙げられる。つまり，**入力全体を暗号化するには 2 ラウンドかかる**のである。これは必然的にラウンド数の増加を招き，速度低下の原因となる。

ここでは DES のプログラムを動かしてみよう。まずは，復号処理がうまくいくことを確認しておこう。DES のコードはリスト 2.1（`StudyDES.py`）であるが，中身の詳細については後ほど説明する。ここで，`encryption` が暗号化関数である。`encryption` の引数は，64 ビットの平文 `plaintext` および 16 個のラウンド鍵（48 ビット）からなるリスト `subkeys` である。もとの鍵（64 ビット）から 16 個のラウンド鍵からなるリストをつくる関数が `subkeys` である。パリティビットは考慮せずに捨ててしまう仕様になっていることに注意してほしい。使用する際には，最初にラウンド鍵を生成するために

```
subkeys = keyschedule(key)
```

としてラウンド鍵のリストを生成する。その後で平文 plaintext と subkeys に対し

```
ciphertext = encryption(plaintext,subkeys)
```

として暗号化する。詳細の説明に入る前に暗号化と復号の処理を見ておこう（このプログラムでは引数の長さのチェックなどは含まれていないので注意すること）。まず，平文と暗号文から正しい暗号文が得られるかを調べる。暗号の実装においては，プログラムが正しく動作しているかどうかを調べるために正しい処理結果が公開されていることが多い。これを**テストベクタ**（test vector）という。一般にテストベクタは暗号設計者が用意しており，論文やウェブサイトに公開されている。ここでは以下のテストベクタを用いる（StudyDES.py のデフォルト値）。

```
plaintext = 0x123456ABCD132536
key = 0xAABB09182736CCDD
cihertext = 0xc0b7a8d05f3a829c
```

Python shell または IPython コンソールで

```
>>> plaintext=0x123456ABCD132536
>>> key=0xAABB09182736CCDD
>>> subkeys = keyschedule(key)
>>> ciphertext = encryption(plaintext,subkeys)
```

としたとき，暗号化結果が，ciphertext に一致していればよい。16 進数で表示してみると，つぎのようになる。

```
print(hex(ciphertext))
0xc0b7a8d05f3a829c
```

問題 2-10　以下のテストベクタを用いて動作を確認せよ。

```
ptext = 0x1212121212121212
key = 0x1212121212121212
ciphertext = 0x96cd27784d1563e5

ptext = 0x0f6059c33205d452
key = 0xfdfdfdfdfdfdfdfd
ciphertext =0xfdfdfdfdfdfdfdfd
```

フェイステル型の暗号ではラウンド鍵を逆に並べたものを暗号化関数に入れると復号関数になると述べた。関数 encryption は，ラウンド鍵の順序を反転したリストを引数にすることで復号関数になるはずである。リスト subkeys を反転するには，つぎのようにすればよい。

```
decsubkeys = subkeys[::-1]
```

subkeys の表示は 10 進数であるが，反転していることはわかるであろう。

```
>>> key=0xaabb09182736ccdd
>>> subkeys = keyschedule(key)
>>> subkeys
[27817705397900, 76314457062606, 7617739814325, 239886861561571,
 116162390051091, 212843790550878, 123741545542592, 58240342738541,
 145939842194636, 2707289585087, 120213461761189, 214138100534259,
 169063126386975, 40800239425488, 56284570821485, 26510106150509]
```

```
>>> decsubkeys = subkeys[::-1]
>>> decsubkeys
[26510106150509,  56284570821485, 40800239425488, 169063126386975,
 214138100534259, 120213461761189, 2707289585087, 145939842194636,
 58240342738541, 123741545542592, 212843790550878, 116162390051091,
 239886861561571, 7617739814325, 76314457062606, 27817705397900]
```

問題 2-11　適当な鍵を用いてラウンド鍵が逆転していることを確認せよ。

これを以下のように暗号化関数に通せば復号できることになる。

```
plaintext = encryption(ciphertext,decsubkeys)
```

実際，つぎのように正しい平文が得られる。

```
>>> key = 0xaabb09182736ccdd
>>> decsubkeys = keyschedule(key)[::-1]
>>> ciphertest = 0xc0b7a8d05f3a829c
>>> plaintext = encryption(ciphertext,decsubkeys)
>>> print(hex(plaintext))
>>> 0x123456abcd132536
```

2.4　DES の Python プログラムの詳細

ここでは，学習用 DES のプログラム（**リスト 2.1**）の中身について説明する。200 行以上あるが，最初に並んでいるテーブルの分量が 100 行くらいあるだけで本体はそれほど量があるわけではない。

リスト 2.1（StudyDES.py）

```
1  IP = [58, 50, 42, 34, 26, 18, 10, 2,
2        60, 52, 44, 36, 28, 20, 12, 4,
3        62, 54, 46, 38, 30, 22, 14, 6,
4        64, 56, 48, 40, 32, 24, 16, 8,
5        57, 49, 41, 33, 25, 17,  9, 1,
6        59, 51, 43, 35, 27, 19, 11, 3,
7        61, 53, 45, 37, 29, 21, 13, 5,
8        63, 55, 47, 39, 31, 23, 15, 7]
9
10 IPinv = [40, 8, 48, 16, 56, 24, 64, 32,
11          39, 7, 47, 15, 55, 23, 63, 31,
12          38, 6, 46, 14, 54, 22, 62, 30,
13          37, 5, 45, 13, 53, 21, 61, 29,
14          36, 4, 44, 12, 52, 20, 60, 28,
15          35, 3, 43, 11, 51, 19, 59, 27,
16          34, 2, 42, 10, 50, 18, 58, 26,
17          33, 1, 41,  9, 49, 17, 57, 25]
18
19 E = [32, 1, 2, 3, 4, 5,
20       4, 5, 6, 7, 8, 9,
21       8, 9,10,11,12,13,
22      12,13,14,15,16,17,
23      16,17,18,19,20,21,
24      20,21,22,23,24,25,
25      24,25,26,27,28,29,
26      28,29,30,31,32, 1]
27
```

```
28 S = [ # S1
29      [[14, 4,13, 1, 2,15,11, 8, 3,10, 6,12, 5, 9, 0, 7],
30       [ 0,15, 7, 4,14, 2,13, 1,10, 6,12,11, 9, 5, 3, 8],
31       [ 4, 1,14 ,8,13, 6, 2,11,15,12, 9, 7, 3,10, 5, 0],
32       [15,12, 8, 2, 4, 9, 1, 7, 5,11, 3,14,10, 0, 6,13]],
33       # S2
34      [[15, 1, 8,14, 6,11, 3, 4, 9, 7, 2,13,12, 0, 5,10],
35       [ 3,13, 4, 7,15, 2, 8,14,12, 0, 1,10, 6, 9,11, 5],
36       [ 0,14, 7,11,10, 4,13, 1, 5, 8,12, 6, 9, 3, 2,15],
37       [13, 8,10, 1, 3,15, 4, 2,11, 6, 7,12, 0, 5,14, 9]],
38       # S3
39      [[10, 0, 9,14, 6, 3,15, 5, 1,13,12, 7,11, 4, 2, 8],
40       [13, 7, 0, 9, 3, 4, 6,10, 2, 8, 5,14,12,11,15, 1],
41       [13, 6, 4, 9, 8,15, 3, 0,11, 1, 2,12, 5,10,14, 7],
42       [ 1,10,13, 0, 6, 9, 8, 7, 4,15,14, 3,11, 5, 2,12]],
43       # S4
44      [[ 7,13,14, 3, 0, 6, 9,10, 1, 2, 8, 5,11,12, 4,15],
45       [13, 8,11, 5, 6,15, 0, 3, 4, 7, 2,12, 1,10,14, 9],
46       [10, 6, 9, 0,12,11, 7,13,15, 1, 3,14, 5, 2, 8, 4],
47       [ 3,15, 0, 6,10, 1,13, 8, 9, 4, 5,11,12, 7, 2,14]],
48       # S5
49      [[ 2,12, 4, 1, 7,10,11, 6, 8, 5, 3,15,13, 0,14, 9],
50       [14,11, 2,12, 4, 7,13, 1, 5, 0,15,10, 3, 9, 8, 6],
51       [ 4, 2, 1,11,10,13, 7, 8,15, 9,12, 5, 6, 3, 0,14],
52       [11, 8,12, 7, 1,14, 2,13, 6,15, 0, 9,10, 4, 5, 3]],
53       # S6
54      [[12, 1,10,15, 9, 2, 6, 8, 0,13, 3, 4,14, 7, 5,11],
55       [10,15, 4, 2, 7,12, 9, 5, 6, 1,13,14, 0,11, 3, 8],
56       [ 9,14,15, 5, 2, 8,12, 3, 7, 0, 4,10, 1,13,11, 6],
57       [ 4, 3, 2,12, 9, 5,15,10,11,14, 1, 7, 6, 0, 8,13]],
58       # S7
59      [[ 4,11, 2,14,15, 0, 8,13, 3,12, 9, 7, 5,10, 6, 1],
60       [13, 0,11, 7, 4, 9, 1,10,14, 3, 5,12, 2,15, 8, 6],
61       [ 1, 4,11,13,12, 3, 7,14,10,15, 6, 8, 0, 5, 9, 2],
62       [ 6,11,13, 8, 1, 4,10, 7, 9, 5, 0,15,14, 2, 3,12]],
63       # S8
64      [[13, 2, 8, 4, 6,15,11, 1,10, 9, 3,14, 5, 0,12, 7],
65       [ 1,15,13, 8,10, 3, 7, 4,12, 5, 6,11, 0,14, 9, 2],
66       [ 7,11, 4, 1, 9,12,14, 2, 0, 6,10,13,15, 3, 5, 8],
67       [ 2, 1,14, 7, 4,10, 8,13,15,12, 9, 0, 3, 5, 6,11]]]
68
69 P = [16, 7,20,21,29,12,28,17,
70       1,15,23,26, 5,18,31,10,
71       2, 8,24,14,32,27, 3, 9,
72      19,13,30, 6,22,11, 4,25]
73
74 PC1 = [57,49,41,33,25,17, 9,
75         1,58,50,42,34,26,18,
76        10, 2,59,51,43,35,27,
77        19,11, 3,60,52,44,36,
78        63,55,47,39,31,23,15,
79         7,62,54,46,38,30,22,
80        14, 6,61,53,45,37,29,
81        21,13, 5,28,20,12, 4]
82 PC2 = [14,17,11,24, 1, 5,
83         3,28,15, 6,21,10,
84        23,19,12, 4,26, 8,
85        16, 7,27,20,13, 2,
86        41,52,31,37,47,55,
87        30,40,51,45,33,48,
88        44,49,39,56,34,53,
89        46,42,50,36,29,32]
90
```

```
91 fullround = 16
92
93 def keyschedule(key):
94     sft = [1,1,2,2,2,2,2,2,1,2,2,2,2,2,2,1]
95     int_key = 0
96     base64bit = 1 << 64 # 2**64
97     for i in range(len(PC1)):
98         pos = base64bit >> PC1[i]
99         int_key = int_key | (((key & pos) << (PC1[i]-1))>>(i+8))
100
101     MASK28 = 0xFFFFFFF # for 28bit mask
102     LKey = int_key >> 28 # left key
103     RKey = int_key & MASK28 # right key
104
105     subkeys = []
106     for i in range(fullround):
107         C0 = (LKey << sft[i]) & MASK28
108         C1 = LKey >> (28 - sft[i])
109         LKey = C0 | C1
110         D0 = (RKey << sft[i]) & MASK28
111         D1 = RKey >> (28 - sft[i])
112         RKey = D0 | D1
113         CD = (LKey << 28) | RKey
114         K = 0
115         for j in range(len(PC2)):
116             pos = 1 << (56-PC2[j])
117             K = K | ((CD & pos) << (PC2[j]-1) >> (j+8))
118         subkeys.append(K)
119     return subkeys
120
121 def IPread(plaintext):
122     base64bit = 1 << 64 # 2**64
123     int_txt = 0 # 64 bit internal text
124     for i in range(len(IP)):
125         pos = base64bit >> IP[i]
126         int_txt  = int_txt | (((plaintext & pos) << (IP[i]-1)) >> i)
127     return int_txt
128
129 def Eread(R):
130     base32bit = 1 << 32 # 2**32
131     ER = 0
132     for j in range(len(E)):
133         pos = base32bit >> E[j]
134         ER = ER|((R & pos)<<(E[j]-1) << 16 >> j)
135     return ER
136
137 def Sboxread(j,bits): # 4 bit output of j-th Sbox for 6 bits input
138     col = (bits & 0b100000) >> 4 | (bits & 0b000001)
139     row = (bits & 0b011110)>>1
140     val = S[j][col][row] # 4bit value
141     return val
142
143 def Pread(Sout):
144     base32bit = 1 << 32 # 2**32
145     PF = 0
146     for n in range(len(P)):
147         pos = base32bit >> P[n]
148         PF = PF | ((Sout & pos) << (P[n]-1) >> n)
149     return PF
150
151 def IPinv_read(R15L15):
152     base64bit = 1 << 64 # 2**64
153     ciphertext = 0
```

```
154     for i in range(len(IPinv)):
155         pos = base64bit >> IPinv[i]
156         ciphertext = ciphertext | ((R15L15 & pos)<<(IPinv[i]-1)>>i)
157     return ciphertext
158 
159 def encryption(plaintext, subkeys):
160     int_txt = IPread(plaintext)
161     for i in range(fullround):
162         MASK32bit = 0xFFFFFFFF # for 4byte mask
163         L = int_txt >> 32 # left 4byte(32 bit)
164         R = int_txt & MASK32bit # right 4byte(32 bit)
165         ER = Eread(R)
166         ERK = ER ^ subkeys[i]
167         Sout=0
168         for k in range(8):
169             Sb = (ERK >> ((7-k)*6)) & 0b111111
170             Sout = Sout << 4
171             Sboxval = Sboxread(k,Sb)
172             Sout = Sout | Sboxval
173 
174         PF = Pread(Sout)
175         int_txt = (R << 32)|(L ^ PF)
176 
177     L15 = int_txt >> 32
178     R15 = (int_txt & MASK32bit) << 32
179     R15L15 = R15 | L15
180     ciphertext = IPinv_read(R15L15)
181     return ciphertext
182 
183 ptext=0x123456ABCD132536
184 key=0xAABB09182736CCDD
185 ctext = 0xc0b7a8d05f3a829c
186 subkeys = keyschedule(key)
187 ciphertext = encryption(ptext,subkeys)
188 print(hex(ciphertext))
189 
190 key=0xAABB09182736CCDD
191 ctext = 0xc0b7a8d05f3a829c
192 decsubkeys = keyschedule(key)[::-1]
193 plaintext = encryption(ctext,decsubkeys)
194 print(hex(plaintext))
```

1〜89 行目には，IP，IP^{-1}，E，S ボックス，P，PC1，PC2 のテーブルが並んでいる。121〜157 行目では，各テーブルを読む関数が定義されている。暗号化処理の本体は，159〜181 行目で記述されている。183〜194 行目で暗号化と復号を行っている。93〜119 行目で定義されている `keyschedule` が鍵からラウンド鍵を生成する関数であり，**鍵スケジュール**と呼ばれる。その構造は，**図 2.3** のとおりである。

PC1，PC2 はいずれも転置処理である。PC1 は 64 ビットの鍵のうち 8 ビット分のパリティビットを除いた 56 ビットのビット位置を入れ替えている。PC2 は，48 ビットの位置を入れ替え，その出力がラウンド鍵（48 ビット）となる。`<<<`は左巡回シフトであり，94 行目では以下のように各ラウンドのラウンド鍵を生成する際のシフト数が定められている。

```
sft = [1,1,2,2,2,2,2,2,1,2,2,2,2,2,2,1]
```

暗号化部と比較するとシンプルな設計である。先に見たように，フェイステル型のブロック

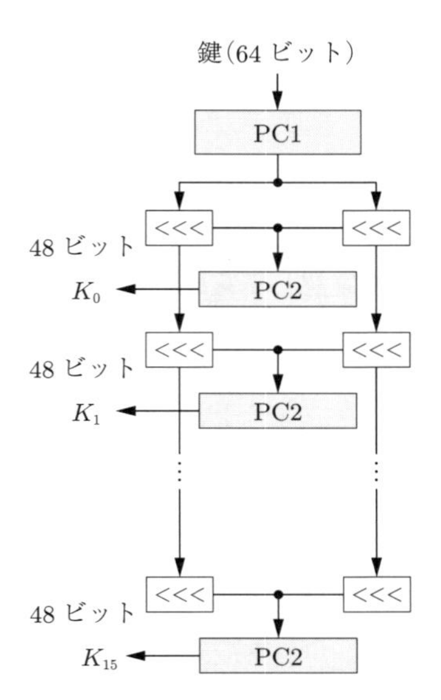

図 2.3 DESの鍵スケジュール

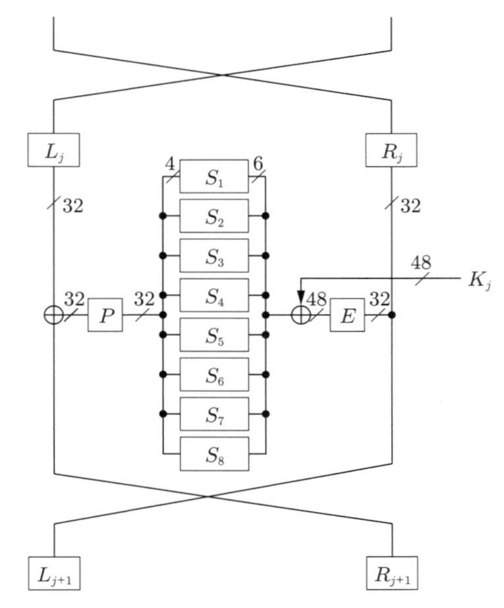

図 2.4 F 関数の構造

暗号においては，暗号の強度を無視すれば F 関数はどのようなものであってもよい。フェイステル型であれば，暗号化と復号の処理がうまくいくことは数学的に保証されているので，暗号設計者は F 関数の設計に集中することができる。F 関数はフェイステル型ブロック暗号の強度を決定する最も重要なものである。DESの F 関数の構造を**図 2.4** に示す。

図2.4において L，R は左右の32ビットブロックを表す。E は32ビットの入力を48ビットに拡大する拡大転置と呼ばれる関数であり，P は32ビットの位置を入れ替える置換である。おのおののSボックスは，6ビット入力に対し4ビットを出力するので，表にはもちろん重複があって，$2^6/2^4 = 2^2 = 4$ 個同じ値がある。例えば，S_6 ボックスのテーブルは以下のようになっている。どの数字も4つあることがわかるだろう。

```
[[12, 1,10,15, 9, 2, 6, 8, 0,13, 3, 4,14, 7, 5,11],
    [10,15, 4, 2, 7,12, 9, 5, 6, 1,13,14, 0,11, 3, 8],
    [ 9,14,15, 5, 2, 8,12, 3, 7, 0, 4,10, 1,13,11, 6],
    [ 4, 3, 2,12, 9, 5,15,10,11,14, 1, 7, 6, 0, 8,13]],
```

Sボックスの表を読む関数が `Sboxread(j, bits)` である。j はSボックスの番号（実装の都合で0番から15番までになっている）であり，bitsが入力の6ビットである。アルゴリズムをそのまま実装している。入力の6ビットの両端のビットを並べた2ビットを行番号，残りの4ビットを列番号としてテーブルを読んでいる。

```
def Sboxread(j,bits): # 4 bit output of j-th Sbox for 6 bits input
    col = (bits & 0b100000) >> 4 | (bits & 0b000001)
    row = (bits & 0b011110)>>1
    val = S[j][col][row] # 4bit value
    return val
```

2.4.1 線　形　変　換

転置処理はビットの位置を変えているだけなので，**線形変換**である。つまり

$$E(x \oplus y) = E(x) \oplus E(y), \quad P(x \oplus y) = P(x) \oplus P(y)$$

という関係を満たす。初期転置 IP も線形変換である。一般に f が線形変換であることを f が**線形性**（linearity）を持つ，と表現することもある。この事実を確認してみよう。

例 2.1　一例として，拡大転置 E を見てみることにする。E は，Eread という関数になっているので，適当な 32 ビットの x, y に対して，Eread(x ^ y) と Eread(x) ^ Eread(y) を計算してみればよい。例えば，以下のようになり，両者が一致していることがわかる。

```
>>> x = 0xF2A321BC; y = 0x3210ABCD
>>> hex(Eread(x ^ y))
>>> '0xe015a7c543a3'
>>> hex(Eread(x) ^ Eread(y))
>>> '0xe015a7c543a3'
```

問題 2-12　IP，P が線形であることを，適当な入力（自分で指定してよい）に対して確認せよ。

2.4.2 非線形変換（S ボックス）

一方，S ボックス $S_1, S_2, \ldots, S_8$ は E や P などとは異なり**非線形変換**（nonlinear transformation）である。つまり，一般に（特別な場合を除いて）

$$S_j(x \oplus y) \neq S_j(x) \oplus S_j(y)$$

である。この事実を確かめておこう。

例 2.2　S_1 ボックスで確認してみよう。相異なる 2 つの 6 ビット x, y に対し，入力の排他的論理和 $x \oplus y$（これは x と y の差分と呼ばれる）に対する S_1 ボックスの出力 $S_1(x \oplus y)$ と出力の排他的論理和 $S_1(x) \oplus S_1(y)$ の値を比較する。ここで使用するプログラムでは 0 番から数えるので，S_1 ボックスの値を読むには Sboxread(0,------) のように記述する。

```
>>> x = 0b101011; y = 0b111000
>>> bin(Sboxread(0,x ^ y))
'0b110'
>>> bin(Sboxread(0,x) ^ Sboxread(0,y))
'0b1010'
```

確かに両者が異なることがわかる。これがブロック暗号における**非線形性**（nonlinearity）である。

問題 2-13 $x=$ `0b110001` と $y=$ `0b101010` に対して，$S_4(x \oplus y)$ と $S_4(x) \oplus S_4(y)$ の値を比較せよ。

2.4.3 トリプル DES

16 ラウンドの DES（**シングル DES**（Single DES）と呼ばれる）は強度が低い。そこで，DES を 3 つ直列に接続することで安全性を高める方法が，**トリプル DES**（Triple-DES）である。つまり

$$\mathrm{TripleDES}_{K_1,K_2,K_3} = \mathrm{DES}_{K_3} \circ \mathrm{DES}_{K_2}^{-1} \circ \mathrm{DES}_{K_1}$$

とする。$\mathrm{TripleDES}_{K_1,K_2,K_3}$ をトリプル DES という。$K_1 = K_3$ のときを **2 鍵トリプル DES**（two-key Triple DES），$K_1 \neq K_3$ のときを **3 鍵トリプル DES**（three-key Triple DES）ということもある。$K_1 = K_2 = K_3$ のときは，シングル DES に一致することに注意しよう。

すでに述べたように，今後，トリプル DES は多くのアプリケーションで使うべきではない（一部では使えない）暗号となるが，DES に限らず，暗号は直列につなぐことで強化できることを知っておくのは意味のあることである。

問題 2-14 `encryption` 関数を用いてトリプル DES の暗号化，復号処理を実装せよ。

2.4.4 DES-X

DES のアルゴリズムを変更せずに暗号の強度を上げる（総当たり攻撃への耐性を上げる）方法として **DES-X**（単に DESX と書くこともある）が知られている。DES-X は RSA 暗号の発明者 Rivest（リベスト）が発明した。公表されたのは，1984 年 5 月である。ただし，Rivest はこの仕事を論文としては公表していないようである[5)]。トリプル DES は DES 暗号化の処理を 3 回行うが，DES-X では，DES の暗号処理は 1 回だけである。DES の鍵を K としたとき，さらに，64 ビットの秘密鍵 K_1, K_2 を用いて

$$\text{DES-}X(M) = K_2 \oplus \mathrm{DES}_K(M \oplus K_1)$$

とするものである。復号は簡単で，つぎのようにすればよい。

$$\text{DES-}X^{-1}(M) = K_1 \oplus \mathrm{DES}_K^{-1}(M \oplus K_2)$$

問題 2-15 $K_1 \oplus \mathrm{DES}_K^{-1}(M \oplus K_2)$ が DES-$X^{-1}(M)$ であることを確かめよ。

ここで，K は実質 56 ビットの鍵であるから，鍵の長さは，$64 + 56 + 64 = 184$ ビットになる。最初の XOR 処理 $M \oplus K_1$ は，**事前漂白**（pre-whitening），最後に K_2 と排他的論理和を取る処理は，**事後漂白**（post-whitening）と呼ばれる。より一般に，入出力データと鍵との排他的論理和を取る処理を**漂白**（whitening）と呼ぶこともある。

問題 2-16　DES-X の暗号化関数，復号関数を実装せよ。

補足 2.2　直感的には，DES を直列につなげば強度は増すと考えられるが，それは本当か，という問題がある。この問題は，Campbell と Wiener による「DES は群ではない」という論文[6)] でおおむね決着がついたと考えられている。つまり，連結することによって，シングル DES と等価な暗号になることは（ほぼ確実に）ない。NIST の公開文書[7)] によれば，3 鍵トリプル DES の実質的な強度は，112 ビット程度であり，2 鍵トリプル DES の実質的な強度は 80 ビット程度とされている。当然ながら，平文と暗号文のペアが 2^{64} 個あれば，すべての暗号文を復号できるので，鍵が 64 ビットよりも長くても強度が増すことはない。

補足 2.3　DES-X は，ブロック暗号（ランダム関数）を秘密鍵でサンドイッチにする，というアイデアに一般化される。このような暗号は，Even-Mansour 暗号と呼ばれる[8)] が，この暗号が発表された国際会議の rump session で AES の設計者の一人 Daemen 氏が，差分解読法に弱いなどの問題を指摘している[9)]。しかし，一般にブロック暗号に漂白処理を入れることで攻撃は困難になることが多い。例えば，PRESENT というブロック暗号には，事前漂白と事後漂白が組み込まれている[10)]。

現代のブロック暗号と暗号利用モード

本章では，DES に代わるブロック暗号として世界的に広く利用されている AES と，AES の最終候補となった RC6 について解説する。実際にブロック暗号を利用する際には，暗号利用モードを指定しなければならない。本章では，代表的な暗号利用モードである ECB，CBC，CTR モードについて解説する。また，Python で暗号処理を行うためのモジュールである Pycryptodome を用いた暗号化の例も示す。

3.1 ブロック暗号 AES

1997 年，米国政府はデータの保護を強化するために，標準暗号アルゴリズムの更新を決定した。当時の標準だった DES は，公募時点では十分な安全性を備えていたが，将来の計算機の計算能力の向上や，解読アルゴリズムの進歩を考慮して，より強力な暗号が必要と判断された。そこで，米国国立標準技術研究所（NIST）は，世界中の研究者から暗号アルゴリズムを公募し，2001 年，最終的にベルギーの暗号学者 Rijmen（ライメン）と Daemen（ダーメン）が提案した **Rijndael**（ラインドール，リーンダール）と呼ばれるアルゴリズム[11)] が選定された。Rijndael は，現在 AES（Advanced Encryption Standard）として広く使用されている。AES は 128 ビット，192 ビット，および 256 ビットの鍵長をサポートし，効率的で強力なブロック暗号と考えられている。一般に，鍵長に応じて，AES-128，AES-192，AES-256 のように表現される。

ここでは，AES-128 について説明するが，AES-192 および AES-256 の場合は鍵スケジュールが少々異なることと，ラウンド数が増えるだけで暗号化部の処理はまったく同じである。ブロックサイズはすべて 128 ビットで，ラウンド数は，AES-128，AES-192，AES-256 それぞれに対し 10，12，14 である。AES の暗号化処理部，鍵スケジュール部，および復号処理部を**図 3.1** に示す。図 3.1（a）に示すように，AES の暗号化処理はフェイステル型ではなく，1 ラウンドが以下の 4 つの処理で構成されるブロック暗号である。

1. SubBytes： S ボックス処理
2. ShiftRows： バイト単位で位置を入れ替える
3. MixColumns： 行列演算
4. AddRoundKey： ラウンド鍵の排他的論理和

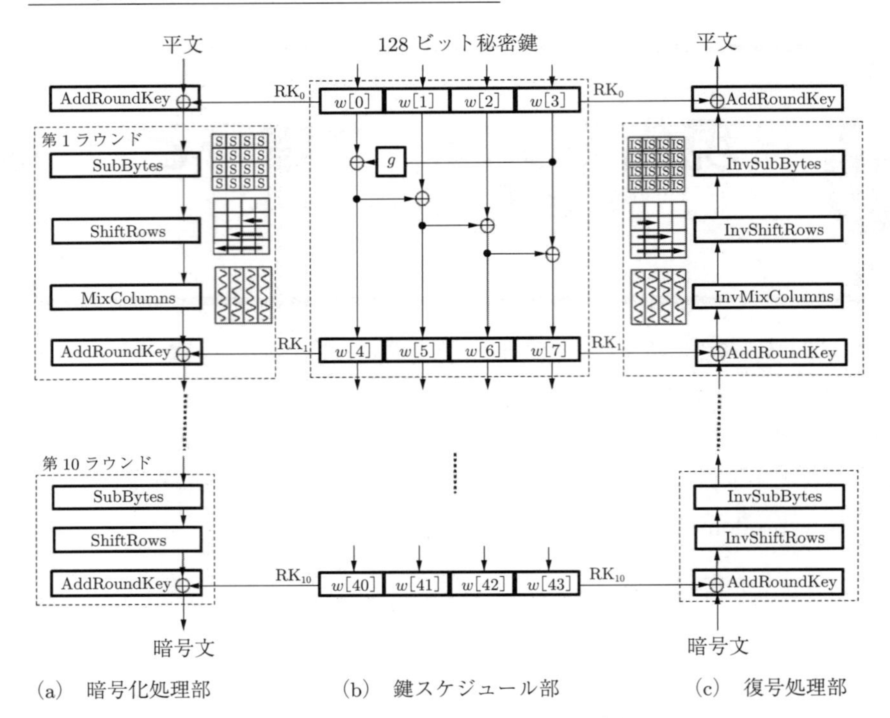

図 3.1 鍵長が 128 ビットの AES の各処理

このように転置や換字処理を繰り返す暗号アルゴリズムを **SPN 型ブロック暗号**（SPN type block cipher），または単に **SP ネットワーク**（substitution-permutation-network）という。AES はフェイステル型のブロック暗号のように対合で構成されているわけではないので，逆写像にあたる復号関数は別途用意する必要がある。128 ビット AES では上記の処理を 10 ラウンド繰り返して暗号文を生成するが，最終段のみ MixColumns が省略されている。なお，ブロック暗号アルゴリズムは大まかに前述したフェイステル型とこの SPN 型に分類される。

鍵スケジュールは図 3.1 (b) に示すとおり，128 ビットの秘密鍵 $K = w[0]|w[1]|w[2]|w[3]$ のように，32 ビット 4 分割として，32 ビット単位でラウンド鍵を生成する。ここで，文字列またはビット列 a, b に対し，$a|b$ は，a と b をこの順序で横に並べたものを表す。$|$ は，**連結演算子**（concatenation operator）と呼ばれる。例えば，$101|0101001 = 1010101001$，class|room = classroom である。関数 g は 32 ビットデータ $w[i]$ を 8 ビットの単位に 4 分割した $w[i] = w[i]_0|w[i]_1|w[i]_2|w[i]_3$ に対し，$w[i]_0, w[i]_1, w[i]_2, w[i]_3 \leftarrow w[i]_1, w[i]_2, w[i]_3, w[i]_0$ のように 8 ビット単位で左巡回シフトして，後述の表 3.1 に示す S ボックスの出力に，i ラウンド目のラウンド定数 Rcon_i を加える処理である。i ラウンド目のラウンド鍵 RK_i は，まず，$\mathrm{RK}_0 = K$ と設定し，$\mathrm{RK}_1, \ldots, \mathrm{RK}_{10}$ は次式で定められる $w[4i], w[4i+1], w[4i+2], w[4i+3]$ を用いて，$\mathrm{RK}_i = w[4i]|w[4i+1]|w[4i+2]|w[4i+3]$ のように与えられる。

$$w[4i] \qquad = w[4i-4] \oplus g\,(w[4i-1])$$

$$w[4i+1] = w[4i-3] \oplus w[4i]$$

$$w[4i+2] = w[4i-2] \oplus w[4i+1]$$

$$w[4i+3] = w[4i-1] \oplus w[4i+2]$$

また，復号処理については図 3.1（c）に示すように暗号化処理の逆変換となっている。

1. AddRoundKey： ラウンド鍵の排他的論理和
2. InvMixColumns： 行列逆演算
3. InvShiftRows： バイト単位で位置を逆方向に入れ替える
4. InvSubBytes： 逆 S ボックス処理

AES の暗号化部では，入力された 128 ビットのデータを 16 個の 8 ビット（1 バイト）単位に分けて，それらを 4 × 4 の正方形に配置した**ステート**（state）と呼ばれる形で処理を行う（**図 3.2**）。学習用の鍵長 128 ビットの AES のプログラムを**リスト 3.1** に示す。ここで示すテストベクトルは文献11) と同じものである。

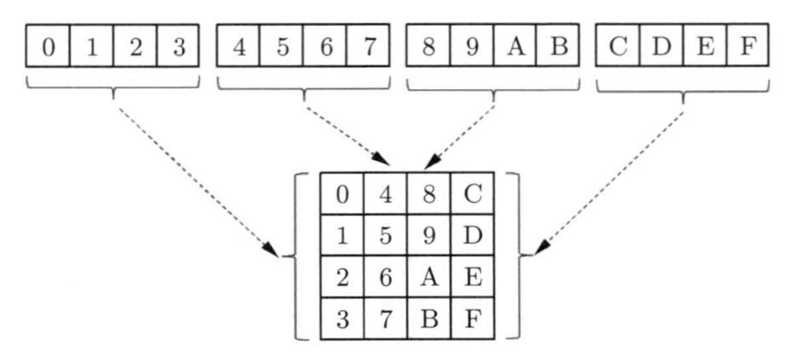

図 3.2　128 ビットデータのステート変換

リスト 3.1（StudyAES.py）

```
1  # ブロック暗号AES-128のプログラム
2  N = 10  # N : 段数
3  def mul2(x):
4      return ( ( 0x11b ^ ( x << 1 ) ) if ( (x) & ( 1 << 7 ) ) else ( x << 1 ) )
5      # GF(2^8) 上の 2倍 (既約多項式 x^8+x^4+x^3+x+1 の 16進数表現が 0x11b)
6  def mul3(x): # 3倍
7      return ( mul2(x) ^ (x) )
8  def mul9(x): # 9倍
9      return ( mul2(mul2(mul2(x))) ^ (x) )
10 def mulb(x): # 0xB 倍
11     return ( mul9(x) ^ mul2(x) )
12 def muld(x): # 0xD 倍
13     return ( mul9(x) ^ mul2(mul2(x)) )
14 def mule(x): # 0xE 倍
15     return ( muld(x) ^ mul3(x) )
16
17 sbox = [
18     0x63,0x7c,0x77,0x7b,0xf2,0x6b,0x6f,0xc5,0x30,0x01,0x67,0x2b,0xfe,0xd7,0xab,0x76,
19     0xca,0x82,0xc9,0x7d,0xfa,0x59,0x47,0xf0,0xad,0xd4,0xa2,0xaf,0x9c,0xa4,0x72,0xc0,
20     0xb7,0xfd,0x93,0x26,0x36,0x3f,0xf7,0xcc,0x34,0xa5,0xe5,0xf1,0x71,0xd8,0x31,0x15,
21     0x04,0xc7,0x23,0xc3,0x18,0x96,0x05,0x9a,0x07,0x12,0x80,0xe2,0xeb,0x27,0xb2,0x75,
22     0x09,0x83,0x2c,0x1a,0x1b,0x6e,0x5a,0xa0,0x52,0x3b,0xd6,0xb3,0x29,0xe3,0x2f,0x84,
23     0x53,0xd1,0x00,0xed,0x20,0xfc,0xb1,0x5b,0x6a,0xcb,0xbe,0x39,0x4a,0x4c,0x58,0xcf,
24     0xd0,0xef,0xaa,0xfb,0x43,0x4d,0x33,0x85,0x45,0xf9,0x02,0x7f,0x50,0x3c,0x9f,0xa8,
25     0x51,0xa3,0x40,0x8f,0x92,0x9d,0x38,0xf5,0xbc,0xb6,0xda,0x21,0x10,0xff,0xf3,0xd2,
```

```
26      0xcd,0x0c,0x13,0xec,0x5f,0x97,0x44,0x17,0xc4,0xa7,0x7e,0x3d,0x64,0x5d,0x19,0x73,
27      0x60,0x81,0x4f,0xdc,0x22,0x2a,0x90,0x88,0x46,0xee,0xb8,0x14,0xde,0x5e,0x0b,0xdb,
28      0xe0,0x32,0x3a,0x0a,0x49,0x06,0x24,0x5c,0xc2,0xd3,0xac,0x62,0x91,0x95,0xe4,0x79,
29      0xe7,0xc8,0x37,0x6d,0x8d,0xd5,0x4e,0xa9,0x6c,0x56,0xf4,0xea,0x65,0x7a,0xae,0x08,
30      0xba,0x78,0x25,0x2e,0x1c,0xa6,0xb4,0xc6,0xe8,0xdd,0x74,0x1f,0x4b,0xbd,0x8b,0x8a,
31      0x70,0x3e,0xb5,0x66,0x48,0x03,0xf6,0x0e,0x61,0x35,0x57,0xb9,0x86,0xc1,0x1d,0x9e,
32      0xe1,0xf8,0x98,0x11,0x69,0xd9,0x8e,0x94,0x9b,0x1e,0x87,0xe9,0xce,0x55,0x28,0xdf,
33      0x8c,0xa1,0x89,0x0d,0xbf,0xe6,0x42,0x68,0x41,0x99,0x2d,0x0f,0xb0,0x54,0xbb,0x16]
34  isbox = [
35       0x52,0x09,0x6a,0xd5,0x30,0x36,0xa5,0x38,0xbf,0x40,0xa3,0x9e,0x81,0xf3,0xd7,0xfb,
36       0x7c,0xe3,0x39,0x82,0x9b,0x2f,0xff,0x87,0x34,0x8e,0x43,0x44,0xc4,0xde,0xe9,0xcb,
37       0x54,0x7b,0x94,0x32,0xa6,0xc2,0x23,0x3d,0xee,0x4c,0x95,0x0b,0x42,0xfa,0xc3,0x4e,
38       0x08,0x2e,0xa1,0x66,0x28,0xd9,0x24,0xb2,0x76,0x5b,0xa2,0x49,0x6d,0x8b,0xd1,0x25,
39       0x72,0xf8,0xf6,0x64,0x86,0x68,0x98,0x16,0xd4,0xa4,0x5c,0xcc,0x5d,0x65,0xb6,0x92,
40       0x6c,0x70,0x48,0x50,0xfd,0xed,0xb9,0xda,0x5e,0x15,0x46,0x57,0xa7,0x8d,0x9d,0x84,
41       0x90,0xd8,0xab,0x00,0x8c,0xbc,0xd3,0x0a,0xf7,0xe4,0x58,0x05,0xb8,0xb3,0x45,0x06,
42       0xd0,0x2c,0x1e,0x8f,0xca,0x3f,0x0f,0x02,0xc1,0xaf,0xbd,0x03,0x01,0x13,0x8a,0x6b,
43       0x3a,0x91,0x11,0x41,0x4f,0x67,0xdc,0xea,0x97,0xf2,0xcf,0xce,0xf0,0xb4,0xe6,0x73,
44       0x96,0xac,0x74,0x22,0xe7,0xad,0x35,0x85,0xe2,0xf9,0x37,0xe8,0x1c,0x75,0xdf,0x6e,
45       0x47,0xf1,0x1a,0x71,0x1d,0x29,0xc5,0x89,0x6f,0xb7,0x62,0x0e,0xaa,0x18,0xbe,0x1b,
46       0xfc,0x56,0x3e,0x4b,0xc6,0xd2,0x79,0x20,0x9a,0xdb,0xc0,0xfe,0x78,0xcd,0x5a,0xf4,
47       0x1f,0xdd,0xa8,0x33,0x88,0x07,0xc7,0x31,0xb1,0x12,0x10,0x59,0x27,0x80,0xec,0x5f,
48       0x60,0x51,0x7f,0xa9,0x19,0xb5,0x4a,0x0d,0x2d,0xe5,0x7a,0x9f,0x93,0xc9,0x9c,0xef,
49       0xa0,0xe0,0x3b,0x4d,0xae,0x2a,0xf5,0xb0,0xc8,0xeb,0xbb,0x3c,0x83,0x53,0x99,0x61,
50       0x17,0x2b,0x04,0x7e,0xba,0x77,0xd6,0x26,0xe1,0x69,0x14,0x63,0x55,0x21,0x0c,0x7d]
51
52  def rotword(x,l): # 32ビットデータxをlビット左回転シフト
53      return ((( x << l ) | ( x >> (32-l) )) & 0xffffffff )
54
55  def subword4(x,ed): # 32ビットのデータxを4分割して1バイト毎にSボックスにより換字
56      if ed == 0:
57          return (sbox[x>>24]<<24)|(sbox[(x>>16)&0xff]<<16)|(sbox[(x>>8)&0xff]<<8)|sbox[x&0xff]
58      else:
59          return (isbox[x>>24]<<24)|(isbox[(x>>16)&0xff]<<16)|(isbox[(x>>8)&0xff]<<8)|isbox[x&0xff]
60
61  def keysched(key):  # 鍵スケジュール:拡大鍵の生成
62      Rcon = [0x01, 0x02, 0x04, 0x08, 0x10, 0x20, 0x40, 0x80, 0x1b, 0x36]
63      rk = []
64      rk.append(key)
65      for i in range(N):
66          w = subword4(rotword(rk[i]&0xffffffff,8),0)^(Rcon[i]<<24)
67          rk.append(rk[i]^(rk[i]>>32)^(rk[i]>>64)^(rk[i]>>96)^(w<<96)^(w<<64)^(w<<32)^w)
68      return rk
69
70  def subbytes(x,ed): # SubBytes, InvSubBytes
71      for i in range(4):
72          x[i] = subword4(x[i],ed)
73      return x
74
75  def shiftrows(x,ed): # ShiftRows, InvShiftRows
76      if ed == 0:
77          x[0],x[1],x[2],x[3] = x[0],rotword(x[1],8),rotword(x[2],16),rotword(x[3],24)
78      else:
79          x[0],x[1],x[2],x[3] = x[0],rotword(x[1],24),rotword(x[2],16),rotword(x[3],8)
80      return x
81
82  def mixcolumns(x, ed): # MixColumns, InvMixColumns
83      s = [0 for i in range(16)]
84      t = [0 for i in range(16)]
85      for i in range(4):
86          for j in range(4):
87              s[4*i+j] = ( x[i] >> ( 24 - 8 * j ) ) & 0xff
88
```

```
 89     for i in range(4):
 90         if ed == 0:
 91             t[i   ] = mul2(s[i]) ^ mul3(s[i+4]) ^       s[i+8] ^       s[i+12]
 92             t[i+ 4] =      s[i]  ^ mul2(s[i+4]) ^ mul3(s[i+8]) ^       s[i+12]
 93             t[i+ 8] =      s[i]  ^      s[i+4]  ^ mul2(s[i+8]) ^ mul3(s[i+12])
 94             t[i+12] = mul3(s[i]) ^      s[i+4]  ^      s[i+8]  ^ mul2(s[i+12])
 95         else:
 96             t[i   ] = mule(s[i]) ^ mulb(s[i+4]) ^ muld(s[i+8]) ^ mul9(s[i+12])
 97             t[i+ 4] = mul9(s[i]) ^ mule(s[i+4]) ^ mulb(s[i+8]) ^ muld(s[i+12])
 98             t[i+ 8] = muld(s[i]) ^ mul9(s[i+4]) ^ mule(s[i+8]) ^ mulb(s[i+12])
 99             t[i+12] = mulb(s[i]) ^ muld(s[i+4]) ^ mul9(s[i+8]) ^ mule(s[i+12])
100     for i in range(4):
101         x[i] = (t[4*i]<<24)|(t[4*i+1]<<16)|(t[4*i+2]<<8)|t[4*i+3]
102     return x
103
104 def addroundkey(x,k): # AddRoundKey
105     for i in range(4):
106         for j in range(4): x[j] ^= (( k >> (120-8*(4*i+j))) & 0xff) << (24-8*i)
107     return x
108
109 def ciph(txt,rk,ed): # ed=0:暗号化,  ed=1:復号
110     x = [0 for i in range(4)]
111     for i in range(4):
112         for j in range(4): x[j] |= (( txt >> (120-8*(4*i+j))) & 0xff) << (24-8*i)
113     if ed == 0:
114         x = addroundkey(x,rk[0])
115         for i in range(N-1):
116             x = addroundkey(mixcolumns(shiftrows(subbytes(x,ed),ed),0),rk[i+1])
117         x = addroundkey(shiftrows(subbytes(x,ed),ed),rk[N])
118     else:
119         x = subbytes(shiftrows(addroundkey(x,rk[N]),ed),ed)
120         for i in range(N-1):
121             x = subbytes(shiftrows(mixcolumns(addroundkey(x,rk[N-1-i]),ed),ed),ed)
122         x = addroundkey(x,rk[0])
123     y = 0
124     for i in range(4):
125         for j in range(4): y |= ( ( x[i] >> (24-8*j)) & 0xff) << (120-8*(4*j+i))
126     return y
127
128 rk = [0 for i in range(N+1)] # RoundKey
129 txt = 0x00112233445566778899aabbccddeeff #PlainText
130 key = 0x000102030405060708090a0b0c0d0e0f #Secret key
131 rk = keysched(key) # 鍵スケジュール
132 ctx = ciph(txt,rk,0) # 暗号化
133 print(format(ctx,'032x'), format(ciph(ctx,rk,1),'032x')) # 暗号文を復号結果の表示
```

111〜129 行目で暗号化および復号の関数 ciph を定義している。ciph には 3 つの引数があり，平文（または暗号文）txt，ラウンドキーのリスト rk および，暗号化か復号を決めるフラグ ed である。ed = 0 が暗号化，ed = 1 が復号処理である。

問題 3-17 リスト 3.1 のプログラムを実行し，暗号化と復号が正しくなされていることを確認せよ。また，同じ平文に対し，最下位の 4 ビットを f から a に修正した鍵

```
key = 0x000102030405060708090a0b0c0d0e0a
```

に対して，暗号化と復号が正しくなされていることを確認せよ。

問題 3-18 リスト 3.1 のプログラムを実行し，ラウンド鍵のリストを表示せよ。

以下，ステート変換されたデータを 4×4 行列として表現して，各処理について示す。

〔1〕 **AddRoundKey**　　106～109 行目で行っている処理である。この処理の名称は「ラウンド鍵を加算する」を意味する。DES のときと同様，図 3.1 (a)(c) における $\oplus$ はビットごとの排他的論理和を示す。鍵スケジュールから得られたラウンド鍵もステート変換したうえで各バイトごとに排他的論理和する演算である。

$$\begin{pmatrix} s_{0,0} & s_{0,1} & s_{0,2} & s_{0,3} \\ s_{1,0} & s_{1,1} & s_{1,2} & s_{1,3} \\ s_{2,0} & s_{2,1} & s_{2,2} & s_{2,3} \\ s_{3,0} & s_{3,1} & s_{3,2} & s_{3,3} \end{pmatrix} \longleftarrow \begin{pmatrix} s_{0,0} & s_{0,1} & s_{0,2} & s_{0,3} \\ s_{1,0} & s_{1,1} & s_{1,2} & s_{1,3} \\ s_{2,0} & s_{2,1} & s_{2,2} & s_{2,3} \\ s_{3,0} & s_{3,1} & s_{3,2} & s_{3,3} \end{pmatrix} \oplus \begin{pmatrix} k_{0,0} & k_{0,1} & k_{0,2} & k_{0,3} \\ k_{1,0} & k_{1,1} & k_{1,2} & k_{1,3} \\ k_{2,0} & k_{2,1} & k_{2,2} & k_{2,3} \\ k_{3,0} & k_{3,1} & k_{3,2} & k_{3,3} \end{pmatrix} \tag{3.1}$$

〔2〕 **SubBytes, InvSubBytes**　　この処理の名称は「バイト単位の換字」を表し，DES と同じように S ボックスによる非線形変換を 1 バイト単位で行う。AES 暗号化の S ボックスを**表 3.1** に示す。式 (3.2) において，S[s] は入力 s に対する S ボックスの出力を示す。

$$\begin{pmatrix} s_{0,0} & s_{0,1} & s_{0,2} & s_{0,3} \\ s_{1,0} & s_{1,1} & s_{1,2} & s_{1,3} \\ s_{2,0} & s_{2,1} & s_{2,2} & s_{2,3} \\ s_{3,0} & s_{3,1} & s_{3,2} & s_{3,3} \end{pmatrix} \longleftarrow \begin{pmatrix} S[s_{0,0}] & S[s_{0,1}] & S[s_{0,2}] & S[s_{0,3}] \\ S[s_{1,0}] & S[s_{1,1}] & S[s_{1,2}] & S[s_{1,3}] \\ S[s_{2,0}] & S[s_{2,1}] & S[s_{2,2}] & S[s_{2,3}] \\ S[s_{3,0}] & S[s_{3,1}] & S[s_{3,2}] & S[s_{3,3}] \end{pmatrix} \tag{3.2}$$

表 3.1 では 1 バイト（8 ビット）入力 s が $s = x|y$ のように 4 ビットデータ x, y の連結で表されているものとする。例えば，入力 s が 8 ビットで $s = 10101100$ としたとき，16 進数では 0xac となるので $x = \mathrm{a}, y = \mathrm{c}$ を見ると，0x91 が出力ということになる。

問題 3-19　表 3.1 を参照して 8 ビットデータ 01010010 に対する S ボックス出力を求めよ。

表 3.1　AES 暗号化の S ボックス S[·]

$x \backslash y$	0	1	2	3	4	5	6	7	8	9	a	b	c	d	e	f
0	63	7c	77	7b	f2	6b	6f	c5	30	01	67	2b	fe	d7	ab	76
1	ca	82	c9	7d	fa	59	47	f0	ad	d4	a2	af	9c	a4	72	c0
2	b7	fd	93	26	36	3f	f7	cc	34	a5	e5	f1	71	d8	31	15
3	04	c7	23	c3	18	96	05	9a	07	12	80	e2	eb	27	b2	75
4	09	83	2c	1a	1b	6e	5a	a0	52	3b	d6	b3	29	e3	2f	84
5	53	d1	00	ed	20	fc	b1	5b	6a	cb	be	39	4a	4c	58	cf
6	d0	ef	aa	fb	43	4d	33	85	45	f9	02	7f	50	3c	9f	a8
7	51	a3	40	8f	92	9d	38	f5	bc	b6	da	21	10	ff	f3	d2
8	cd	0c	13	ec	5f	97	44	17	c4	a7	7e	3d	64	5d	19	73
9	60	81	4f	dc	22	2a	90	88	46	ee	b8	14	de	5e	0b	db
a	e0	32	3a	0a	49	06	24	5c	c2	d3	ac	62	91	95	e4	79
b	e7	c8	37	6d	8d	d5	4e	a9	6c	56	f4	ea	65	7a	ae	08
c	ba	78	25	2e	1c	a6	b4	c6	e8	dd	74	1f	4b	bd	8b	8a
d	70	3e	b5	66	48	03	f6	0e	61	35	57	b9	86	c1	1d	9e
e	e1	f8	98	11	69	d9	8e	94	9b	1e	87	e9	ce	55	28	df
f	8c	a1	89	0d	bf	e6	42	68	41	99	2d	0f	b0	54	bb	16

また，AES 復号の S ボックスを**表 3.2** に示す。このとき，1 バイトデータ s に対する出力を IS[s] と表す。先ほどの S ボックスの出力を 0x91 としたとき，表 3.2 より，IS[0x91] =0xac となることが確認できる。プログラムでは，17〜33 行目にあるのが S ボックスであり，34〜50 行目が復号用の S ボックスである。

表 3.2　AES 復号の S ボックス IS[·]

$x\backslash y$	0	1	2	3	4	5	6	7	8	9	a	b	c	d	e	f
0	52	09	6a	d5	30	36	a5	38	bf	40	a3	9e	81	f3	d7	fb
1	7c	e3	39	82	9b	2f	ff	87	34	8e	43	44	c4	de	e9	cb
2	54	7b	94	32	a6	c2	23	3d	ee	4c	95	0b	42	fa	c3	4e
3	08	2e	a1	66	28	d9	24	b2	76	5b	a2	49	6d	8b	d1	25
4	72	f8	f6	64	86	68	98	16	d4	a4	5c	cc	5d	65	b6	92
5	6c	70	48	50	fd	ed	b9	da	5e	15	46	57	a7	8d	9d	84
6	90	d8	ab	00	8c	bc	d3	0a	f7	e4	58	05	b8	b3	45	06
7	d0	2c	1e	8f	ca	3f	0f	02	c1	af	bd	03	01	13	8a	6b
8	3a	91	11	41	4f	67	dc	ea	97	f2	cf	ce	f0	b4	e6	73
9	96	ac	74	22	e7	ad	35	85	e2	f9	37	e8	1c	75	df	6e
a	47	f1	1a	71	1d	29	c5	89	6f	b7	62	0e	aa	18	be	1b
b	fc	56	3e	4b	c6	d2	79	20	9a	db	c0	fe	78	cd	5a	f4
c	1f	dd	a8	33	88	07	c7	31	b1	12	10	59	27	80	ec	5f
d	60	51	7f	a9	19	b5	4a	0d	2d	e5	7a	9f	93	c9	9c	ef
e	a0	e0	3b	4d	ae	2a	f5	b0	c8	eb	bb	3c	83	53	99	61
f	17	2b	04	7e	ba	77	d6	26	e1	69	14	63	55	21	0c	7d

〔3〕 **ShiftRows, InvShiftRows**　77〜82 行目で定義されているのが ShiftRows, InvShiftRows である。引数に `ed` が含まれており，`ed = 0` が MixColumn，`ed = 1` が InvMixColumn に対応する。この処理の名称は「行のシフト」を意味しており，暗号化においては行列の行にバイト単位で左巡回シフトを行い，復号においては右シフトを行う。1 列目はシフトなしで，2, 3, 4 列目はおのおの 1, 2, 3 バイトの左および右巡回シフトの処理となっている。ShiftRows の操作を式 (3.3) に示す。

$$\begin{pmatrix} s_{0,0} & s_{0,1} & s_{0,2} & s_{0,3} \\ s_{1,0} & s_{1,1} & s_{1,2} & s_{1,3} \\ s_{2,0} & s_{2,1} & s_{2,2} & s_{2,3} \\ s_{3,0} & s_{3,1} & s_{3,2} & s_{3,3} \end{pmatrix} \longleftarrow \begin{pmatrix} s_{0,0} & s_{0,1} & s_{0,2} & s_{0,3} \\ s_{1,1} & s_{1,2} & s_{1,3} & s_{1,0} \\ s_{2,2} & s_{2,3} & s_{2,0} & s_{2,1} \\ s_{3,3} & s_{3,0} & s_{3,1} & s_{3,2} \end{pmatrix} \tag{3.3}$$

同様に InvShiftRows の操作は式 (3.4) で与えられる。

$$\begin{pmatrix} s_{0,0} & s_{0,1} & s_{0,2} & s_{0,3} \\ s_{1,0} & s_{1,1} & s_{1,2} & s_{1,3} \\ s_{2,0} & s_{2,1} & s_{2,2} & s_{2,3} \\ s_{3,0} & s_{3,1} & s_{3,2} & s_{3,3} \end{pmatrix} \longleftarrow \begin{pmatrix} s_{0,0} & s_{0,1} & s_{0,2} & s_{0,3} \\ s_{1,3} & s_{1,0} & s_{1,1} & s_{1,2} \\ s_{2,2} & s_{2,3} & s_{2,0} & s_{2,1} \\ s_{3,1} & s_{3,2} & s_{3,3} & s_{3,0} \end{pmatrix} \tag{3.4}$$

〔4〕 **MixColumn, InvMixColumn**　84〜104 行目で定義されているのが MixColumn，InvMixColumn である。ShiftRows，InvShiftRows のときと同様，引数に `ed` が含まれており，`ed = 0` が MixColumn，`ed = 1` が InvMixColumn に対応する。この処理の名称は「列を混ぜる」を意味しており，ステート変換されたデータの 4 バイトをベクトルとして扱い，4×4 の定数行列を掛ける。暗号化においては式 (3.5) に示すように一次変換として表される。

$$\begin{pmatrix} s'_{0,j} \\ s'_{1,j} \\ s'_{2,j} \\ s'_{3,j} \end{pmatrix} \longleftarrow \begin{pmatrix} \{02\} & \{03\} & \{01\} & \{01\} \\ \{01\} & \{02\} & \{03\} & \{01\} \\ \{01\} & \{01\} & \{02\} & \{03\} \\ \{03\} & \{01\} & \{01\} & \{02\} \end{pmatrix} \begin{pmatrix} s_{0,j} \\ s_{1,j} \\ s_{2,j} \\ s_{3,j} \end{pmatrix} \tag{3.5}$$

ここで，係数行列は 16 進数表記の数値であり，乗算は 2 進数を多項式表現で掛け合わせたうえで多項式 $x^8 + x^4 + x^3 + x + 1$ で割った余りを乗算結果とする。

以上の ShiftRows と MixColumn を組み合わせることでデータの 1 ビットの変化をデータ全体の変化に波及させることができ，攪拌（かくはん）度が高い処理が実現できる。また，復号においては式 (3.6) に示す行列演算を行う。

$$\begin{pmatrix} s_{0,j} \\ s_{1,j} \\ s_{2,j} \\ s_{3,j} \end{pmatrix} \longleftarrow \begin{pmatrix} \{0e\} & \{0b\} & \{0d\} & \{09\} \\ \{09\} & \{0e\} & \{0b\} & \{0d\} \\ \{0d\} & \{09\} & \{0e\} & \{0b\} \\ \{0b\} & \{0d\} & \{09\} & \{0e\} \end{pmatrix} \begin{pmatrix} s'_{0,j} \\ s'_{1,j} \\ s'_{2,j} \\ s'_{3,j} \end{pmatrix} \tag{3.6}$$

問題 3-20　図 3.1 を参考にして平文および秘密鍵を 128 ビットすべて 0 としたとき，AddRoundkey，SubBytes，ShiftRows を経た出力結果の 128 ビットを 16 進数で表せ。

3.2　ブロック暗号 RC6

AES の最終選考に残った暗号（AES ファイナリスト）は，Rijindael の他に，MARS，RC6，Serpent，Twofish がある。ファイナリストだけにいずれも優れた暗号だが，安全性と速度のバランスなど総合的な審査の結果，Rijindael が残ったのである。ファイナリストの中でも暗号の構造面で特に興味深いのが RSA Security 社の Rivest（RSA 暗号の発明者の一人でもある）の他 Matt Robshaw，Ray Sidney，Yiqun Lisa Yin が設計した RC6 [12)] である。RC6 はシンプルかつ強力なブロック暗号であり，理解しておく価値があると思われるので，ここで紹介しておこう。

ブロック暗号 RC6 の暗号化部の処理を**図 3.3** に示す。ここで，田 は算術加算（mod2^8），f は非線形関数 $f(x) = x^2 + x$，$<<$ は $(\lg w)$ ビットの左巡回シフトを表す。ここで，$a \bmod 2^8$ は，a を 2^8 で割った余りを表す。

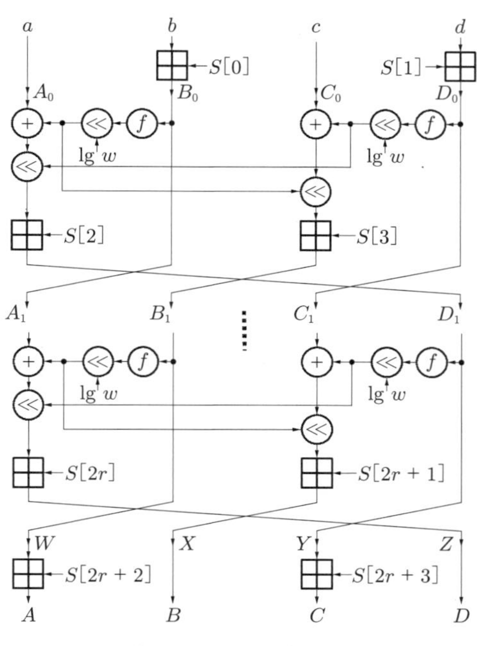

図 3.3　RC6 の暗号化部

この暗号化部は1ブロックを3つ以上に分割してラウンド処理を行う**一般化フェイステル構造**（generalized Feistel structure）と呼ばれる形となっている。これは処理単位を細かく分けることによる速度向上にも役立っており，軽量暗号や後述するハッシュ関数でも採用されている。

また，RC6は鍵長とブロック長が自由に変更できる柔軟性に富むアルゴリズムとなっており，そのバージョンはRC6–$w/r/b$で表す。ここで，wは処理の単位となるワード長（ビット），rはラウンド数，およびbは秘密鍵の長さ（バイト）であり，ここでは，AESの候補として提出された際の$w = 32$, $r = 20$, $b = 128$を想定した場合について述べる。RC6については，アルゴリズムとプログラムの対応が非常に明確なので，プログラムの前に概略を説明する。以下の行番号は，後述のリスト3.2の行番号に対応する。RC6ではwビットの整数a, bに対して以下の6つの演算を用いる。

- $a + b$ 整数算術加算 (mod 2^w)（22，23行）
- $a - b$ 整数算術減算 (mod 2^w)（19，20行）
- $a \times b$ 整数算術乗算 (mod 2^w)
- $a \oplus b$ ビットごとの排他的論理和
- $a <<< t$ wビットワードのtビット左巡回シフト ($1 \leqq t < w$)
- $a >>> t$ wビットワードのtビット右巡回シフト ($1 \leqq t < w$)

鍵スケジュールの処理を以下に示す。ここで，P_w，Q_wはMagic constantと呼ばれる定数であり，eをネイピア数（自然対数の底），ϕを黄金比$(1 + \sqrt{5})/2$としたとき，それぞれ，$P_w = 2^w(e - 2)$, $Q_w = 2^w(\phi - 1)$の奇数の整数に近似した値で与えられる。$w = 32$のとき，$2^{32}(e-2) = 3084996962.5426807\cdots$，$2^{32}(\phi-1) = 2654435769.4972305\cdots$ であるから，$P_{32} = 3084996963 = $ 0xb7e15163，$Q_{32} = 2654435769 = $ 0x9e3779b9 となる（3, 4 行目で定義している）。

まず，秘密鍵 K をリスト L に $K = L[0]||L[1]||L[2]||L[3]$ として格納して，ラウンド鍵 $S[0], S[1], \ldots, S[2r+3]$ を求める（25〜40 行目）。

```
S[0] = Pw
for i=1 to 2r+3 do
    S[i] = S[i-1] + Qw
A = B = i = j = 0
v = 3 × max(b/w, 2r+4)
for s=1 to v do
    A = S[i] = (S[i]+A+B) <<< 3
    B = L[j] = (L[j]+A+B) <<< (A+B)
    i = (i+1) mod (2r+4)
    j = (j+1) mod (b/w)
```

上記の処理はラウンド鍵から鍵スケジュールを逆にたどってもとの秘密鍵を導出することを難しくする構造にもなっている。

つぎに暗号化処理（42〜66 行目）について述べる。平文 P を $P = A|B|C|D$ のように 4 分割して以下の処理を行う。ここで，lg w は $\lceil \log_2 w \rceil$ を表す †。

```
(B,D) = (B+S[0],D+S[1])
for i=1 to r do
    t = (B × (2B+1)) <<< lg w
    u = (D × (2D+1)) <<< lg w
    A = ((A^t) <<< u ) + S[2i  ]
    C = ((C^u) <<< t ) + S[2i+1]
    (A,B,C,D) = (B,C,D,A)
(A,C) = (A+S[2r+2],C+S[2r+3])
```

上記の処理により暗号文は $C = A|B|C|D$ で得られる。暗号化のラウンド処理では算術加算や乗算を用いて非線形変換を実現しており，S ボックスを持たないからプログラムも短くできる。復号は下記に示すように暗号化の処理を逆にすれば得られる。

問題 3-21　8 ビットデータ (0x11) に対する f 関数の出力を求めよ。

```
(C,A) = (C+S[2r+3],A+S[2r+2])
for i=r downto 1 do
    (A,B,C,D) = (D,A,B,C)
    u = (D × (2D+1)) <<< lg w
    t = (B × (2B+1)) <<< lg w
    C = ((C-S[2i+1]) >>> t ) ^ u
    A = ((A-S[2i  ]) >>> u ) ^ t
(D,B) = (D+S[1],B+S[0])
```

上記の処理により平文は $P = A|B|C|D$ で得られる。

以上述べたことを Python で実現した学習用の RC6 のプログラムを**リスト 3.2** に示す。ほ

† $\lceil x \rceil$ は，x 以上の最小の整数を表す関数で，天井関数と呼ばれる。同様に，$\lfloor x \rfloor$ は，x 以下の最大の整数を表す関数で，床関数と呼ばれる。

ぼ，上記で述べたアルゴリズムがそのままの形で記述されており，AESよりもはるかにわかりやすいアルゴリズムになっていることが確認できる。

リスト 3.2（RC6.py,StudyRC6）

```
1  # ブロック暗号RC6のプログラム
2  W = 32         # Word size in bits
3  Pw = 0xb7e15163 # Magic constant Pw
4  Qw = 0x9e3779b9 # Magic constant Qw
5  R = 20         # Number of rounds
6  B = 128        # Number of bits in key
7  C = 4          # Nunber words in key ( = B/W)
8  LGW = 5        # ( = log_2 W )
9
10 def rol(x, m): # left rotate
11     return ((( x << m ) | ( x >> (W - m) )) % (1<<W))
12
13 def ror(x, m): # right rotate
14     return ((( x >> m ) | ( x << (W - m) )) % (1<<W))
15
16 def f(x): # f-function
17     return ((x*((x<<1)+1)) % (1<<W))
18
19 def sub(x, y): # (x - y) mod 2^w
20     return ((x+((1<<W)-y)) % (1<<W))
21
22 def add(x,y): # (x + y) mod 2^w
23     return ((x+y)%(1<<W))
24
25 def keysched(key):
26     l = [0 for i in range(C)]
27     s = [0 for i in range(2*R+4)]
28     for i in range(C):
29         l[i] = (key >> (W*(C-1-i))) % (1<<W)
30     s[0] = Pw
31     for i in range(1,2*R+4):
32         s[i] = add(s[i - 1], Qw)
33     a = b = i = j = 0
34     v = 3 * max([2*R+4,C])
35     for k in range(1,v+1):
36         a = s[i] = rol(add(add(s[i],a),b),3)
37         b = l[j] = rol(add(add(l[j],a),b),(add(a,b)%W))
38         i = (i+1) % (2*R+4)
39         j = (j+1) % C
40     return s
41
42 def ciph(x, s, ed): # ed=0:暗号化,  ed=1:復号
43     a, b, c, d = (x >> (3*W)), ((x >> (2*W)) % (1<<W)), ((x >> W) % (1<<W)), (x % (1<<W))
44     if ed == 0:
45         b = add(b, s[0])
46         d = add(d, s[1])
47         for i in range(1,R+1):
48             t = rol(f(b), LGW)
49             u = rol(f(d), LGW)
50             a = add(rol((a ^ t), (u%W)), s[2*i  ])
51             c = add(rol((c ^ u), (t%W)), s[2*i+1])
52             a, b, c, d = b, c, d, a
53         a = add(a, s[2*R+2])
54         c = add(c, s[2*R+3])
55     else:
56         c = sub(c, s[2*R+3])
57         a = sub(a, s[2*R+2])
58         for i in range(R,0,-1):
59             a, b, c, d = d, a, b, c
```

```
60            u = rol(f(d), LGW)
61            t = rol(f(b), LGW)
62            c = ror(sub(c,s[2*i+1]),(t%W)) ^ u
63            a = ror(sub(a,s[2*i  ]),(u%W)) ^ t
64        d = sub(d, s[1])
65        b = sub(b, s[0])
66    return (a<<(3*W))|(b<<(2*W))|(c<<W)|d
67
68 txt = 0x3524130279685746bdac9b8af1e0dfce  # Plaintext 平文
69 key = 0x67452301efcdab893423120178675645  # Secret Key 秘密鍵
70 s = keysched(key)  # Key Schedule
71 ctx = ciph(txt,s,0)          # 暗号化
72 print(format(ctx,'032x')) # 暗号文の表示
73 print(format(ciph(ctx,s,1),'032x')) # 復号
```

リスト3.2の42行目のコメントにあるように，`ed = 0`とすると暗号化，`ed = 1`とすると復号を行う。

問題3-22　リスト3.2のプログラムを実行し，暗号化と復号が正しくなされていることを確認せよ。また，同じ平文に対し，最下位4ビットを5からfに修正した鍵

```
key = 0x67452301efcdab89342312017867564f
```

に対して，暗号化と復号が正しくなされていることを確認せよ。

問題3-23　リスト3.2のプログラムを実行し，ラウンド鍵のリストを表示せよ。

3.3 Pycryptodomeモジュールと暗号利用モード

ブロック暗号を，そのブロックサイズを超えたデータに適用する方法として，種々の**暗号利用モード**（block cipher modes of operation）が用意されている。ここでは，代表的な3つのモードとして，ECBモード，CBCモード，CTRモードを説明する（もちろん他にも多数の暗号利用モードがある）。実際にファイルを暗号化するため，Pythonによる暗号実装で有用なPycryptodomeモジュール[13)]の説明から始める。Pycryptodomeモジュールは後の章でも利用する。

3.3.1 Pycryptodomeモジュールの導入

まず，インストールであるが，AnacondaでPycryptodomeをインストールするには，Anacondaのプロンプトで

```
(base) C:\Users\username conda install pycryptodome
```

のようにすればよい（フォルダへのパスなどはユーザによって異なる）。しばらくするとProceed ([y]/n)?と聞かれるので，yと入力してエンターキーを押す。pipを使う場合は，つぎのようにすればよい。

```
$ pip install pycryptodome
```

なお，Anacondaとpipは同時に使用してはいけない。condaを使うならcondaで，pipを

使うなら pip で統一しないと正常動作しない可能性がある。

すでに述べたように，情報セキュリティ用途では，secrets モジュールを利用することができるが，実際のアプリケーション開発においては，Crypto.Random の get_random_bytes を使ってもよい。例えば

```
>>> from Crypto.Random import get_random_bytes
>>> key = get_random_bytes(16)
>>> key
>>> b'@J\xe6(\xfcl\x86\xcf'\xc7\x14\x96
      \xa8\xbfN\x99'
```

とする。このままでは見づらいので，バイナリをアスキーに変換すると，つぎのようになる。

```
>>> import binascii
>>> binascii.hexlify(key)
>>> b'404ae628fc6c86cf60c71496a8bf4e99'
```

Crypto.Random は高機能で，ランダムビット生成について多くの場面で必要とされる機能はほぼ揃っている。**リスト 3.3** は，リスト 1.1 と同様に安全なパスワードを生成するプログラムである。修正点は，1 行目でインポートしているモジュール名が違っていることと，6 行目で，Crypto.Random.random.choice を用いていることのみである。

リスト 3.3（StudyPassword2.py）

```
1 import Crypto.Random.random
2 import string
3
4 length = 8
5 lst = string.ascii_letters + string.digits
6 password = ''.join(Crypto.Random.random.choice(lst) for i in range(length))
7 print("password:", password)
```

実行すると，つぎのように表示される（毎回異なる）。シードは指定できず，再現性はない。

```
password: prf9LaDS
```

問題 3-24　5 行目に string.punctuation を加えて，パスワードに以下のような「区切り文字として扱われるアスキー文字列」が現れるようにせよ。

```
!"#$%&'()*+,-./:;<=>?@[\]^_`{|}~
```

3.3.2 暗号利用モードとデータの暗号化の実際

ブロックサイズよりも大きなデータを暗号化する方法として，誰でも最初に思いつくのはデータをブロック単位に分割して，それぞれをバラバラに暗号化することであろう。これが **ECB モード**（electronic codebook mode）である。**図 3.4** にブロック図を示す。上段が暗号化，下段が復号である（以下同様）。E は暗号化関数，D は復号関数，K は秘密鍵であり，$P_0, P_1, \ldots, P_i$ が平文ブロック，$C_0, C_1, \ldots, C_i$ が暗号文ブロックである。ECB モードでは，平文ブロックと暗号化ブロックは一対一の関係になる。同じ値を持つ平文ブロックが複数あれば，それらは同一の暗号文ブロックに対応するため，ブロックサイズを超える大域的構造を秘匿できない。これだけ読んでも意味がわからないかもしれないので，3.3.3 項で画像データの暗号化を用いてそ

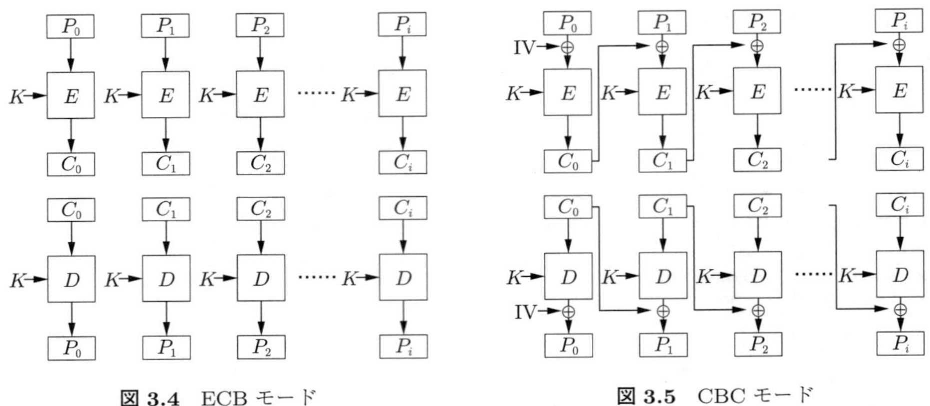

図 3.4　ECB モード　　　**図 3.5**　CBC モード

の意味を説明する。

CBC モード（**図 3.5**）では，直前の暗号文ブロックと平文ブロックの排他的論理和を取って暗号化する処理を繰り返す。最初の平文ブロックに対しては，直前の暗号文ブロックが存在しないため，1 ブロック分のデータが必要になる。これを**初期化ベクトル**（initialization vector）といい，IV と略記する。CBC モードでは，同一の平文ブロックも異なる暗号文ブロックに変換される点が重要である。これにより，データの大域的構造が秘匿される。なお，CBC モードでは，IV=0 と設定して，最後の暗号文ブロックを **CBC メッセージ認証子**（CBC-message authentication code）として利用することがある（略して **CBC-MAC** と呼ぶ）。これはデータの改ざんを検出するために使われる。CBC モードにおいては，CBC-MAC は，平文のデータすべてに依存するので，平文に何らかの改ざんがなされれば，きわめて高い確率で CBC-MAC が変化する。

CBC モードは，直前のブロックの暗号化が終わらなければつぎの暗号化処理を始めることができないので，並列化できない。ECB モードは並列化可能だが，安全性が低い。この問題を解消したのが**カウンタモード**（counter mode）である。**CTR モード**と記号的に表現する。

CTR モードは，**図 3.6** のように，規則性のある系列 $T_0, T_1, \ldots, T_i$ をおのおの暗号化し，暗

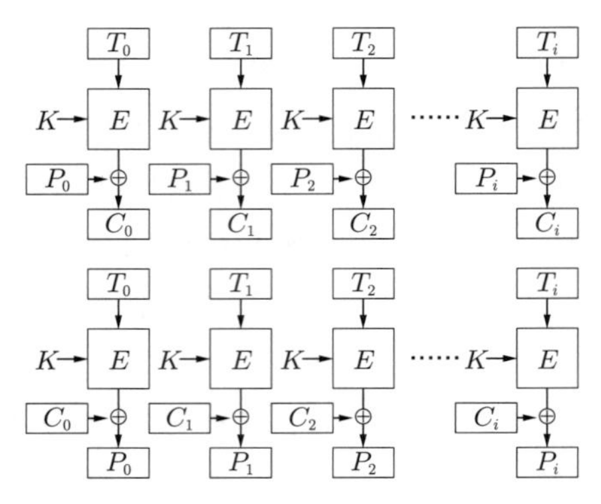

図 3.6　CTR モード

号ビットストリームを生成する方式である。$T_0, T_1, \ldots, T_i$ は，セッションごとに変化させる必要があるが，**ナンス**（**ノンス**，nonce）と 0 から 1 ずつインクリメントされるカウンタを結合したものを利用することが多い。ここでナンスとは number used once の略で，一度だけ使われる数を意味する。ナンスはたいてい，認証の過程で使われるが，暗号資産のブロックチェーンに新たなブロックを追加する際の検証に用いられる数を意味することもある。

実際のデータの暗号化を行ってみよう。**リスト 3.4** は，AES-128 の ECB モード，CBC モード，CTR モードで平文を暗号化し，暗号文を復号するものである。ここで，ブロックサイズの不足分は PKCS#7 パディングしている。**PKCS#7 パディング**（PKCS#7 padding）とは，RFC5652 で定義されたパディング方式であり，不足分のバイト数を 1 バイトの値としてパディングする。例えば，2 バイトをパディングするのであれば，0xXXXX0202 のように 2 が 2 つ並ぶ。なお，このパディングは広く用いられているものであり，openssl_encrypt() のデフォルトでは，PKCS#7 パディングが使われている。

リスト 3.4（StudyPycryptodomeAES.py）

```
 1 import Crypto.Cipher.AES as AES
 2 import Crypto.Util.Padding as PAD
 3 from Crypto.Random import get_random_bytes
 4 
 5 # AES block size = 16 bytes
 6 blocksize = AES.block_size
 7 # Size of key must be 16, 24 or 32 bytes
 8 ptext = 'The man who has no imagination has no wings.'
 9 key = b'0123456789abcdef'
10 print('plaintext: %s' %ptext.encode('ascii'))
11 print('key: %s' %key)
12 
13 # padding #PKCS7
14 ptext_pad = PAD.pad(ptext.encode('ascii'), blocksize, 'pkcs7')
15 print('plaintext_pkcs7pad: %s' %ptext_pad)
16 
17 # encryption with AES ECB
18 aesECB = AES.new(key, AES.MODE_ECB)
19 cipherECB = aesECB.encrypt(ptext_pad)
20 print('ciphertext using ECB mode: %s' %cipherECB.hex())
21 
22 aesECB = AES.new(key, AES.MODE_ECB)
23 decctext = aesECB.decrypt(cipherECB)
24 decptext = PAD.unpad(decctext, blocksize, 'pkcs7')
25 print('decrypted ciphertext(ECB): %s' %decptext.decode('ascii'))
26 
27 # encryption with AES CBC
28 iv = b'0' * blocksize
29 aesCBC = AES.new(key, AES.MODE_CBC, iv)
30 cipherCBC = aesCBC.encrypt(ptext_pad)
31 print('ciphertext(CBC): %s' %cipherCBC.hex())
32 
33 aesCBC = AES.new(key, AES.MODE_CBC, iv)
34 decctext = aesCBC.decrypt(cipherCBC)
35 decptext = PAD.unpad(decctext, blocksize, 'pkcs7')
36 print('decrypted ciphertext(CBC): %s' %decptext.decode('ascii'))
37 
38 # encryption with AES CTR
39 nc = get_random_bytes(4) # nonce
40 aesCTR = AES.new(key, AES.MODE_CTR, nonce = nc, initial_value = 0)
```

```
41 cipherCTR = aesCTR.encrypt(ptext_pad)
42 print('ciphertext using CTR mode: %s' %cipherCTR.hex())
43
44 aesCTR = AES.new(key, AES.MODE_CTR, nonce = nc, initial_value = 0)
45 decctext = aesCTR.decrypt(cipherCTR)
46 decptext = PAD.unpad(decctext, blocksize, 'pkcs7')
47 print('decrypted ciphertext(CTR): %s' %decptext.decode('ascii'))
```

1行目と2行目では，AESとパディング関数，3行目は乱数生成のために `get_random_bytes` をインポートしている。6行目でAESのブロックサイズ（16バイト＝128ビット）を取得し，8行目で平文（モハメド・アリの言葉）を直接書いている。平文は任意のサイズでよい。

9行目では，AESの鍵を直接指定しているが，もちろん，普通のセッション鍵はランダムなものを取る。なお，AESの鍵サイズは，`AES.key_size` に格納されている。これは，$(16, 24, 32)$ である。この例では16バイトで，AES128に対応する。14行目で，`PAD` を用いてPKCS#7パディングしている。15行目ではパディング後の平文を表示している。18行目の `AES.new` では，鍵と暗号利用モードを指定している。ここでは，`AES.MODE_ECB` としてECBモードを指定している。19行目で `encrypt` メソッドを使ってパディングされた平文を暗号化している。ECBモードなので，与えるのは平文だけである。20行目では，暗号文を16進数で表示している。22行目で再びECBモードのAESを指定している。これはここでは不要な処理だが，普通，暗号化と復号は別のデバイスで処理されるので，ここでは重複をいとわず書いておいた。23行目で `decrypt` メソッドを使ってパディングされた暗号文を復号し，24行目でパディングを外し，25行目で復号された暗号文をアスキー表示している。

27〜36行目はCBCモードの処理である。初期化ベクタ（IV）を，0としたが，適宜変更してよい。ここでは，このIVに対するCBCモードのAESを指定している。鍵は，ECBで使ったものと同じである。31行目で暗号化，34行目で復号し，35行目でパディングを外して，36行目でアスキー表示している。

38行目からはCTRモードの処理である。これまでとほぼ同じだが，39行目でナンスとして4バイトの乱数を生成し（4バイトが標準というわけではない），40行目で，AESのモード指定とともに，ナンスと初期値（カウンタの初期値）を指定している。ここではカウンタの初期値は0になっている。

実行結果は，つぎのようになる。

```
plaintext: b'The man who has no imagination has no wings.'
key: b'0123456789abcdef'
plaintext_pkcs7pad: b'The man who has no imagination has no wings.\x04\x04\x04\x04'
ciphertext using ECB mode: 20ee9a1a5dc7d785f8487cf46d1a563a5146fbe0fdea5a83e
adc59e112c0c1d4693040a13ef99fa32b6e066bdae692bd
decrypted ciphertext(ECB): The man who has no imagination has no wings.
ciphertext(CBC): 0034df7812e42cffb894bbfb1206f9f18ebf49094e921758e383c8b09c1
67e5057d8b3f3b60aa35c3e5f22d06c8ef0f2
decrypted ciphertext(CBC): The man who has no imagination has no wings.
ciphertext using CTR mode: 2488743db5fb41117696a56ce3a592aba602ad7eb87ea7a47
```

```
168fe3747dbfa4987b1d803fea7eac08b6bf3b1c94bfd10
decrypted ciphertext(CTR): The man who has no imagination has no wings.
```

平文のパディング，暗号化，復号などが正しく処理されていることがわかる。PKCS#7のパディングで，4が並んだ平文ができているところに注意しよう。

問題 3-25 リスト3.4の8行目の平文を別の文字列に変えて，暗号化，復号などが正常動作していることを確認せよ。

3.3.3 ECBモードの致命的な問題点

ECBモードでは，もとのデータの特徴が残る場合がある。これを実際のファイルで試してみることにしよう。このデモンストレーションには，OpenCV（インテルが開発したコンピュータビジョン用のオープンソースライブラリ）による画像処理が必要となるため，Pythonに標準で用意されているNumPyモジュールの他，cv2（これがOpenCV）が必要となる。最初にインストールが必要である†。

```
(base) C:\Users\username conda install -c conda-forge opencv
```

のようにすればよい（フォルダへのパスなどはユーザによって異なる）。しばらくすると Proceed ([y]/n)? と聞かれるので，y と入力してエンターキーを押す。

pipを使う場合は，main(core) モジュールのみでよい場合なら，つぎのようにする。

```
$ pip install opencv-python
```

contrib モジュールも必要な場合は，つぎのようにする（普通はこちらがよい）。

```
$ pip install opencv-contrib-python
```

インストールが正常終了したら，**リスト3.5**のプログラムを使うことができるようになる。

リスト 3.5 (StudyMode_ECB_CBC.py,)

```
 1 import cv2
 2 import numpy as np
 3 from Crypto.Cipher import AES
 4 from Crypto.Random import get_random_bytes
 5
 6 # OpenCVで画像を読み込み
 7 img = cv2.imread("sampleFig.bmp")
 8 # byte文字列に変換
 9 img_bytes = img.tobytes()
10
11 cipherECB = AES.new(get_random_bytes(16), AES.MODE_ECB)
12 ciphertextECB = cipherECB.encrypt(img_bytes)
13
14 cipherCBC = AES.new(get_random_bytes(16), AES.MODE_CBC)
15 ciphertextCBC = cipherCBC.encrypt(img_bytes)
16
17 # 暗号文のバイナリデータを画像のheight, width , depth(カラーチャネル数)に合わせて整形
18 h, w, d = img.shape
19
20 np_arrECB = np.frombuffer(ciphertextECB, np.uint8).reshape(h, w, d)
21 np_arrCBC = np.frombuffer(ciphertextCBC, np.uint8).reshape(h, w, d)
22
23 cv2.imwrite("ECB_encrypted.bmp", np_arrECB)
```

† Anacondaでもpipでも，利用する際には最新版にアップグレードしておくこと。

```
24 cv2.imwrite("CBC_encrypted.bmp", np_arrCBC)
```

すでに説明した暗号化の方法では，暗号文を画像ファイルとして書き出すことができない。実際，Python の通常の `write()` だけではファイルヘッダ（ファイル冒頭に記録するファイルの種類等についての情報。bmp なら 424D···）が作成されない。そこで，OpenCV の力を借りることになる。7 行目の `cv2` の `imread` メソッドでは，読み出す際にファイルヘッダと内容が分離され，ヘッダ情報は暗号化せずにファイル内容のみを暗号化して書き出している。ECB モードでの暗号化では，ファイルサイズがブロックサイズとずれている場合に，パディングするとうまく処理できないため，ここで使っているサンプルファイル（`sampleFig.bmp`）は，サイズ調整済みのものである[†1]。勝手に作成したファイルではうまく行かない可能性が高い。実行すると，`ECB_encrypted.bmp` という ECB モードによる暗号化画像データと，`CBC_encrypted.bmp` という CBC モードによる暗号化画像データが生成される[†2]。**図 3.7** が元画像である。**図 3.8** は，この画像を ECB モードで暗号化した画像であり，**図 3.9** は，CBC モードで暗号化した画像である。図 3.8 には元画像の特徴が残っているのに対し，図 3.9 には残っていないことがわかるだろう。ECB モードの問題点は，画像で見るのがわかりやすいが，テキストデータでも同一の暗号ブロックが現れ，情報が漏洩（ろうえい）する可能性がある。画像データだけが危険なわけではない。

図 3.7　元画像

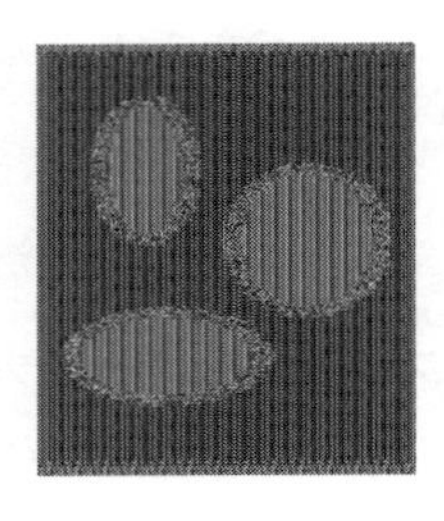

図 3.8　ECB モードで暗号化した画像

図 3.9　CBC モードで暗号化した画像

[†1] 216×256 ピクセルであるから，データサイズはブロックサイズの 128 で割り切れる。

[†2] これらはビットマップ形式のファイルだが，Windows の「フォトビューアー」や「ペイント」などのソフトウェアで BMP ファイルを開くことが可能である。BMP ファイルを開く場合は，BMP ファイルのアイコンをダブルクリックすればよい。MacOS では，Apple Preview または Apple Photos を使って開くことができる。

4 ブロック暗号に対する差分解読法・線形解読法

ブロック暗号に対する最も基本的な解読法は差分解読法と線形解読法である。現代のブロック暗号は少なくともこの2つの攻撃に対する十分な耐性を持たなければならない。本章では，差分解読法と線形解読法をブロック暗号FEALに対して適用し，その原理を解説する。FEALの非線形変換が算術加算のみであることから，DESよりも容易にラウンド鍵が導出できる。FEALを対象とした差分解読法や線形解読法によるラウンド鍵導出のテクニックを学ぶことは，ブロック暗号の学習者にとって有益であろう。

4.1 ブロック暗号FEAL

FEAL（the fast data encipherment algorithm）はブロック長64ビット，鍵長64ビットのフェイステル型ブロック暗号である。DESの後継暗号としてNTTが開発したアルゴリズムであり，DESよりも高速な処理が実現されている。現在の軽量暗号につながるアイデアも含まれている興味深いブロック暗号である。ここでは，**図4.1**に示すようなラウンド数4のFEAL-4を攻撃対象とする。この構造はオリジナルのFEAL-4とは若干異なっており，解析

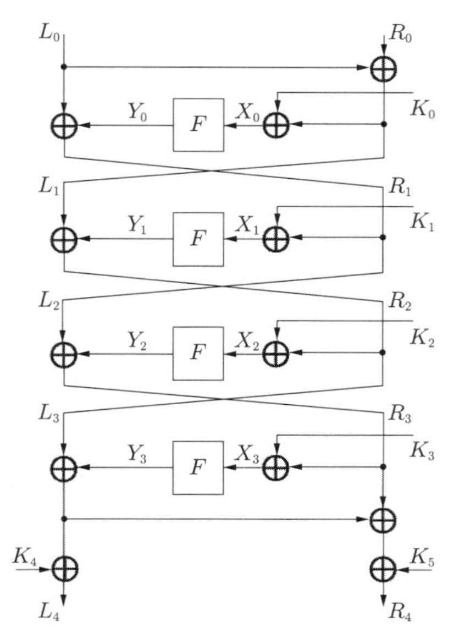

図4.1 FEAL-4の暗号化部

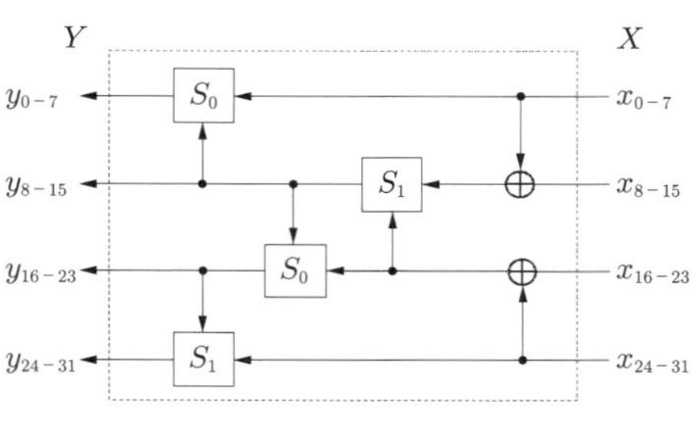

図4.2 FEAL-4の F 関数

しやすいように等価変換した形となっている。平文は $P = L_0|R_0$ のように 32 ビットずつ L_0, R_0 に分割され，4 回のラウンド処理を繰り返して，32 ビットの出力 L_4, R_4 を連結した暗号文 $C = L_4|R_4$ を出力する。ここで，F 関数の入出力をそれぞれ X, Y と表すと FEAL-4 における F 関数は**図 4.2** のように表すことができる。32 ビットの入力を 8 ビットずつ 4 分割して $X = x_{0-7}|x_{8-15}|x_{16-23}|x_{24-31} = x_0|x_1|x_2|x_3$ として処理が行われ，それらを再度連結して 32 ビットの出力 $Y = y_{0-7}|y_{8-15}|y_{16-23}|y_{24-31} = y_0|y_1|y_2|y_3$ が得られる。

FEAL-4 の F 関数の構造はあみだ構造と呼ばれており，入力の 32 ビットのうち 1 ビットでも変化すると，その変化が 4 分割されたすべてのブロックの出力に波及する。ここで，非線形変換となる S ボックス S_0, S_1 は次式に示される算術加算演算で表される。

$$S_d(a,b) = \mathrm{rot2}\left((a+b+d) \bmod 2^8\right) \quad d = 0, 1 \tag{4.1}$$

式 (4.1) における rot2 は 2 ビット左巡回シフトである。F 関数の出力は次式で表される。

$$y_0 = S_0(x_0, y_1) \tag{4.2}$$

$$y_1 = S_1(x_0 \oplus x_1, x_2 \oplus x_3) \tag{4.3}$$

$$y_2 = S_0(y_1, x_2 \oplus x_3) \tag{4.4}$$

$$y_3 = S_1(y_2, x_3) \tag{4.5}$$

また，図 4.1 において，$K_0 \sim K_3$ がラウンド鍵であり，K_4, K_5 はホワイトニング鍵である。これらは秘密鍵 64 ビットから**図 4.3** に示す鍵スケジュール処理により導出される。ここで用いられる F_k 関数は**図 4.4** に示すように 2 つの 32 ビット入力 $\boldsymbol{a} = a_0|a_1|a_2|a_3$, $\boldsymbol{b} = b_0|b_1|b_2|b_3$ より，$F_k(\boldsymbol{a}, \boldsymbol{b}) = f_0|f_1|f_2|f_3$ を出力する。

学習用の FEAL-4 のプログラムを**リスト 4.1** に示す。FEAL-4 はすべて 1 バイト単位の処

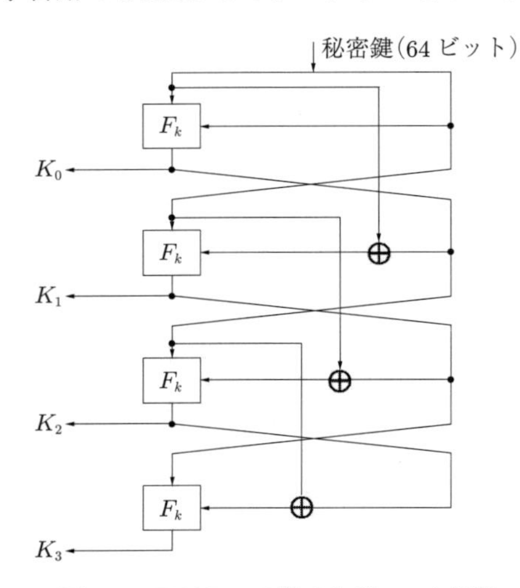

図 4.3　FEAL-4 の鍵スケジュール処理

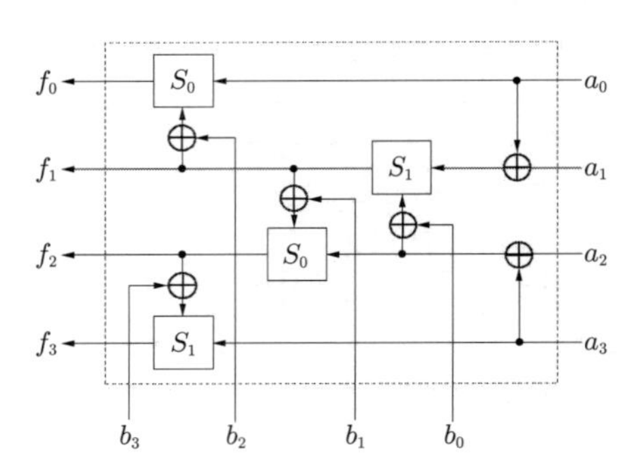

図 4.4　鍵スケジュールにおける F_k 関数

理で実行され，転置表と換字表が一切ないため，プログラムがDESよりも短くなっている。

リスト 4.1 (StudyFEAL.py)

```
1 N = 4 #段数
2 def rotl8(a,n): # 8ビットデータaのnビット左回転シフト
3     return ((((a)<<(n))|((a)>>(8-(n))))&0xff)
4
5 def s(a,b,d):   # s0, s1 ボックス (s0:d=0,  s1:d=1)
6     return rotl8(((a)+(b)+d)&0xff,2)
7
8 def fk(a, b): # 鍵スケジュールで用いるFk関数
9     a ^= (((a>>24)<<16)^((a&0xff)<<8))
10    a = (a & 0xff00ffff)|(s(((a>>16)&0xff),((a>> 8)&0xff)^ ((b)>>24),1)     <<16)
11    a = (a & 0xffff00ff)|(s(((a>> 8)&0xff),((a>>16)&0xff)^(((b)>>16)&0xff),0)<< 8)
12    a = (a & 0x00ffffff)|(s( (a>>24)     ,((a>>16)&0xff)^(((b)>> 8)&0xff),0)<<24)
13    return (a & 0xffffff00)|s((a&0xff),((a>>8)&0xff)^((b)&0xff),1)
14
15 def f(a): # F関数
16    a ^= (((a>>24)<<16)^((a&0xff)<<8))
17    a = (a & 0xff00ffff)|(s(((a>>16)&0xff),((a>> 8)&0xff),1) <<16)
18    a = (a & 0xffff00ff)|(s(((a>> 8)&0xff),((a>>16)&0xff),0) << 8)
19    a = (a & 0x00ffffff)|(s( (a>>24)     ,((a>>16)&0xff),0) <<24)
20    return (a & 0xffffff00)|s((a&0xff),((a>>8)&0xff),1)
21
22 def keysched(key): # 鍵スケジュール
23    k = [] # ラウンド鍵が入るリスト
24    kl, kr, kx =  (key >> 32), (key & 0xffffffff), 0
25    for i in range(N+2):
26        kl, kr, kx = kr, fk(kl,(kr^kx)), kl
27        k.append(kr)
28    return k
29
30 def ciph(x,k,ed): #  暗号化処理
31    l, r  = (((x >> 32)^k[N]), ((x & 0xffffffff)^k[N+1])) if ed else ((x >> 32), (x & 0xffffffff))
32    r = l ^ r
33    for i in range(N):
34        l, r = r, l ^ f(r ^ (k[N-1-i] if ed else k[i]))
35    return ((r << 32) | (l ^ r)) if ed else (((r^k[N]) << 32) | ((l ^ r) ^ k[N+1]))
36
37 key = 0x123456789abcdef0
38 k = keysched(key) # 鍵スケジュールを実行
39 txt = 0xd228f5f79b5da362 # 平文の設定
40 ctx = ciph(txt,k,0)      # 暗号文の生成
41 print(format(ctx,'016x'),format(ciph(ctx,k,1),'016x')) # 暗号文の表示と復号結果の確認
```

x&0xff は，x を 16 進数で書いたときに下 2 桁（8 ビット）を取り出す処理になっている。リスト 4.1 のプログラムを実行すると

```
b8411f0459d4c52f d228f5f79b5da362
```

となる。これは，暗号文が b8411f0459d4c52f であり，復号結果が，d228f5f79b5da362 であることを示している。

問題 4-26　リスト 4.1 のプログラムを利用して，平文 0xddddffff5555aaaa を暗号化し，さらにそれを復号せよ。

以下，Stamp and Low[14] に従って，FEAL-4 の差分解読法（4.2 節）と線形解読法（4.3 節）を解説し，実際の攻撃プログラムを提供する。

4.2 FEAL に対する差分解読法

差分解読法は第 1 章で述べた選択平文攻撃に分類される。アタッカーが特定の条件を満たす平文を選択して，その平文に対する暗号文とのペアを集めて鍵を導出する方法だからである。差分解読法は DES に対する攻撃法として Biham-Shamir[15] によって公開され，段数を削減した DES の鍵が導出できることが示されている。

DES の F 関数の構造（図 2.4）を思い出そう。以下，ビット列 X, Y の**差分**（difference）をビットごとの排他的論理和 $X \oplus Y$ で定義する。すでに見てきたように，排他的論理和は，X と Y のビットが一致したとき 0，不一致のとき 1 であるから，$X \oplus Y$ は，X と Y の異なるビットを示している。例えば，2 進数表現で $X = 1010, Y = 0111$ であれば，$X \oplus Y = 1101$ となる。これが「差分」の由来である。F 関数への入力 X は，線形変換である拡大転置 E に入力された後，ラウンド鍵 K と排他的論理和を取り，その値が S ボックスに入力される。このとき，F 関数への 2 つの入力 X, Y に対し，$(E(X) \oplus K) \oplus (E(Y) \oplus K) = E(X) \oplus E(Y) = E(X \oplus Y)$ が成り立つから，S ボックスへの入力の差分（以下，これを**入力差分**と呼ぶことにする）は K によらず，X と Y の差分から求めることができる。つまり，**アタッカーは，S ボックスへの入力差分をコントロールできる**のである。一方，S ボックスの出力の差分（**出力差分**）は，ラウンド鍵 K の影響を受ける。これが差分解読法の最も基本的な着眼点である。

ここでは，FEAL-4 に対して差分解読法により鍵導出を行う手法について述べる。**図 4.5** に F 関数に対する入力および出力の差分値について示す。ここでは，F 関数の入力として X と X^* の差分が $X' = X \oplus X^* = $ 0x80800000 を満たすペアを選択する。このとき，図 4.5 に示すように，出力差分は $Y' = F(X) \oplus F(X^*) = $ 0x02000000 となる。

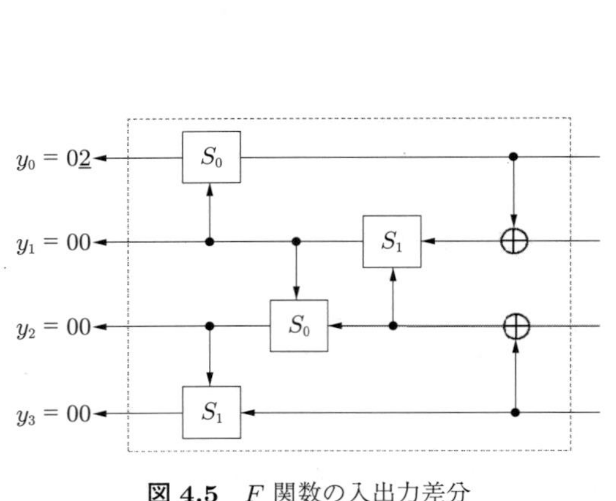

図 4.5　F 関数の入出力差分

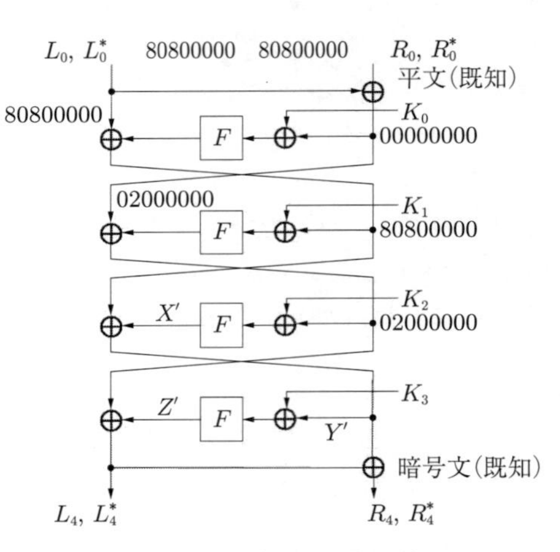

図 4.6　FEAL-4 の差分解析

問題4-27 図4.5に示すように F 関数の入出力差分が鍵に依存せずに確率1で成り立つことを確認せよ。

この F 関数の入出力差分の性質を利用して，2つの平文のペア $P = L_0|R_0$, $P^* = L_0^*|R_0^*$ の差分が，$P \oplus P^* = 0\text{x}80800000$ となる場合の暗号化部の各ラウンドの差分を**図4.6**に示す。このとき，出力される暗号文を $C = L_4|R_4$, $C^* = L_4^*|R_4^*$ とし，暗号文の差分を $C' = C \oplus C^*$ とする。また，図4.1に示す最終段のホワイトニング鍵 K_4, K_5 は差分を取ると消去されるので，ここでは簡単のため省略するものとする。

図4.6において，暗号文の左右のペアの差分をおのおの $L_4' = L_4 \oplus L_4^*$, $R_4' = R_4 \oplus R_4^*$，また，4段目の F 関数の入力のペアを Y, Y^* として，それらの出力ペアを Z, Z^* とし，おのおのの差分を $Y' = Y \oplus Y^*$, $Z' = Z \oplus Z^*$ とすると次式が成り立つ。

$$Y' = L_4' \oplus R_4' \tag{4.6}$$

$$Z' = 0\text{x}02000000 \oplus L_4' \tag{4.7}$$

$$Z' = F(L_4 \oplus R_4 \oplus K_3) \oplus F(L_4^* \oplus R_4 \oplus K_3) \tag{4.8}$$

式(4.7)，(4.8)より，暗号文は既知であるから未知数は K_3 のみとなり，K_3 は 2^{32} 通りの全数探索によって導出することができる。2^{32} 通りの全数探索は現実的な時間で可能ではあるものの，かなり時間がかかり，実習には不向きである。そこで，以下に説明するように $M(X)$ 関数を用いて 2^{16} 通りの全数探索を2ステップ実施することで全数探索の時間を削減する[14)]。この工夫により，トータルで 2^{17} の探索となり計算量が大幅に削減される。

図4.7にFEALの1ラウンドの処理を示す。ここで，F 関数の入力は右側の32ビットデータを8ビットずつ4分割したデータとして $X = x_0|x_1|x_2|x_3$ と表し，同様に，32ビットのラウンド鍵を $K = k_0|k_1|k_2|k_3$ と表す。また，これらの排他的論理和を入力とした F 関数の出力を $Z = z_0|z_1|z_2|z_3$ とする。これらの入出力関係は式(4.1)に示すSボックスの定義より次式で表される。

$$z_0 = \text{rot2}\,(z_1 + (x_0 \oplus k_0)) \tag{4.9}$$

$$z_1 = \text{rot2}\,((x_0 \oplus x_1 \oplus k_0 \oplus k_1) + (x_2 \oplus x_3 \oplus k_2 \oplus k_3) + 1) \tag{4.10}$$

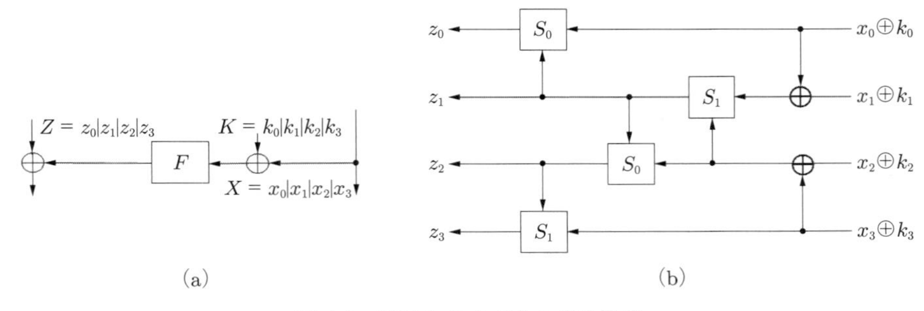

図4.7 FEALの1ラウンドの処理

$$z_2 = \mathrm{rot2}\,(z_1 + (x_2 \oplus x_3 \oplus k_2 \oplus k_3)) \tag{4.11}$$

$$z_3 = \mathrm{rot2}\,(z_2 + (x_3 \oplus k_3) + 1) \tag{4.12}$$

ここで，32 ビット入力 X に対して下記に示す関数 $M(X)$ を導入する。

$$M(X) = \mathbf{0}|x_0 \oplus x_1|x_2 \oplus x_3|\mathbf{0} \tag{4.13}$$

ここで，$\mathbf{0}$ はすべて 0 の 8 ビットを示す。いま，$a_0 = (k_0 \oplus k_1)$, $a_1 = (k_2 \oplus k_3)$ とおくと，これらの入出力は**図 4.8** のように表すことができ，式 (4.9)〜(4.12) はそれぞれつぎのように表される。

$$z_0 = \mathrm{rot2}\,(z_1) \tag{4.14}$$

$$z_1 = \mathrm{rot2}\,((x_0 \oplus x_1 \oplus a_0) + (x_2 \oplus x_3 \oplus a_1) + 1) \tag{4.15}$$

$$z_2 = \mathrm{rot2}\,(z_1 + (x_2 \oplus x_3 \oplus a_1)) \tag{4.16}$$

$$z_3 = \mathrm{rot2}\,(z_2 + 1) \tag{4.17}$$

これらの式より，X, Z が既知であれば，未知数となるのは a_0, a_1 のみであるから，合計 16 ビットで 2^{16} 通りの全数探索で a_0, a_1 が求められる。ラウンド鍵は $K = (k_0, k_0 \oplus a_0, k_3 \oplus a_1, k_3)$ と表すことができるから，a_0, a_1 を求めた後に，k_0, k_3 の 16 ビットを 2^{16} の全数探索で求めることができる。**リスト 4.2** に最終ラウンドの鍵 K_3 を差分解読法により導出するプログラム例を示す。

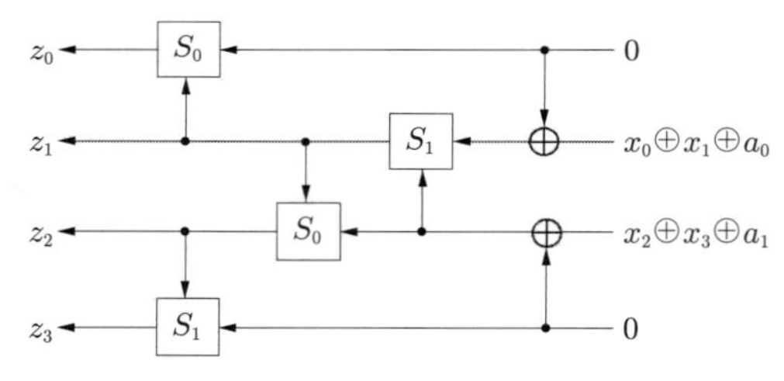

図 4.8　関数 $M(X)$ 導入後の F 関数の入出力

リスト 4.2（StudyFEALdiff.py）

```
 1 # 差分解読法を用いたFEAL4 における K3 の導出テストプログラム(Differential Attack for FEAL4(K3))
 2 import random
 3 N = 4 #段数
 4 def rotl8(a,n): # 8ビットデータ a の n ビット左回転シフト
 5     return ((((a)<<(n))|((a)>>(8-(n))))&0xff)
 6 def s(a,b,d):   # s0, s1 ボックス (s0:d=0,  s1:d=1)
 7     return rotl8(((a)+(b)+d)&0xff,2)
 8 
 9 def fk(a, b): # 鍵スケジュールで用いるF 関数
10     a ^= (((a>>24)<<16)^((a&0xff)<<8))
11     a = (a & 0xff00ffff)|(s(((a>>16)&0xff),((a>> 8)&0xff)^ ((b)>>24),1)     <<16)
12     a = (a & 0xffff00ff)|(s(((a>> 8)&0xff),((a>>16)&0xff)^(((b)>>16)&0xff),0)<< 8)
13     a = (a & 0x00ffffff)|(s( (a>>24)     ,((a>>16)&0xff)^(((b)>> 8)&0xff),0)<<24)
14     return (a & 0xffffff00)|s((a&0xff),((a>>8)&0xff)^((b)&0xff),1)
```

```
15
16 def f(a): # F関数
17     a ^= (((a>>24)<<16)^((a&0xff)<<8))
18     a = (a & 0xff00ffff)|(s(((a>>16)&0xff),((a>> 8)&0xff),1) <<16)
19     a = (a & 0xffff00ff)|(s(((a>> 8)&0xff),((a>>16)&0xff),0) << 8)
20     a = (a & 0x00ffffff)|(s( (a>>24)     ,((a>>16)&0xff),0) <<24)
21     return (a & 0xffffff00)|s((a&0xff),((a>>8)&0xff),1)
22
23 def keysched(key,k): # 鍵スケジュール
24     kl, kr, kx =  (key >> 32), (key & 0xffffffff), 0
25     for i in range(N+2):
26         kl, kr, kx = kr, fk(kl,(kr^kx)), kl
27         k.append(kr)
28     return k
29
30 def ciph(txt,k,ed): #  暗号化処理
31     l, r  = (txt >> 32), (txt & 0xffffffff)
32     l, r = l, l ^ r
33     for i in range(N):
34         l, r = r, l ^ f(r^k[i])
35     return (r << 32) | (l ^ r)
36
37 def ma(x):  # 関数M(A) = (Z, a0<XOR>a1, a2<XOR>a3, Z)
38     return (((x>>8)^x)&0x00ff0000)|((x^(x<<8))&0x0000ff00)
39
40 M = 10   # ペア数
41 key = 0x4b4559424c4f434c
42 k = []    # ラウンド鍵が入るリスト
43 keysched(key,k) # 鍵スケジュールを実行
44 delta = 0x8080000080800000 # 平文の差分Δ
45 txt=[[0,0] for i in range(M)]  # 平文
46 ctx=[[0,0] for i in range(M)]  # 暗号文
47 y0 = [0 for i in range(M)]     # Y0
48 y1 = [0 for i in range(M)]     # Y1
49 zd = [0 for i in range(M)]     # Z'
50 counta = [0 for i in range(65536)] # aの候補の集計表
51 a = []  # (a0,a1)の候補のリスト
52
53 for i in range(M):
54     txt[i][0] = random.randint(0,(1<<64)-1) #   64ビットの平文をランダムに生成
55     txt[i][1] = txt[i][0] ^ delta            # 差分Δをもつ平文ペアを設定
56     ctx[i][0], ctx[i][1] = ciph(txt[i][0],k,0), ciph(txt[i][1],k,0) # それぞれの暗号文ペア
57
58     l0, r0 = (ctx[i][0] >> 32), (ctx[i][0] & 0xffffffff)
59     l1, r1 = (ctx[i][1] >> 32), (ctx[i][1] & 0xffffffff)
60
61     y0[i] = l0 ^ r0   # Y0
62     y1[i] = l1 ^ r1   # Y1
63     zd[i] = (l0 ^ l1)  ^ 0x02000000 # Z'
64     for j in range(65536):  #  2^{16}
65         a01 = j << 8                # (a0,a1)
66         q0 = f(ma(y0[i])^a01)       # Q0
67         q1 = f(ma(y1[i])^a01)       # Q1
68         if (((q0^q1)>>8)&0xffff) == ((zd[i]>>8)&0xffff): # Q1<XOR>Q2 = Z' (8〜23)
69             counta[j] += 1          # (a0,a1)の値を保存 (一致回数をカウント)
70 l = 0 # 候補の数 (最初は 0)
71 for i in range(65536): # 8ビットデータa0,a1の探索(合計 2^{16}全数探索)
72     if counta[i] == M:   # M個に共通であったら、
73         a.append(i)      # 16ビットの鍵候補として追加
74         print("(a0,a1)=",format(i,'04x')) # (a0,a1)の表示
75         l += 1    # (a0,a1)の候補の数をカウント)
76 kc = [] # 鍵候補
77
```

```
78 for j in range(l):    # (a0,a1)の候補数だけ下記を実行
79     countc = [0 for i in range(65536)]  # (k0,k3)の候補の集計表
80     for i in range(M):
81         for c in range(65536): # 2^{16}全数探索
82             d = ((c<<16)&0xff000000)|((c^a[j])<<8)|(c&0xff)  # D(これが鍵候補)
83             z0b = f(y0[i]^d)   #Z0-
84             z1b = f(y1[i]^d)   #Z1-
85             if (z0b^z1b) == zd[i]:  # Z0-<XOR>Z1- == Z'
86                 countc[c] += 1
87
88     for i in range(65536):
89         if countc[i] == M: # M個に共通であったら候補値として表示(複数個存在)
90             print("(k0,k1)=",format(i,'04x')) # (k0,k1)を表示
91             print("(k0,k0^a0,k3^a1,k3)=",format(i>>8,'02x'),format(a[j]^i,'04x'),format(i&0xff,'02x'))
92                         # (k0,(k0,k3)^(a0,a1),k3)の表示  (真値と一致するものがあるかどうかを確認する)
93 print("k3 = ",format(k[3],'08x'))  # 4段目のラウンド鍵(真値)k3の表示
```

リスト 4.2 のプログラムを実行すると，つぎのように表示される。

```
(a0,a1)= 614d
(a0,a1)= e1cd
(k0,k1)= 5a5e
(k0,k0^a0,k3^a1,k3)= 5a bb93 5e    <--- これが正解のラウンド鍵
(k0,k1)= 5ade
(k0,k0^a0,k3^a1,k3)= 5a bb13 de
(k0,k1)= da5e
(k0,k0^a0,k3^a1,k3)= da 3b93 5e
(k0,k1)= dade
(k0,k0^a0,k3^a1,k3)= da 3b13 de
k3 =  5abb935e
```

実行結果からラウンド鍵 K_3 の候補は複数個導出されるが，真値と一致する値が存在することが確認できる。この K_3 が求まれば，その前のラウンド鍵の K_2，K_1 と順番に求められ，最終的に 64 ビットの秘密鍵が得られる。ただし，これらに対応して秘密鍵の候補も複数導出されるが，その鍵で平文から同じ暗号文が導出されるものが真の秘密鍵である。

問題 4-28* 　F 関数の入力差分が $X' = $ 0x00000202 のとき，確率 1/2 で出力差分が $Y' = $ 0x00000008 となることを示せ。

4.3 FEAL に対する線形解読法

線形解読法は非線形変換である S ボックスを線形変換で近似する手法である。1993 年に三菱電機の松井充氏によって考案され[16)]，DES においては特定の S ボックスの入出力関係が高い確率で線形変換で表せることが示された。松井は，1994 年の暗号と情報セキュリティシンポジウムで，DES を 12 台のワークステーションを使って 50 日間で解読した結果を発表した。

線形解読法では差分解読法のように平文の条件は不要である。平文と暗号文のペアが任意となる既知平文攻撃に分類され，攻撃者にとって都合のよい手法である。詳しい研究によれば，DES は，2^{43} 個の平文と暗号文のペアにより秘密鍵を特定できることもわかっている。差分解読法では，大量の平文ペアを注意深く選ぶ必要があり，実際の攻撃は非常に技巧的であった。一

方，線形解読法では，既知の平文だけで攻撃ができる。ここでは，FEAL-4 に対して，実際に F 関数の入出力関係を表す線形変換を導出する。以下，この線形変換を表すビット間の線形の関係式を**線形式**（linear equation）と呼ぶことにする。

FEAL-4 において，第 1 ラウンドにおける F 関数の入力と出力をそれぞれ X_0, Y_0 と表記し，$Y = F(X)$ と表す。また，32 ビットデータ X に対して，i ビット目を $X[i]$ と表し，$i_1, i_2, \ldots, i_m$ ビットの排他的論理和 $X[i_1] \oplus X[i_2] \oplus \cdots \oplus X[i_m]$ を $X[i_1, i_2, \ldots, i_m]$ と表す。

FEAL-4 の F 関数内の S ボックスは式 (4.1) に示すように算術加算演算であり，桁上げを考慮すると各ビットの値は下位ビットに依存するため各ビットは独立にならない。しかし，最下位ビットについては桁上げがない。つまり，排他的論理和であり，線形演算となる。これが，FEAL-4 に対する線形解読法の最初の着眼点である。これを考慮すると以下の式が成り立つ。

$$Y_0[13] = X_0[7, 15, 23, 31] \oplus 1 \tag{4.18}$$

$$Y_0[5] \quad = Y_0[15] \oplus X_0[7] \tag{4.19}$$

$$Y_0[15] = Y_0[21] \oplus X_0[23, 31] \tag{4.20}$$

$$Y_0[23] = Y_0[29] \oplus X_0[31] \oplus 1 \tag{4.21}$$

また，図 4.1 より以下の式が成り立つ。

$$L_0 \oplus R_0 \oplus F(R_1 \oplus K_1) \oplus (R_3 \oplus K_3) \oplus K_4 = L_4 \tag{4.22}$$

ここで，$R_1 = L_0 \oplus F(L_0 \oplus R_0 \oplus K_0)$ および，$R_3 = L_4 \oplus K_4 \oplus R_4 \oplus K_5$ を代入すると

$$L_0 \oplus R_0 \oplus F\left(L_0 \oplus F\left(L_0 \oplus R_0 \oplus K_0\right) \oplus K_1\right) \oplus F\left(L_4 \oplus K_4 \oplus R_4 \oplus K_5 \oplus K_3\right) \oplus K_4$$
$$= L_4 \tag{4.23}$$

となる。ここで，上式に式 (4.21) を適用すると次式が得られる。

$$(L_0 \oplus R_0 \oplus L_4)[23, 29] \oplus (L_0 \oplus L_4 \oplus R_4)[31] \oplus F(L_0 \oplus R_0 \oplus K_0)[31]$$
$$= (K_1 \oplus K_3 \oplus K_4 \oplus K_5)[31] \oplus K_4[23, 29] \tag{4.24}$$

同様に式 (4.23) に式 (4.18)〜(4.21) を代入すると，それぞれ次式が得られる。

$$(L_0 \oplus R_0 \oplus L_4)[5, 15] \oplus (L_0 \oplus L_4 \oplus R_4)[7] \oplus F(L_0 \oplus R_0 \oplus K_0)[7]$$
$$= (K_1 \oplus K_3 \oplus K_4 \oplus K_5)[7] \oplus K_4[5, 15] \tag{4.25}$$

$$(L_0 \oplus R_0 \oplus L_4)[15, 21] \oplus (L_0 \oplus L_4 \oplus R_4)[23, 31] \oplus F(L_0 \oplus R_0 \oplus K_0)[23, 31]$$
$$= (K_1 \oplus K_3 \oplus K_4 \oplus K_5)[23, 31] \oplus K_4[15, 21] \tag{4.26}$$

$$(L_0 \oplus R_0 \oplus L_4)[13] \oplus (L_0 \oplus L_4 \oplus R_4)[7, 15, 23, 31] \oplus F(L_0 \oplus R_0 \oplus K_0)[7, 15, 23, 31]$$
$$= (K_1 \oplus K_3 \oplus K_4 \oplus K_5)[7, 15, 23, 31] \oplus K_4[13] \tag{4.27}$$

ここで，式 (4.25)〜(4.27) を加えると

$$(L_0 \oplus R_0 \oplus L_4)[5,13,21] \oplus (L_0 \oplus L_4 \oplus R_4)[15] \oplus F(L_0 \oplus R_0 \oplus K_0)[15]$$
$$= (K_1 \oplus K_3 \oplus K_4 \oplus K_5)[15] \oplus K_4[5,13,21] \tag{4.28}$$

が得られる。ここで，式 (4.24) の右辺はラウンド鍵のみで表されており，平文 L_0, R_0，および暗号文 L_4, R_4 に依存しないことがわかる。この左辺の値は 0 または 1 のいずれかとなり正しい K_0 が得られれば確定する。したがって，平文と暗号文のペアを変化させて，左辺がつねに一定となるような値を探索することによってラウンド鍵 K_0 の候補が求まることになる。しかし，K_0 の値は 32 ビットであるから 2^{32} 通りの全数探索が必要となり大きな計算量となる。そこで，差分解読法と同様の手法を用いて鍵を探索する。ここで

$$K_0 = \langle K_0\rangle_{0-7}|\langle K_0\rangle_{8-15}|\langle K_0\rangle_{16-23}|\langle K_0\rangle_{24-31}$$

と表し，32 ビットの値として $\widetilde{K_0} = \mathbf{0}|\langle K_0\rangle_{0-7} \oplus \langle K_0\rangle_{8-15}|\langle K_0\rangle_{16-23} \oplus \langle K_0\rangle_{24-31}|\mathbf{0}$ とおく。このとき，$F(L_0 \oplus R_0 \oplus K_0)[31]$ は $\langle\widetilde{K_0}\rangle_{9-15}$ と $\langle\widetilde{K_0}\rangle_{17-23}$ の合計 14 ビットのみに依存するので，式 (4.23) の右辺が一定値となる値は 2^{14} 通りの全数探索で求められることになる。

$\widetilde{K_0}$ の 14 ビットを導出した後，残りの 18 ビットは式 (4.24)〜(4.28) の線形式を用いて 2^{18} 通りの全数探索により第 1 段目のラウンド鍵 K_0 の候補を推定することができる。

問題 4-29　上述のように $F(L_0 \oplus R_0 \oplus K_0)[31]$ が $\widetilde{K_0}$ の 14 ビットのみに依存することを示せ。

つぎに第 2 段目のラウンド鍵 K_1 の導出を説明する。図 4.1 より次式が成り立つ。

$$L_0 \oplus F(L_0 \oplus R_0 \oplus K_0) \oplus F(R_2 \oplus K_2) \oplus L_4 \oplus K_4 \oplus K_5 = R_4 \tag{4.29}$$

$R_2 = L_0 \oplus R_0 \oplus F\left(L_0 \oplus F(L_0 \oplus R_0 \oplus K_0) \oplus K_1\right)$ と式 (4.21) を代入して次式が得られる。

$$(L_0 \oplus L_4 \oplus R_4)[23,29] \oplus F\left(L_0 \oplus F(L_0 \oplus R_0 \oplus K_0) \oplus K_1\right)[31]$$
$$= (K_4 \oplus K_5)[23,29] \oplus (K_0 \oplus K_2)[31] \tag{4.30}$$

式 (4.30) より K_0 導出後は右辺は一定であり暗号文と平文に依存しないことから，左辺の K_1 が推定できることになる。同様に，式 (4.29) に式 (4.18)〜(4.20) を代入すると次式が得られる。

$$(L_0 \oplus L_4 \oplus R_4)[5,15] \oplus F\left(L_0 \oplus F(L_0 \oplus R_0 \oplus K_0) \oplus K_1\right)[7]$$
$$= (K_4 \oplus K_5)[5,15] \oplus (K_0 \oplus K_2)[7] \tag{4.31}$$

$$(L_0 \oplus L_4 \oplus R_4)[15,21] \oplus F\left(L_0 \oplus F(L_0 \oplus R_0 \oplus K_0) \oplus K_1\right)[23,31]$$
$$= (K_4 \oplus K_5)[15,21] \oplus (K_0 \oplus K_2)[23,31] \tag{4.32}$$

$$(L_0 \oplus L_4 \oplus R_4)[13] \oplus F\left(L_0 \oplus F(L_0 \oplus R_0 \oplus K_0) \oplus K_1\right)[7,15,23,31]$$
$$= (K_4 \oplus K_5)[13] \oplus (K_0 \oplus K_2)[7,15,23,31] \tag{4.33}$$

式 (4.30)～(4.33) の線形式により K_1 が求められたら，同様にして第 3 段目のラウンド鍵 K_2 を求める。これは，図 4.1 より導かれる $R_2 \oplus F(R_3 \oplus K_3)K_4 = L_4$ に $R_3 = R_1 \oplus F(R_2 \oplus K_2)$ と導出済みの K_0, K_1，および，式 (4.18)～(4.21) を代入すれば K_2 を求める線形式が得られる。

3 つのラウンド鍵 K_0, K_1, K_2 が得られれば，図 4.3 に示す鍵スケジュールを逆にたどることでもとの 64 ビットの秘密鍵が求められる。

以下の**リスト 4.3** に 1 段目のラウンド鍵 K_0 を線形解読法により導出するプログラム例を示す。このプログラムでは，最初に式 (4.24) について 2^{14} 通りの全数探索を行った後，式 (4.24)～(4.28) に対する 2^{18} 通りの全数探索を行っている。

リスト 4.3（StudyFEALlinear.py）

```
 1 # FEAL4 における線形解読法による K0 の導出テストプログラム
 2 import random
 3 N = 4 #段数
 4 def rotl8(a,n): # 8ビットデータ a の n ビット左回転シフト
 5     return ((((a)<<(n))|((a)>>(8-(n))))&0xff)
 6 def s(a,b,d):   # s0, s1 ボックス (s0:d=0,  s1:d=1)
 7     return rotl8(((a)+(b)+d)&0xff,2)
 8 
 9 def fk(a, b): # 鍵スケジュールで用いるF 関数
10     a ^= (((a>>24)<<16)^((a&0xff)<<8))
11     a = (a & 0xff00ffff)|(s(((a>>16)&0xff),((a>> 8)&0xff)^ ((b)>>24),1)     <<16)
12     a = (a & 0xffff00ff)|(s(((a>> 8)&0xff),((a>>16)&0xff)^(((b)>>16)&0xff),0)<< 8)
13     a = (a & 0x00ffffff)|(s( (a>>24)     ,((a>>16)&0xff)^(((b)>> 8)&0xff),0)<<24)
14     return (a & 0xffffff00)|s((a&0xff),((a>>8)&0xff)^((b)&0xff),1)
15 
16 def f(a): # F 関数
17     a ^= (((a>>24)<<16)^((a&0xff)<<8))
18     a = (a & 0xff00ffff)|(s(((a>>16)&0xff),((a>> 8)&0xff),1) <<16)
19     a = (a & 0xffff00ff)|(s(((a>> 8)&0xff),((a>>16)&0xff),0) << 8)
20     a = (a & 0x00ffffff)|(s( (a>>24)     ,((a>>16)&0xff),0) <<24)
21     return (a & 0xffffff00)|s((a&0xff),((a>>8)&0xff),1)
22 
23 def keysched(key,k): # 鍵スケジュール
24     kl, kr, kx =  (key >> 32), (key & 0xffffffff), 0
25     for i in range(N+2):
26         kl, kr, kx = kr, fk(kl,(kr^kx)), kl
27         k.append(kr)
28     return k
29 
30 def ciph(txt,k,ed): #  暗号化処理
31     l, r  = (txt >> 32), (txt & 0xffffffff)
32     l, r = l, l ^ r
33     for i in range(N):
34         l, r = r, l ^ f(r^k[i])
35     return ((r ^ k[N]) << 32) | ((l ^ r)^k[N+1])
36 
37 def si(l,x): # n ビットデータの l[i] (0≦i<n)ビット目の排他的論理の和を返す(リスト：l[0,1,...,n-1])
38     a = 0
39     for i in range(len(l)):
40         a ^= ((x >> (31-l[i])) & 1)
41     return a
42 
43 k = []
44 #key = 0xfedcba9876543210
45 key = random.randint(0,(1<<64)-1) # 64ビットの鍵をランダムに生成
46 keysched(key,k)
47 print("key   =",format(key,'016x')) # 秘密鍵の表示
```

```
48 print("k0  =",format(k[0],'08x'))  # (実際の)ラウンド鍵K0の表示
49 M = 1000 # 平文&暗号文ペアのサンプル数
50 txt = []
51 ctx = []
52 for i in range(M):  # M個の暗号文と平文のペアを発生させておく
53     txt.append(random.randint(0,(1<<64)-1)) #   64ビットデータをランダムに生成
54     ctx.append(ciph(txt[i],k,0))
55
56 for j in range(1<<14): # まずは 14 ビットの総当たり K0'= K0_{1～7}^K0_{9～15} | K0_{17～23}^K0_{25～31}
57     k0d =((((j>>13) & 1) << 22)|   # 14ビットでK0'を構成
58           (((j>>12) & 1) << 21)|
59           (((j>>11) & 1) << 20)|
60           (((j>>10) & 1) << 19)|
61           (((j>> 9) & 1) << 18)|
62           (((j>> 8) & 1) << 17)|
63           (((j>> 7) & 1) << 16)|
64           (((j>> 6) & 1) << 14)|
65           (((j>> 5) & 1) << 13)|
66           (((j>> 4) & 1) << 12)|
67           (((j>> 3) & 1) << 11)|
68           (((j>> 2) & 1) << 10)|
69           (((j>> 1) & 1) <<  9)|
70           (( j      & 1) <<  8) )
71     count00 = [0,0]
72     for i in range(M):
73         l0 = (txt[i] >> 32)
74         r0 = (txt[i] & 0xffffffff)
75
76         l4 = (ctx[i] >> 32)
77         r4 = (ctx[i] & 0xffffffff)
78 # 式 (4.28)による線形式
79         a = si([5,13,21],l0^r0^l4)^si([15],l0^l4^r4)^si([15],f(l0^r0^k0d))
80         count00[a] += 1
81         if count00[0] != 0 and count00[1] != 0: # 両方とも 0でなければ鍵の条件を満たさないから、ループを抜けてつぎに進む
82             break
83
84     if count00[0] == M or count00[1] == M:
85         for l in range(1<<18):  # 上記を満たせば、残りの 18 ビットを総当たりで、4つの線形式を満たすものを探す
86             k0 =((((l>>17) & 1) << 31)|  # 残りの 18ビットで 32ビットのラウンド鍵K0 の候補を構成する
87                  (((l>>16) & 1) << 30)|
88                  (((l>>15) & 1) << 29)|
89                  (((l>>14) & 1) << 28)|
90                  (((l>>13) & 1) << 27)|
91                  (((l>>12) & 1) << 26)|
92                  (((l>>11) & 1) << 25)|
93                  (((l>>10) & 1) << 24)|
94                  (((l>> 9) & 1) << 23)|
95                  (((l>>16) & 1) << 22)|
96                  (((l>>15) & 1) << 21)|
97                  (((l>>14) & 1) << 20)|
98                  (((l>>13) & 1) << 19)|
99                  (((l>>12) & 1) << 18)|
100                 (((l>>11) & 1) << 17)|
101                 (((l>>10) & 1) << 16)|
102                 (((l>> 8) & 1) << 15)|
103                 (((l>> 6) & 1) << 14)|
104                 (((l>> 5) & 1) << 13)|
105                 (((l>> 4) & 1) << 12)|
106                 (((l>> 3) & 1) << 11)|
107                 (((l>> 2) & 1) << 10)|
108                 (((l>> 1) & 1) <<  9)|
109                 (( l & 1)      <<  8)|
110                 (((l>> 7) & 1) <<  7)|
```

```
111                     (((l>> 6) & 1) <<  6)|
112                     (((l>> 5) & 1) <<  5)|
113                     (((l>> 4) & 1) <<  4)|
114                     (((l>> 3) & 1) <<  3)|
115                     (((l>> 2) & 1) <<  2)|
116                     (((l>> 1) & 1) <<  1)|
117                      (l & 1) )
118               k0 ^= k0d     # K0' をKに 0に加える
119               count01 = [0,0]
120               count02 = [0,0]
121               count03 = [0,0]
122               count04 = [0,0]
123               for m in range(M):
124                   l0 = (txt[m] >> 32)
125                   r0 = (txt[m] & 0xffffffff)
126                   l4 = (ctx[m] >> 32)
127                   r4 = (ctx[m] & 0xffffffff)
128 # 式 (4.24)による線形式
129                   a = si([23,29],l0^r0^l4)^si([31],l0^l4^r4)^si([31],f(l0^r0^k0))
130                   count01[a] += 1
131                   if count01[0] != 0 and count01[1] != 0: # 鍵の条件を満たさなければループを抜ける
132                       break
133 # 式 (4.25)による線形式
134                   a = si([5,15],l0^r0^l4)^si([7],l0^l4^r4)^si([7],f(l0^r0^k0))
135                   count02[a] += 1
136                   if count02[0] != 0 and count02[1] != 0: # 鍵の条件を満たさなければループを抜ける
137                       break
138 # 式 (4.26)による線形式
139                   a = si([15,21],l0^r0^l4)^si([23,31],l0^l4^r4)^si([23,31],f(l0^r0^k0))
140                   count03[a] += 1
141                   if count03[0] != 0 and count03[1] != 0: # 鍵の条件を満たさなければループを抜ける
142                       break
143 # 式 (4.27)による線形式
144                   a = si([13],l0^r0^l4)^si([7,15,23,31],l0^l4^r4)^si([7,15,23,31],f(l0^r0^k0))
145                   count04[a] += 1
146                   if count04[0] != 0 and count04[1] != 0: # 鍵の条件を満たさなければループを抜ける
147                       break
148 #上記の4つの式をすべて満たすものを K0 の鍵候補として出力
149               if ((count01[0] == M or count01[1] == M) and (count02[0] == M or count02[1] == M) and
150                   (count03[0] == M or count03[1] == M) and (count04[0] == M or count04[1] == M)) :
151                   print(format(k0,'08x')) #【候補の中に実際のラウンド鍵K0 があることを確認する】
```

リスト4.3のプログラムが各行で何をやっているかはコメントに書かれているが，ややわかりにくいと思われるのは，AND演算子（&）の活用部分であろう。他にも，例えば11行目の `a & 0xff00ffff` は，16進数で書いたとき5，6桁目だけ0に（マスキング）して，その他の桁はそのままの値にするという意味である。ブロック暗号を実装する際の一般的なビット操作である。52行目以降は，やや長いが，条件のチェックを行っているだけである。リスト4.3のプログラムを実行すると，つぎのように表示される（実際に実行したときは，16個の鍵候補が表示されるが，ここでは省略している）。結果が表示されるまでしばらく待つ必要があるので注意してほしい。なお，鍵はランダムであり，実行のたびに異なることに注意しよう。

```
key   = 922907f22816f711
k0    = 8c6695dd
0ce6551d
   :
```

```
8c6695dd     <--- これが正解のラウンド鍵
   :
```

差分解読法のプログラム実行結果と同様に，候補となる値は複数あるが真値と一致するものが存在することが確認できる。

問題 4-30 リスト 4.3 の 44 行目のコメントを外し（つまり，`key = 0xfedcba9876543210` とする），45 行目をコメントアウトして実行し，鍵のリストの中に正解鍵があることを確認せよ。

最初に述べたように，ブロック暗号は，少なくとも差分解読法，線形解読法に対する十分な耐性を持っていなければならない。ブロック暗号の安全性を表す指標としては，攻撃が成功する確率の最大値などが挙げられる。解読に必要な情報量の下限が最も望ましい指標だが，これは秘密鍵にも依存する複雑なもので厳密な計算は困難であり，さまざまな代理指標が考案されている。詳細については，金子[17)] 等を参照されたい。

ハッシュ関数と メッセージ認証子

ハッシュ関数は，データを暗号化するものではないが，暗号システムの重要な構成要素である。本章では，暗号学的に安全なハッシュ関数がどのような性質を持つか，その構成法の概略を説明し，ハッシュ値の衝突が起きる確率を求めるために必要なバースデーパラドックスについて説明する。また，ハッシュ関数を用いたメッセージ認証子（HMAC）についても説明する。

5.1　ハッシュ関数とは何か

ハッシュ関数（hash function）とは，形式的には，任意のビット長のデータ $\{0,1\}^*$ から固定されたビット長 ℓ のデータ $\{0,1\}^\ell$ への写像 H のことである。例えば，SHA256 というハッシュ関数では，任意のビット長のデータを 256 ビットのデータに変換する[†1]。ハッシュ関数への入力 x は，しばしばキー（key）と呼ばれるが，暗号の鍵と混同するので，本書では，「入力値」のように呼ぶことにする。x に対するハッシュ関数の値 $H(x)$ は，**ハッシュ値**（hash value）または**メッセージダイジェスト**（message digest）と呼ばれ，ℓ はハッシュ値のサイズと呼ばれる。

例 5.1　例えば，$\{0,1\}^*$ の任意の元に対し，その 1 の個数が偶数であれば 0，奇数であれば 1 を対応させる**パリティ関数**（parity function）はハッシュ関数の一種である[†2]。

暗号システムに使われるハッシュ関数には，以下の 3 要件を要求することが多い。

- **原像計算困難性**（preimage resistance）：ハッシュ値 h から，$h = H(m)$ となるメッセージ m を見出すことが困難であること（一方向性）
- **強衝突耐性**（collision resistance）：$H(m_1) = H(m_2)$ となる $m_1 \neq m_2$（これをハッシュ値の**衝突**（collision）という）を見出すことが困難であること（**衝突困難性**ともいう）
- **第二原像計算困難性**（second preimage resistance）：与えられた m_1 に対し，$H(m_1) = H(m_2)$ となる $m_2 \neq m_1$ となる m_2 を見出すことが困難であること

強衝突耐性と第二原像計算困難性は似ているが異なる概念である。強衝突耐性は，何でもよいからハッシュ値が一致する 2 つの異なるメッセージを見つけることが困難であるということだ

†1　正確には，入力データのサイズの上限は，$2^{64}-1$ ビットと定められているが，理論的に考える際には上限を気にする必要はない。

†2　もちろん，これは安全なハッシュ関数ではない。

が，第二原像計算困難性は，与えられたメッセージ m_1 とハッシュ値の一致する別のメッセージ m_2 を見つけるのが難しいということを意味する。明らかにつぎが成り立つ。

定理 5.1　ハッシュ関数 H が強衝突耐性を持つなら，第二原像計算困難である。

定理 5.1 は，強衝突耐性は第二原像計算困難性よりも強い性質であることを示しているため，第二原像計算困難性は，**弱衝突耐性**（weak collision resistance）と呼ばれることもある。

強衝突耐性は，原像計算困難性を保証するものではない。実際，$H_0 : \{0,1\}^n \to \{0,1\}^n$ を恒等写像とすると，一対一であるから明らかに H_0 は強衝突耐性を持つが，$H_0(m) = m$ であるから現像計算困難ではない。これは入力と出力が一対一なので，このままではハッシュ関数ではないが，任意のサイズの入力に対しても，つぎのようなハッシュ関数が構成できる[18)]。

例 5.2　G をハッシュ値のサイズが n であるような強衝突耐性を持つハッシュ関数とする。ここで，ハッシュ関数 H を以下のように定義する。

$$H(m) = \begin{cases} 1|m & m \in \{0,1\}^n \\ 0|G(m) & \text{その他} \end{cases}$$

H は，メッセージダイジェストのビット長が $n+1$ のハッシュ関数である。この H は明らかに衝突困難であるが，$m \in \{0,1\}^n$ の情報は素通しであり，原像計算困難性は満たされない。

原像計算困難性，強衝突耐性を持つハッシュ関数は，メッセージ（入力値）の改ざんを検出するのに役立つ。ここで「困難」とは，暗号学者が精査しても見つけられないという程度の意味で理解してよい。原像計算困難性の意味は，m のすべてが完全に復元できるということではなく，m に関する情報が得られない，または無視できるほど小さい，という意味で理解されている。先に挙げたパリティ関数は，m のパリティ情報（1 の個数が偶数か奇数か）という（1 ビットの）情報が得られるので，原像計算困難性を満たしているとはいえない（後に述べるように，そもそもハッシュ値のサイズが小さすぎるが）。ハッシュ関数の大きな役割の 1 つは，改ざんの検出である。入力データのわずかな違いがハッシュ値を大きく変えるのである。改ざん検出は，**図 5.1** のようなイメージでとらえることができる。

細かい話をする前にハッシュ関数を使ってみよう。いくつか方法があるが，`hashlib` モジュールを使うのが簡単なので，ここでも利用してみる。

リスト 5.1（StudyHashlib.py）

```
1 import hashlib
2 h = hashlib.sha256(b"A chain is no stronger than its weakest link.").hexdigest()
3 print(h)
```

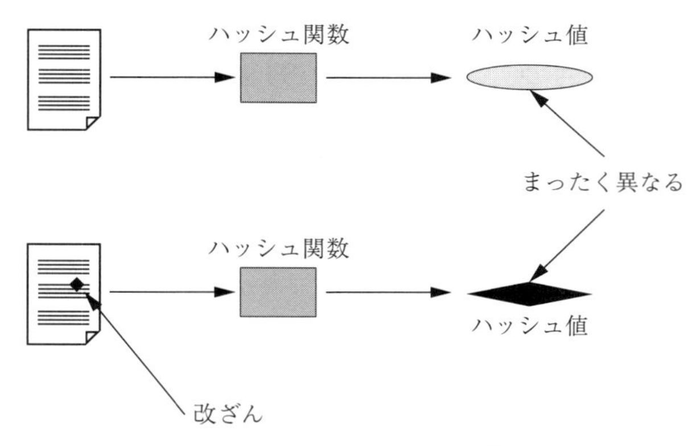

図 5.1　改ざんを検出する[2)]

リスト 5.1 のプログラムは

```
A chain is no stronger than its weakest link.
```

を SHA256 というハッシュ関数に入力し，その出力を 16 進数表示するものである。結果は

```
596d1778f8f7410b5abf9c03d0ed77f5f7d6f8b830fba192cb80cb073f9b3cd7
```

となる。ここで，最後のピリオドを削除して

```
A chain is no stronger than its weakest link
```

のハッシュ値を計算してみると

```
586b6beb66dc49613a58591c82e9237e919aabceefb9e80b24b5930127f2b47f
```

となり，まったく違う値になる。

なお，サポートされているハッシュアルゴリズムを表示するには，**hashlib** をインポートしたうえでつぎのようにすればよい。

```
>>> print(sorted(hashlib.algorithms_available))
['blake2b', 'blake2s', 'md4', 'md5', 'md5-sha1', 'mdc2', 'ripemd160', 'sha1', 'sha224',
'sha256', 'sha384', 'sha3_224', 'sha3_256', 'sha3_384', 'sha3_512', 'sha512', 'sha512_224',
'sha512_256', 'shake_128', 'shake_256', 'sm3', 'whirlpool']
```

問題 5-31　上の操作を参考にして，自分の PC でサポートされているハッシュアルゴリズムを表示させてみよ。

問題 5-32　リスト 5.1 のプログラムを修正して，ハッシュ関数 SHA256，MD5 を用いて，自分の名前のハッシュ値を求めよ。

問題 5-33　ハッシュ関数 SHA256 を用いて，32 ビット，256 ビット，2048 ビットの 3 つの長さのメッセージからハッシュ値を求めたとき，それぞれのメッセージのハッシュ値の長さはどれか。　（平成 22 年度春季情報セキュリティスペシャリスト試験の問題を改題）

（ア）32 ビット，256 ビット，256 ビット　（イ）32 ビット，256 ビット，2048 ビット

（ウ）256 ビット，256 ビット，256 ビット　（エ）256 ビット，256 ビット，2048 ビット

5.2 バースデーパラドックス

バースデーパラドックス（birthday paradox）とは，誕生日問題に由来する名称である。誕生日問題とは，「何人集まれば，その中に誕生日が同一のペアがいる確率が，50パーセントを超えるか?」という問題である（ただし閏（うるう）年は考えないものとする）。正解は23人であり，これが普通の人の直感よりもずっと少ないことからバースデーパラドックスと呼ばれるようになった。

バースデーパラドックスと情報セキュリティ技術は多くの接点を持つが，最も重要なことはハッシュ値のサイズがこの現象で決まってしまうということである。ハッシュ値のサイズは一般にブロック暗号のブロックサイズよりも大きくなる。例えば，ブロックサイズ64ビットの強力なブロック暗号はありうるが，ハッシュ値のサイズが64ビットでは不足である。そうなる理由はバースデーパラドックスという確率的現象の存在による。本節では，この問題を説明する。

すでに述べたように，異なる入力 $m_1 \neq m_2$ に対して，ハッシュ値が一致する，つまり，$H(m_1) = H(m_2)$ となることを衝突という。暗号学的ハッシュ関数においては，強衝突耐性が重視されてきた。

命題 5.2　$D = \{1, 2, \ldots, n\}$ の中から重複を許して一様ランダムに $k(\geqq 2)$ 個の数字を選ぶ。このとき，これらの数字の中に同じ数字が含まれている確率 $p(n,k)$ は

$$p(n,k) = 1 - \prod_{j=1}^{k-1}\left(1 - \frac{j}{n}\right)$$

であり，n が大きいときは，つぎの近似式が成立する。

$$p(n,k) \approx 1 - e^{-\frac{k^2}{2n}}$$

証明　$p(n,k)$ は選んだ数字の中に同じ数字が含まれていない（すべて異なる）という事象の余事象の確率であるから

$$p(n,k) = 1 - \prod_{j=1}^{k-1}\left(1 - \frac{j}{n}\right)$$

が成り立つ。ここで，$1 - x \approx e^{-x}$ という近似式を用いれば

$$\begin{aligned} p(n,k) &= 1 - \prod_{j=1}^{k-1}\left(1 - \frac{j}{n}\right) \\ &\approx 1 - \prod_{j=1}^{k-1} e^{-\frac{j}{n}} \\ &= 1 - e^{-\sum_{j=1}^{k-1}\frac{j}{n}} \\ &= 1 - e^{-\frac{k(k-1)}{2n}} \approx 1 - e^{-\frac{k^2}{2n}} \end{aligned}$$

□

この近似式は高精度である[†]。この近似式を使って，$p(n,k) \geqq 1/2$ となる条件は，近似的に

$$1 - e^{-\frac{k^2}{2n}} \geqq \frac{1}{2}$$

であるが，これを解くと

$$k \geqq \sqrt{2\log 2} \cdot \sqrt{n} \approx 1.1774\sqrt{n}$$

となる。$n = 365$ のとき，$k \geqq 22.49\cdots$ となり，$k \geqq 23$ で 50%を超えることがわかる。

シミュレーションしてみよう。**リスト 5.2** のプログラムは，`random.choices` 関数を用いて誕生日のリストからランダムに $k(\geqq 2)$ 個（人数に相当）を取り出し，そこに一致するものの割合を調べる `matchcount` 関数をつくっている（7 行目から 13 行目まで）。10 行目では無作為抽出した誕生日のリスト `Birthdays` を作成し，11 行目では `Birthdays` を集合型（`set` 型）に変換したデータと長さを比較して，長さが短くなっているかどうかで一致の有無を判定している（一致があれば集合型に変換したときに重複分がなくなって短くなるため）。ここでは，`random.choices` 関数による無作為選出の回数は 100 回とし，一致が見られた回数との比を出力する。この比の値は当然確率的にゆらぐ（つまり，シミュレーションするたびに結果は異なる）。**図 5.2** を見ると理論値の近くに集中していることがわかる。

リスト 5.2（StudyBP.py）

```
 1 import random
 2 import matplotlib.pyplot as plt
 3 import numpy as np
 4
 5 Days = list(range(1,365+1))
 6
 7 def matchcount(L, popul, Trials):
 8     match = 0
 9     for i in range(Trials):
10         Birthdays = list(random.choices(L, k = popul))
11         if len(Birthdays) > len(set(Birthdays)):
12             match += 1
13     return match/Trials
14
15 Trials = 100; MAX= 100
16 ratio = []
17 for k in range(2, MAX):
18     ratio.append(matchcount(Days, k, Trials))
19
20 population = np.arange(2, MAX)
21
22 plt.plot(population, ratio)
23 plt.plot(population, 1 - np.exp(-population**2/(2*365)))
24 plt.xlabel('number of people')
25 plt.ylabel('probability')
26 plt.show()
```

† 正確には，$1 - x \leqq e^{-x}$ であるから，$p(n,k) \geqq 1 - e^{-\frac{k(k-1)}{2n}}$ である。

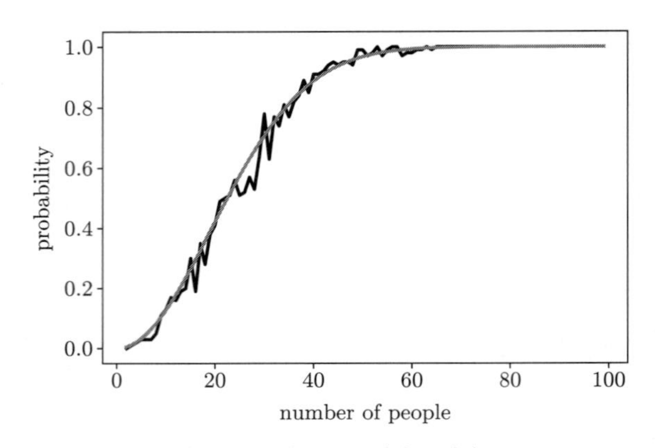

図 5.2　誕生日の一致する確率

問題 5-34　リスト 5.2 のプログラムを実行し，理論値とシミュレーションの結果を比較せよ。

バースデーパラドックスの要点は，一致確率が 50 パーセント以上となるのが，n（いまの場合は 365）の平方根 $\sqrt{n}$ に比例するということである。なぜこのようなことが起きるかについてのもう少し感覚的な説明は，つぎのようになるだろう。k 人の中から 2 人選ぶ選び方は

$$ {}_kC_2 = \frac{k(k-1)}{2} \approx \frac{k^2}{2} $$

通りあるから，全体 n に占めるペアの割合は，およそ $k^2/2n$ である。これがおおよその確率を与えている。実際，n が大きければ

$$ 1 - e^{-\frac{k^2}{2n}} \approx \frac{k^2}{2n} $$

となる。これが 1/2 となるような k は，$k \approx \sqrt{n}$ となり，$\sqrt{n}$ のオーダーであることがわかる。これは不正確な見積もりだが，オーダーを求めるには十分である。

バースデーパラドックスはハッシュ値のサイズの決定に大きな意味を持つ。大雑把にいえば，n 個の異なる値から $\sqrt{n}$ 個を重複を許して無作為抽出すれば，衝突（一致）が見つかる可能性が高いということである。ハッシュ値のビットサイズが m であったとすると，$n = 2^m$ 個からの無作為抽出となるので，だいたい $\sqrt{n} = 2^{m/2}$ 個のハッシュ値があれば，その中で衝突が見つかる可能性が高い。であるから，ブロック暗号のブロックサイズとしては安全と考えられる 64 ビットをハッシュ値のサイズに選んだとすると，わずか $2^{64/2} = 2^{32}$ 個のハッシュ値から衝突を見つけられる可能性が高いということになる。つまり，64 ビットはハッシュ値のサイズとしては小さすぎる。これが暗号で使われているハッシュ関数のハッシュ値のサイズがブロック暗号のブロックサイズよりも大きくなっている理由である。

5.3　マークル＝ダンガード構成

一般にハッシュ関数は**圧縮関数**（compression function）を組み合わせて構成される。最も

よく使われているのが**マークル＝ダンガード構成**（Merkle-Damgård construction）である。マークル＝ダンガード構成では，**図 5.3** のように圧縮関数と呼ばれる 2 入力の関数 $f = f(x, y)$ をつないでハッシュ値を生成する。つまり

$$f : \{0,1\}^\ell \times \{0,1\}^\ell \longrightarrow \{0,1\}^\ell$$

を利用して，メッセージ m を ℓ ビットに区切って（とりあえず m のビット長は ℓ の倍数と考える。そうでない場合は後に説明する）$m = m_1|m_2|\cdots|m_k$ とし，$h_0 = \mathrm{IV}$ とし

$$h_j = f(m_{j-1}, h_{j-1}) \quad (j = 1, 2, \ldots, k)$$

として，h_k をハッシュ値とするのである。入力のビット長さは 2ℓ であり，これをブロック長と呼ぶ。初期値 IV はブロック暗号の暗号利用モードのときに説明したものと同様，初期ベクタと呼ばれる。IV は，0 に固定して使うかナンスを用いる。

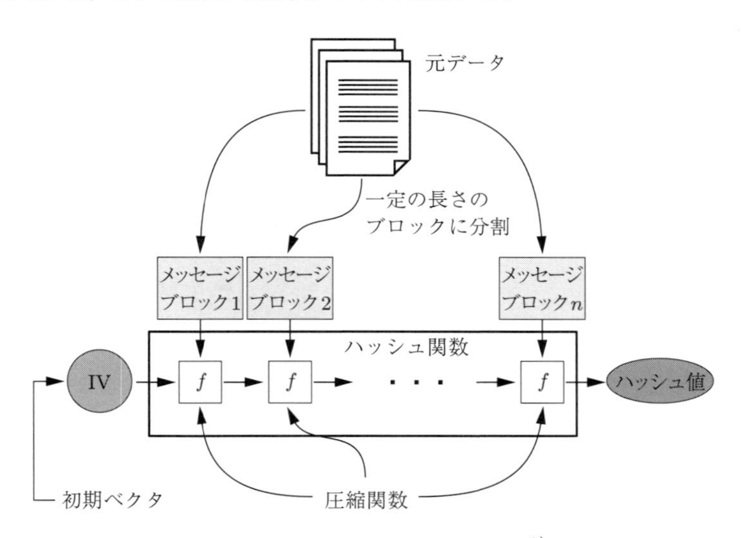

図 5.3　マークル＝ダンガード構成[2)]

マークル＝ダンガード構成とは異なる構成を採用しているハッシュ関数もあるが，多くのハッシュ関数がマークル＝ダンガード構成を採用している。例えば，MD5, SHA1, SHA224, SHA256, SHA384, SHA512 はすべてマークル＝ダンガード構成を採用している。マークル＝ダンガード構成においては，ハッシュ処理の途中で，前のハッシュ値をすべて使っている。この構成の利点は，もし，圧縮関数 f が強衝突耐性を持っていれば，ハッシュ関数全体もこの性質を持つということである。つまり，つぎの定理が成り立つ（対偶を取ればほぼ自明である）ので，ハッシュ関数設計者は，圧縮関数の設計に集中することができる。

定理 5.3（マークル＝ダンガードの定理）　マークル＝ダンガード構成されたハッシュ関数 H において，圧縮関数 f が衝突困難であれば，H も衝突困難である。

問題 5-35　ブロックサイズが 80 ビットで鍵長が 80 ビットのブロック暗号 Ψ_K を考える。K は秘密鍵である。このとき Ψ_K を圧縮関数と考えてマークル＝ダンガード構成し，ハッシュ関数 H をつくることができる。このハッシュ関数は安全であろうか。

マークル＝ダンガード構成されたハッシュ関数の欠点として，**伸長攻撃**（length extension attack）が可能なことが挙げられる。伸長攻撃の概念図を**図 5.4** に示す。メッセージ M_1 に対するハッシュ値 $H(M_1)$ を初期値扱いして，メッセージ M_2 と混ぜて $H(M_1|M_2)$ をつくることができるのである。これが伸長攻撃であり，署名の偽造などに悪用することができる。

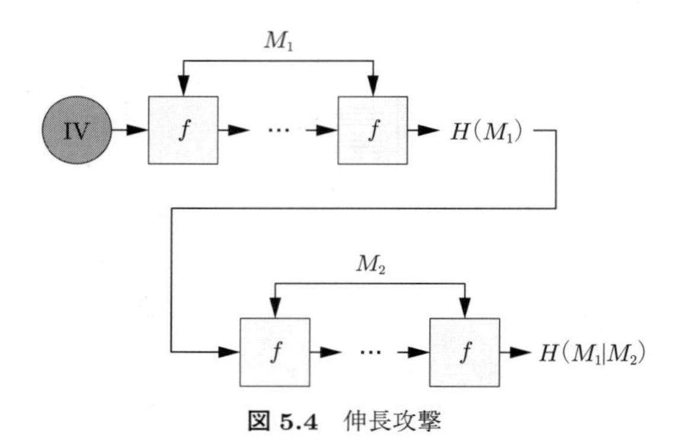

図 5.4　伸長攻撃

これを防ぐのが，**マークル＝ダンガード強化法**（Merkle-Damgård strengthening）と呼ばれる手法である。通常のパディングでは，**図 5.5** の上のように余った部分に $10\cdots0$ をパディングするだけであるが，マークル＝ダンガード強化法では，$00\cdots0$ をパディングし，その後にメッセージの長さ（ビット長）$|M|$ を追加するのである。

マークル＝ダンガード強化法により，メッセージの伸長が不可能となり，伸長攻撃が不可能となる。

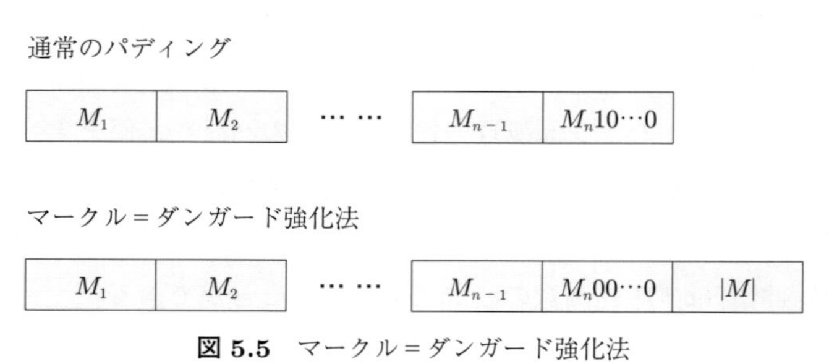

図 5.5　マークル＝ダンガード強化法

5.4 HMAC

A 氏がメッセージ m を B 氏に送る場合を考える。ただし，話を簡単にするため，通信路の暗号化などは考えない。このとき，ハッシュ（CBC-MAC などでもよい）を使えばメッセージの改ざんを検出することができるのはすでに説明したとおりである。つまり，m とそのハッシュ値 $H(m)$ を見れば改ざんの有無がわかる。しかし，アタッカー C 氏が A 氏になりすまして，別のメッセージ m' を B 氏に送ったとする。メッセージが改ざんされていないことはハッシュ値を見ればわかるが，m' と $H(m')$ は正しく対応しているから送り主が A 氏であるかどうかはわからない。このような場合に使われるのが**鍵つきハッシュ**（keyed hash）である。最も基本的なアイデアは，メッセージ m と A 氏と B 氏の間で共有している秘密鍵 K を混ぜて暗号学的に安全なハッシュ関数に入力し，得られたハッシュ値を MAC とすればよい，というものだ。こうすれば，K を知らなければ正しい MAC 値（タグ）がつくれないので，なりすましが検出できるはずである（**図 5.6**）。

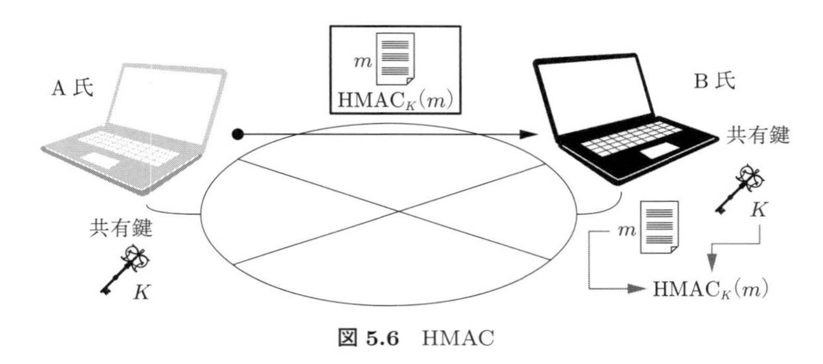

図 5.6 HMAC

HMAC（hash-based message authentication code）はハッシュを利用した MAC であり，以下のように定義される[18]。

$$\mathrm{HMAC}_K(m) = H(K \oplus \mathrm{opad} | H(K \oplus \mathrm{ipad} | m))$$

ここで，ipad はバイト値 `0x36` を繰り返した文字列であり，opad はバイト値 `0x5C` を繰り返した文字列である。H は，SHA256，SHA512 等の繰り返し型の暗号学的に安全なハッシュ関数であれば任意である。ここで，**繰り返し型ハッシュ関数**（iterated hash function）とは，任意の長さの入力データを所定のサイズのブロックに分割してから，ブロックごとに圧縮関数で処理することでハッシュ値を求めるようなハッシュ関数のことであり，先に例に挙げたマークル＝ダンガード構成のハッシュ関数が含まれる。H のブロック長（SHA256 の場合，1 ブロックは $256 \cdot 2 = 512$ ビット）を ℓ とするとき，ipad, opad の繰り返し回数は，$K \oplus \mathrm{opad}$ と $K \oplus \mathrm{ipad}$ がちょうど ℓ になるように決定される。また，K が ℓ よりも短い場合は，末尾に 0x00 をつけてブロック長に合わせる。HMAC では，HMAC-SHA256, HMAC-RIPEDMD のようにハッシュ関数の名前を並べて表す習慣がある。HMAC は，1997 年に IBM の Krawczyk（クラウチェク）らにより提唱されたもので RFC2104 として公開されており，FIPS PUB 198 で標準化されている。HMAC を使ってみよう。**リスト 5.3** を見ていただきたい。

リスト 5.3（StudyHMAC.py）

```
1 from hashlib import sha256
2 import hmac
3
4 key = b'secret'
5 message = b'We learn from history that we do not learn from history.'
6
7 signature = hmac.new(key, message, sha256).hexdigest()
8 print(signature)
```

リスト 5.3 のプログラムで使われている `hmac` は，RFC2104 に準拠したアルゴリズムで実装されたものである。ここでは，`hashlib` のハッシュ関数 SHA256 を併用している。ここでは，鍵 K は `secret` という文字列，メッセージはドイツの哲学者ヘーゲルの言葉「歴史から学ぶ唯一のことは，歴史から何も学ばないことだ」の英訳である。実行すると，以下のようなタグが得られる。

```
fbca2c6947ebb17920c62c72d96bb5fae5450008b0f0db7e17d7760fd75ea0a3
```

問題 5-36　リスト 5.3 のプログラムの `message` を自分の名前にしてタグを出力せよ。

補足 5.4　次章で詳細を説明するが，すでに衝突が見つかっているハッシュ関数は危険なのでセキュリティシステムに利用することは避けるべきである。例えば，SHA1 は，Secure Hash Algorithm という名前であるが，すでに衝突が発見されているので利用は避けたほうがよい。

補足 5.5　本書では説明する余裕がないが，SHA の中では，SHA1, 2 の他 SHA3 と呼ばれるハッシュ関数のファミリーがある。SHA3 は，Keccak と呼ばれるハッシュ関数に基づいており，スポンジ構造と呼ばれる構造を採用している。この構造は，従来のハッシュ関数とは異なり，入力データと内部状態を明確に区別し，吸収フェーズと絞り出しフェーズという 2 種類の処理を行う。`hashlib` モジュールには，`sha3_224`，`sha3_256`，`sha3_384`，`sha3_512` というメソッドが用意されている。

ハッシュ関数の衝突シミュレーション

本章では，具体的なハッシュ関数のアルゴリズムとして MD4 を取り上げ，その衝突を見出す方法とともに実際に衝突を求めるシミュレーションプログラムを提供する。MD4 は 1990 年に Rivest によって提案されたマークル＝ダンガード構成のハッシュアルゴリズムである。現在ではこの衝突ペアを短時間で求める方法が広く知られており，すでにセキュリティ目的で使用されることはないが，MD4 と同様のアルゴリズムである MD5 や SHA1 といったハッシュ関数を理解する助けになると考えられる。ハッシュ関数の衝突を見つけるとはどういうことなのか，典型例を学ぶ。

6.1　ハッシュ関数 MD4 の衝突を見つける

第 5 章で述べたようにハッシュ関数 H に対する最も基本的な攻撃は衝突，すなわち，$H(M) = H(M')$ となるような $x \neq x'$ を見つけることである。バースデーパラドックスを考慮してハッシュ値のサイズを十分大きく設定すれば，偶然衝突が見つかる可能性は無視できる。したがって，衝突を見つけるために偶然に頼ることはできないので，ハッシュ関数の構造を詳しく解析する必要がある。この解析はハッシュ関数ごとに異なり，その構造に強く依存するため，具体例抜きに説明することは困難である。本章では比較的解析の容易な MD4 を取り上げて，衝突発見のプロセスをたどることで，「ハッシュ関数の構造を詳しく解析する」とはどういうことなのかを説明する。解析に関して一般論が存在するわけではないが，定石となる着目点は存在する。ハッシュ関数の構造を丁寧に調べていく過程で，署名の偽造につながる脆弱性が見つかることも多い。本節では衝突発見のプロセスの詳細を述べる前の段階として，まず MD4 の構造について説明する。

6.1.1　ハッシュ関数 MD4

ハッシュ関数 MD4 はブロック暗号のように F 関数を用いた繰り返し処理により，任意の長さのメッセージから 128 ビットの長さのハッシュ値を出力するアルゴリズムである。繰り返し処理はブロック暗号 FEAL のように論理演算，巡回シフトおよび算術加算のみで構成することで高速な処理を実現している。以下にメッセージ M から MD4 のハッシュ値を出力するアルゴリズムを示す。

1. もとのデータを m とする。これに1つの "1" を付加して，その後に "0" を $d=((447-|m|) \bmod 512)$ 個つなげる（これがパディングとなる）。さらに，$\ell=|m|$ を64ビットで表したとき，メッセージは $M=m|1|\underbrace{0\cdots0}_{d\text{個}}|\ell$ と表せる。
2. メッセージ M を512ビットごとにブロックとして $M=M_1,M_2,\ldots,M_k$, $|M_j|=512$ と表す。もとのデータの長さ $|m|$ が448ビット以上となる場合，メッセージは複数のブロックに分割されて処理が行われる。
3. 512ビットのメッセージブロック M_j を1ブロック32ビットの長さの処理単位に分割する。これを $M_j=x[0]|x[1]|\cdots|x[15]$ と表す。各ステップでの32ビットの内部変数を $Q_{-4},Q_{-3},\ldots,Q_0,Q_1,\ldots,Q_{47}$ と表す。初期値を $(Q_{-4},Q_{-1},Q_{-2},Q_{-3})\leftarrow(A,B,C,D)$ とする。そして，1ラウンドを16ステップの処理として，3ラウンドの合計48ステップの処理を行う。各ラウンドでは f 関数，シフト量，および，32ビットのブロックを加える順序が異なっている。
4. $(Q_{-4},Q_{-1},Q_{-2},Q_{-3})\leftarrow(Q_{-4}+Q_{44},Q_{-1}+Q_{47},Q_{-2}+Q_{46},Q_{-3}+Q_{45})$ として，合計 k 回繰り返すと，最後の値 $(Q_{-4},Q_{-1},Q_{-2},Q_{-3})$ がMD4のハッシュ値となる。

図6.1 にMD4の処理の流れを示す。各ラウンドに用いられる定数 K_t は0, $R_2=$ 0x5a827999, $R_3=$ 0x6ed9eba1である。ここで，R_2, R_3 はそれぞれ $\sqrt{2}$, $\sqrt{3}$ の小数点以下を2進展開して32ビットとした値である。また，各ラウンドで用いられる f 関数は

$$f(A,B,C)=\begin{cases} F(A,B,C)=(A\wedge B)\vee(\neg A\wedge C) & (0\leqq t\leqq 15)\\ G(A,B,C)=(A\wedge B)\vee(B\wedge C)\vee(C\wedge A) & (16\leqq t\leqq 31)\\ H(A,B,C)=A\oplus B\oplus C & (32\leqq t\leqq 47)\end{cases} \quad (6.1)$$

で与えられる。ここで，$\neg$, $\vee$, $\wedge$ はそれぞれ論理否定，論理和，および論理積の演算記号である。内部変数 Q_i を用いると各ステップでは下記の演算が行われる。

$$Q_i=(Q_{i-4}+f(Q_{i-1},Q_{i-2},Q_{i-3}+x[t[i]]+K_i) << s[i], \quad 0\leqq i\leqq 47 \quad (6.2)$$

ここで，$t[i]$, $s[i]$ は i 番目のステップで加算されるブロックの番号，および，左巡回シフト量を表している。

学習用のMD4のプログラムを**リスト6.1**に示す。各ステップにおける処理はブロック暗号の暗号化部と同じような演算が行われる。また，このリストで $t[i], s[i]$ の値も確認していただきたい。

リスト6.1（StudyMD4.py）

```
1 import hashlib
2 src="corona" # メッセージとなるデータ
3 print(hashlib.new('md4',src.encode('utf-8')).hexdigest()) # hashlibによるメッセージダイジェスト
4 #-------------------------------------------------------------------
5 R2 = 0x5a827999 # √2
6 R3 = 0x6ed9eba1 # √3
7 def rol(x,n): # 長さ32ビットデータxに対するnビット左シフト
```

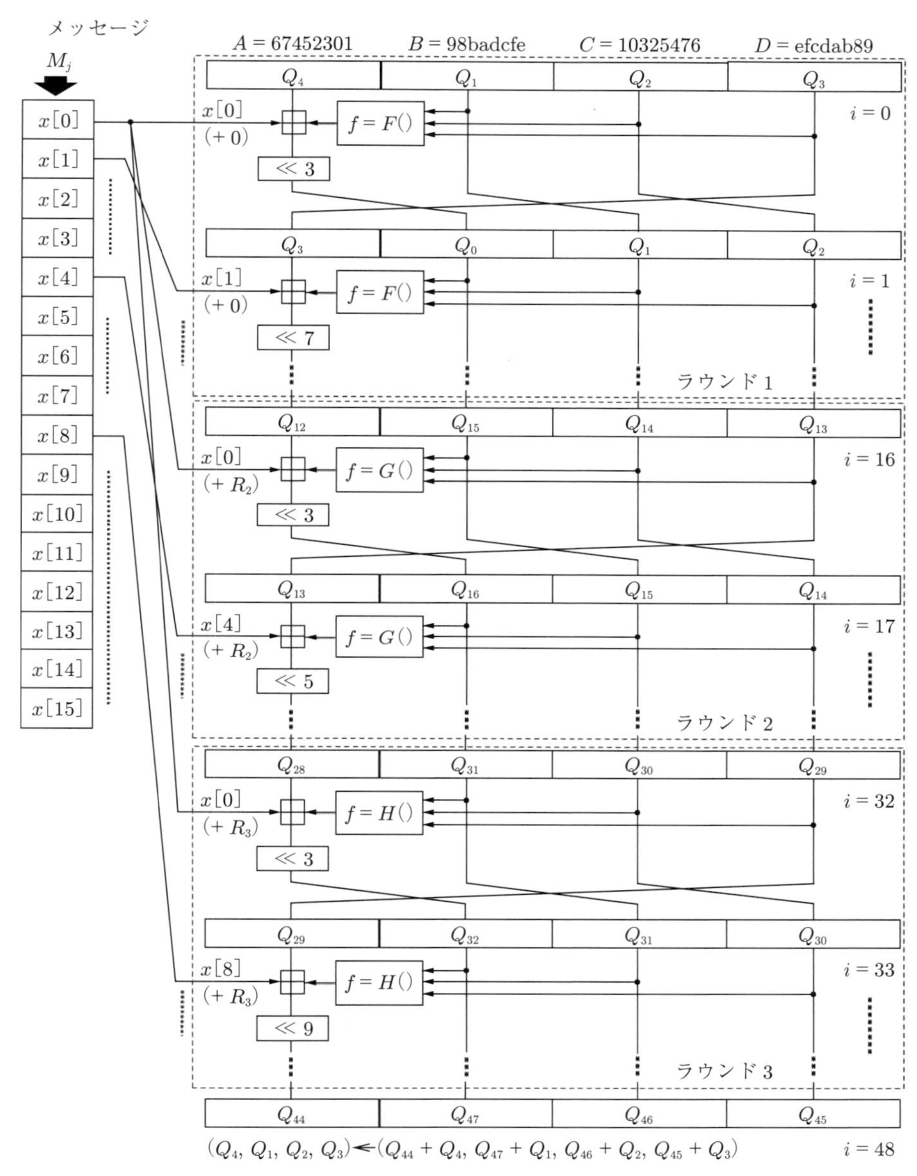

図 6.1　MD4 の処理の流れ

```
 8      return ( (( (x) << (n) ) | ( (x) >> ( 32 - (n) ) )) & 0xffffffff )
 9  def ff(x,y,z):
10      return (((x) & (y)) | (((x) ^ 0xffffffff) & (z)))
11  def gg(x,y,z):
12      return (((x) & (y)) | ((x) & (z)) | ((y) & (z)))
13  def hh(x,y,z):
14      return ((x) ^ (y) ^ (z))
15  def conv(x): # Big endian <-> Little endian 変換
16      return (x>>24) ^ ((x>>8) & 0x0000ff00) ^ ((x<<8) & 0x00ff0000) ^ ((x & 0xff) << 24)
17
18  s = [ 3,  7, 11, 19,  3,  7, 11, 19,  3,  7, 11, 19,  3,  7, 11, 19,
19        3,  5,  9, 13,  3,  5,  9, 13,  3,  5,  9, 13,  3,  5,  9, 13,
```

```
20        3,  9, 11, 15,  3,  9, 11, 15,  3,  9, 11, 15,  3,  9, 11, 15]
21  t = [ 0,  1,  2,  3,  4,  5,  6,  7,  8,  9, 10, 11, 12, 13, 14, 15,
22        0,  4,  8, 12,  1,  5,  9, 13,  2,  6, 10, 14,  3,  7, 11, 15,
23        0,  8,  4, 12,  2, 10,  6, 14,  1,  9,  5, 13,  3, 11,  7, 15]
24
25  data = 0
26  for i in range(len(src)):
27      data |= ord(src[i]) << (8*i) # 数値 (バイナリ値)に変換
28  data |= 0x80 << (len(src)*8)
29  x = [0 for i in range(int(((len(src)+8))/64)*16+16)]
30
31  for i in range(int(len(src)/4)+1):
32      x[i] = data & 0xffffffff        # 処理単位の 32ビットごとに 16個に分割
33      data = (data >> 32)
34  x[int(((len(src)+8))/64)*16+14] = (len(src) * 8) # 最後に長さ (ビット長)を付加」
35
36  a, b, c, d = a0, b0, c0, d0 = 0x67452301, 0xefcdab89, 0x98badcfe, 0x10325476
37  for i in range(int(((len(src)+8))/64)+1):
38      for j in range(16):
39          a, b, c, d = d, rol(((a + ff(b,c,d) + x[16*i+t[j]]      ) & 0xffffffff),s[j]) , b, c
40      for j in range(16,32):
41          a, b, c, d = d, rol(((a + gg(b,c,d) + x[16*i+t[j]] + R2 ) & 0xffffffff),s[j]) , b, c
42      for j in range(32,48):
43          a, b, c, d = d, rol(((a + hh(b,c,d) + x[16*i+t[j]] + R3 ) & 0xffffffff),s[j]) , b, c
44      a, b, c, d = a0, b0, c0, d0 = ((a+a0) & 0xffffffff), ((b+b0) & 0xffffffff), ((c+c0) & 0xffffffff), ((d+d0) & 0xffffffff)
45  print(format(conv(a&0xffffffff),'08x'),format(conv(b&0xffffffff),'08x'),format(conv(c&0xffffffff),'08x'),format(conv(d&0xffffffff),'08x'))
46  # 上記コードの実行によるメッセージダイジェスト
```

上記のプログラムを用いて，6 文字のデータ “corona” に対するメッセージブロックを求める例を示す。これはアスキーコードを用いると 16 進数表記で m =0x636f726f6e61 と $|m| = 48$ ビットで表される。そして，これに 1 ビットの 1，$d = 447 - 48 = 399$ ビットの 0，および，$\ell = 48$ の数値を付加すると，$M =$ 0x636f726f6e611$\underbrace{0\cdots0}_{d}$3000000000000000 となる。これを 16 個のブロックに分割して，各ブロックを Little Endian（最後のバイトから順番に並べる）に変換すると

```
6f726f63 0080616e 00000000 00000000 00000000 00000000 00000000 00000000
00000000 00000000 00000000 00000000 00000000 00000000 00000030 00000000
```

となり，おのおのの値が $x[0], \ldots, x[15]$ に代入される。

問題 6-37　プログラム例にある文字列 “corona” を “Corona” に変更したハッシュ値を確認せよ。

6.1.2 MD4 における圧縮関数の性質

式 (6.1) に示す MD4 で用いられる f 関数 $f(A, B, C)$ は，32 ビットが 3 つの合計 96 ビットの入力から，32 ビットの出力データに変換することから圧縮関数とも呼ばれる。つまり，この関数自体が 1 対 1 対応ではない。ここでは，まず，関数 $F(A, B, C)$ の性質を見てみよう。$a, b, c \in \{0, 1\}$ として，この関数は $(a \wedge b) \vee (\neg a \wedge c)$ と表されるから以下の性質が成り立つ。

1. $b = c$ であれば，$F(a, b, c) = F(\neg a, b, c)$
2. $a = 0$ であれば，$F(a, b, c) = F(a, \neg b, c)$
3. $a = 1$ であれば，$F(a, b, c) = F(a, b, \neg c)$

つぎに関数 $H(A,B,C)$ の性質を見てみよう。この関数は $a \oplus b \oplus c$ と表されるから以下の性質が成り立つ。

1. $H(a,b,c) = \neg H(\neg a,b,c) = \neg H(a,\neg b,c) = \neg H(a,b,\neg c)$
2. $H(a,b,c) = H(\neg a,\neg b,c) = H(a,\neg b,\neg c) = H(\neg a,b,\neg c)$

これらの性質は，3 つの入力データの条件によって入力が変化しても出力が変化しないことを示しており，衝突ペアを探索するための手がかりとなるものである。

問題 6-38　上で述べた $F(A,B,C)$, $H(A,B,C)$ の性質にならって，$G(A,B,C)$ に関して入力が変化しても出力が変化しない条件を示せ。

6.2 MD4 の衝突ペアの実例

衝突ペアの導出法を述べる前にハッシュの衝突ペアについて Dobbertin[19] に示された実例を示し，実際に衝突が起こることを確認してみよう。ハッシュの衝突ペアはメッセージをランダムに発生させて導出するが，ここで示す実例はわれわれが意味のある文章として認識できるメッセージであることが興味深い。**図 6.2** にその実例を示す。

```
******************

CONTRACT

At the price of $176,495 Alf Blowfish sell his house to Ann Bonidea ...
```

```
******************

CONTRACT

At the price of $276,495 Alf Blowfish sell his house to Ann Bonidea ...
```

図 6.2　MD4 の衝突ペアの実例[19]

このメッセージを和訳すると，「契約：Alf Blowfish は Ann Bonidea に 176,495 ドルで家を売却する」となるが，この金額を「276,495」と書き換えても同じハッシュ値が出力されるのである。つまり，金額の改ざんが成功している例といえる。本例のメッセージブロック M は最初の 5 ブロック $x[0], x[1], \ldots, x[4]$ は衝突ペアとなるように設定されたデータであり，それに続く 11 個のブロック $x[5], \ldots, x[15]$ に文字列 “<改行>CONTRACT.....Alf” のアスキーコードが代入される。

テストプログラムを**リスト 6.2** に示す。実際に衝突が起こることを確認してみよう。

リスト 6.2（StudyMD4Ex.py）

```
1 # Hash function MD4 テスト 'CONTRACT'
2 R2 = 0x5a827999 # √2
3 R3 = 0x6ed9eba1 # √3
4 def rol(x,n): # 長さ 32ビットデータ x に対する n ビット左シフト
5     return ( (( (x) << (n) ) | ( (x) >> ( 32 - (n) ) )) & 0xffffffff )
6 def ff(x,y,z):
```

```
 7      return (((x) & (y)) | (((x) ^ 0xffffffff) & (z)))
 8  def gg(x,y,z):
 9      return (((x) & (y)) | ((x) & (z)) | ((y) & (z)))
10  def hh(x,y,z):
11      return ((x) ^ (y) ^ (z))
12  def conv(x): # Big endian <-> Little endian 変換
13      return (x>>24) ^ ((x>>8) & 0x0000ff00) ^ ((x<<8) & 0x00ff0000) ^ ((x & 0xff) << 24)
14
15  def md4one(z):
16      s = [ 3,  7, 11, 19,  3,  7, 11, 19,  3,  7, 11, 19,  3,  7, 11, 19,
17            3,  5,  9, 13,  3,  5,  9, 13,  3,  5,  9, 13,  3,  5,  9, 13,
18            3,  9, 11, 15,  3,  9, 11, 15,  3,  9, 11, 15,  3,  9, 11, 15]
19      t = [ 0,  1,  2,  3,  4,  5,  6,  7,  8,  9, 10, 11, 12, 13, 14, 15,
20            0,  4,  8, 12,  1,  5,  9, 13,  2,  6, 10, 14,  3,  7, 11, 15,
21            0,  8,  4, 12,  2, 10,  6, 14,  1,  9,  5, 13,  3, 11,  7, 15]
22      a, b, c, d = a0, b0, c0, d0 = 0x67452301, 0xefcdab89, 0x98badcfe, 0x10325476
23      for i in range(2):
24          for j in range(16):
25              a, b, c, d = d, rol(((a + ff(b,c,d) + z[t[j]+16*i]      ) & 0xffffffff),s[j]) , b, c
26          for j in range(16,32):
27              a, b, c, d = d, rol(((a + gg(b,c,d) + z[t[j]+16*i] + R2 ) & 0xffffffff),s[j]) , b, c
28          for j in range(32,48):
29              a, b, c, d = d, rol(((a + hh(b,c,d) + z[t[j]+16*i] + R3 ) & 0xffffffff),s[j]) , b, c
30          a, b, c, d = a0, b0, c0, d0 = ((a+a0) & 0xffffffff), ((b+b0) & 0xffffffff), ((c+c0) & 0xffffffff), ((d+d0) & 0xffffffff)
31      return (conv(a&0xffffffff) << 96) | (conv(b&0xffffffff) << 64) | (conv(c&0xffffffff) << 32) | conv(d&0xffffffff)
32
33  x = [0 for i in range(32)]
34  y = [0 for i in range(32)]
35  x[0], x[1], x[2], x[3], x[4] = 0x9074449b, 0x1089fc26, 0x8bf37fa2, 0x1d630daf, 0x63247e24
36  txt = "\nCONTRACT\n\nAt the price of $176,495 Alf Blow"
37
38  for i in range(11):
39      for j in range(4):
40          x[i+5] |= ord(txt[4*i+j]) << (8*j)
41
42  for i in range(16): y[i] = x[i]
43  y[12] = (y[12] + 1) & 0xffffffff
44  x[16] = y[16] = 0x80
45  x[30] = y[30] = 512
46
47  print(format(md4one(x),'08x'),format(md4one(y),'08x'))
```

問題 6-39　プログラム例にある文字列の金額 “176,495” を “276,495” に変更したハッシュ値が一致することを確認せよ。また，その他の 1 文字を変更した文字列ではハッシュ値が一致しないことを確認せよ。

6.3　MD4 の衝突ペアの導出法

本節では，MD4 の衝突，すなわちハッシュ値が $H(M) = H(M')$ となるようなメッセージ $M \neq M'$ を見つける方法を説明する。ここで紹介する攻撃法はブロック暗号への差分解読法と同様に，各ステップにおける差分の変化をたどるものである。すでに述べたブロック暗号 FEAL をベースとしたハッシュ関数である N-Hash では，差分解析により衝突ペアが見つかることが示されている[15)]。また，ここで述べる MD4 の後継であるハッシュ関数 MD5 についても，現在では短時間に衝突ペアを導出する手法がいくつも発見されている。さらに SHA1 では 2017 年に衝突ペアが発見されており[20]，現在ではセキュリティを目的とする用途としては適さない。

ここでは，MD4 の衝突ペアの導出法として，Dobbertin[19] の方法を改良した，Kasselman[21] の方法について述べる。2 つのメッセージブロックのペア M, M' をおのおの 16 個のブロックに分割して，$M = (X_0, X_1, \ldots, X_{15})$, $M' = (Y_0, Y_1, \ldots, Y_{15})$ としたとき

$$X_i = Y_i \ (i \neq 12), \quad Y_{12} = X_{12} + 1 \tag{6.3}$$

とする。つまり，12 番目のブロックのみが異なり，他のブロックは等しい値とする。ハッシュ値を生成する 48 ステップの中で X_{12} が加わるのは $j = 12, 19, 35$ 番目である。すなわち，$0 \leqq j \leqq 47$ としたとき，$0 \leqq j \leqq 11$ においては M, M' の内部変数に変化は生じず，$35 \leqq j \leqq 47$ の各内部変数が一致すれば衝突が生じたといえる。よって，**図 6.3** に示すように，12 番目のステップで生じ始めた変化を 19 番目のステップにおいて以下に示す差分となるようにして，35 番目のステップにおいて差分を $+1$ で打ち消すのである。

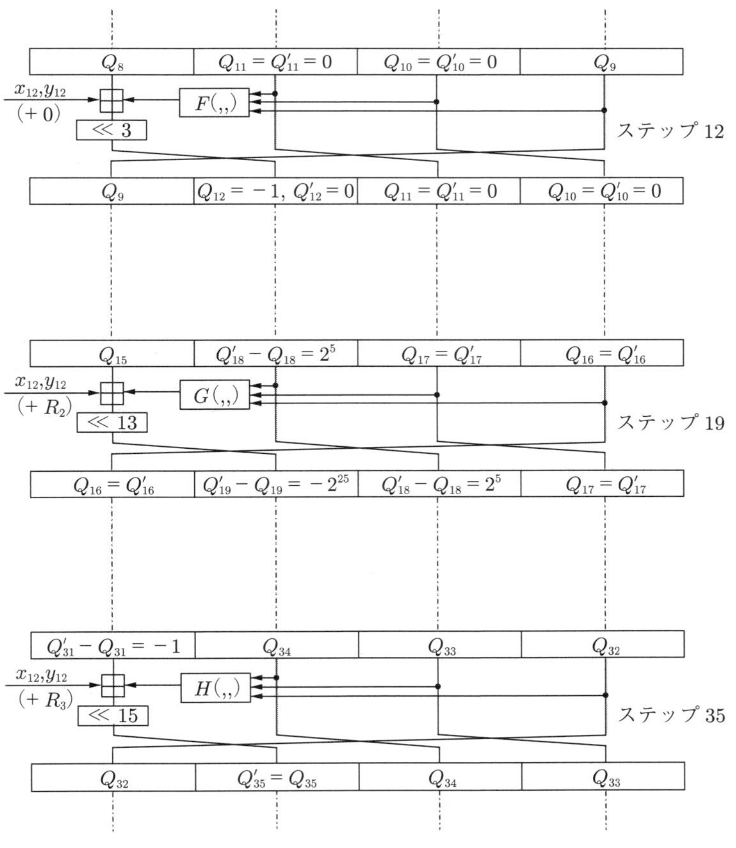

図 6.3 X_{12} が加わるステップ（ステップ 12, 19, 35）

ここで重要なのがステップ12〜19までの操作である。メッセージブロック M に対する内部変数を Q_i，M' に対する内部変数を Q'_i とする。ステップが $i = 0 \sim 11,\ 35 \sim 47$ においては $Q_i = Q'_i$ である。衝突ペアとなる条件は $Q_{16} \sim Q_{19}$ の差分が次式を満たすようにすることである。

$$
\begin{aligned}
&Q'_{16} = Q_{16}\\
&Q'_{17} = Q_{17}\\
&Q'_{18} = Q_{18} + 2^5\\
&Q'_{19} = Q_{19} - 2^{25}
\end{aligned}
\tag{6.4}
$$

ステップ12〜19において，式(6.4)に示す差分となるように各内部変数を導出する。まず，内部変数の初期値をつぎのように設定する。

$$
\begin{aligned}
&Q_{12} = \text{0xffffffff}, \quad Q'_{12} = 0, \quad Q_{11} = Q_{10} = 0\\
&Q_{13} = Q'_{13} = \text{0xfffdfffe}, \quad Q_{14} = \text{0xedffcfff}, \quad Q'_{14} = \text{0xfdffdfff}
\end{aligned}
$$

ここで，-1 は32ビットの16進数では0xffffffffで表されることに注意する。**図6.4**および**図6.5**にメッセージ M および M' のステップ13〜20の処理過程を示す。点線で囲まれた内部変数があらかじめ設定された値であり，これら以外の内部変数についてまず，式(6.4)を満たすように変更するのである。

上記の値を初期値として，以下のアルゴリズムを実行する。

1. Q_{15} をランダムに生成させたうえで，Q'_{15} をつぎのように設定する。

$$Q'_{15} = Q_{15} + 2^{12} - 1$$

そのうえで，つぎの式(6.5)，(6.6)を満たすまで処理を繰り返す。

$$F(Q'_{14}, Q'_{13}, Q'_{12}) - F(Q_{14}, Q_{13}, Q_{12}) = (Q'_{15} << 13) - (Q_{15} << 13) \tag{6.5}$$

$$G(Q'_{15}, Q'_{14}, Q'_{13}) - G(Q_{15}, Q_{14}, Q_{13}) = -1 \tag{6.6}$$

2. つぎの式(6.7)を満たすまで Q_{16} をランダムに生成する。

$$G(Q'_{16}, Q'_{15}, Q'_{14}) - G(Q_{16}, Q_{15}, Q_{14}) = 0 \tag{6.7}$$

3. つぎの式(6.8)，(6.9)を満たすまで Q_{17}, Q_{18}, Q_{19} をランダムに生成する。なお，Q'_{17}, Q'_{18}, Q'_{19} は式(6.4)より得られる。

$$
\begin{aligned}
&G(Q'_{17}, Q'_{16}, Q'_{15}) - G(Q_{17}, Q_{16}, Q_{15})\\
&\quad = (Q_{14} << 13) - (Q'_{14} << 13) + (Q'_{18} << 23) - (Q_{18} << 23)
\end{aligned}
\tag{6.8}
$$

$$G(Q'_{18}, Q'_{17}, Q'_{16}) = G(Q'_{18}, Q'_{17}, Q'_{16}) \tag{6.9}$$

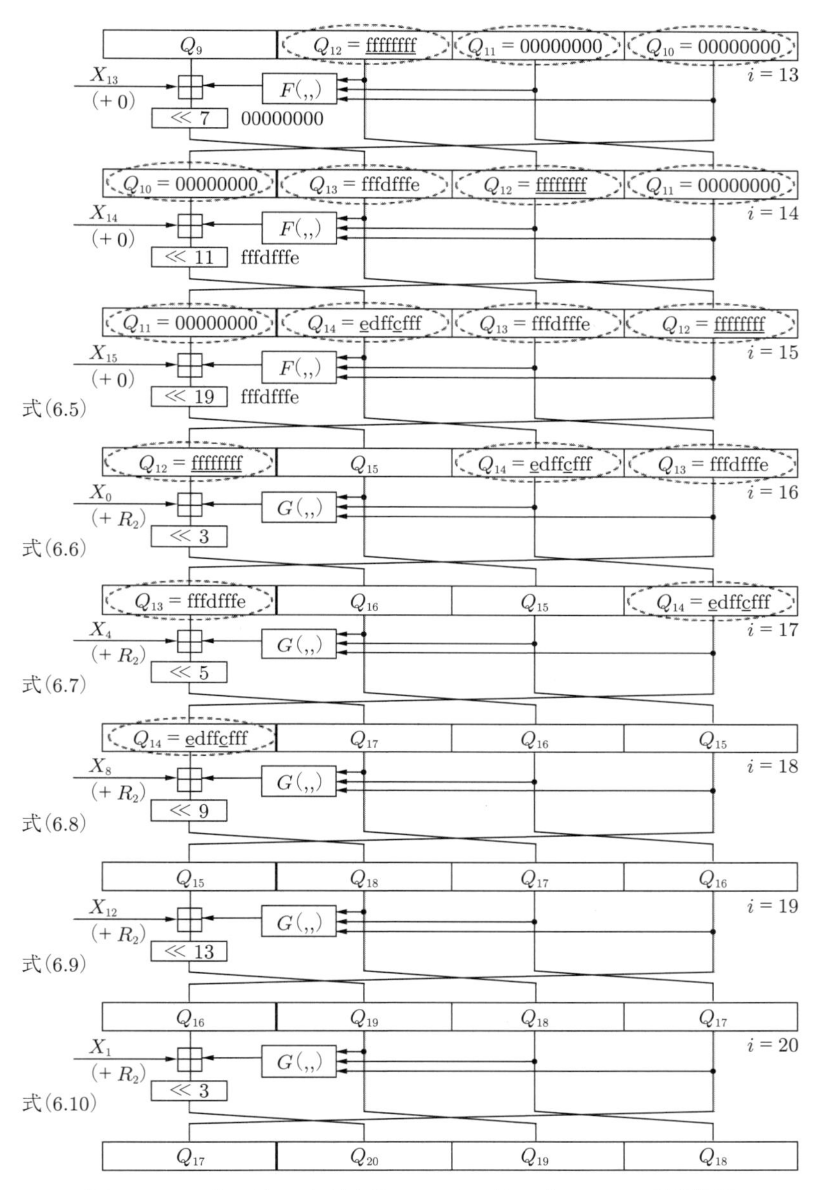

図 6.4 メッセージ M に対する MD4 のステップ 13〜20 の処理過程

4. つぎの式 (6.10) を満たすかどうかを確認する。

$$G(Q'_{19}, Q'_{18}, Q'_{17}) - G(Q_{19}, Q_{18}, Q_{17}) = 0 \tag{6.10}$$

これが満たされていれば衝突ペアを構成する段階に進む。満たされていなければ 1. に戻る。

ここで，衝突ペアとなるメッセージ $X_0, \ldots, X_{15}$ は X_{13} をランダムに生成させたうえで，以下に示す手順で構成することができる。

$$X_{14} = (Q_{14} << 21) - Q_{10} - F(Q_{13}, Q_{12}, Q_{11}) \tag{6.11}$$

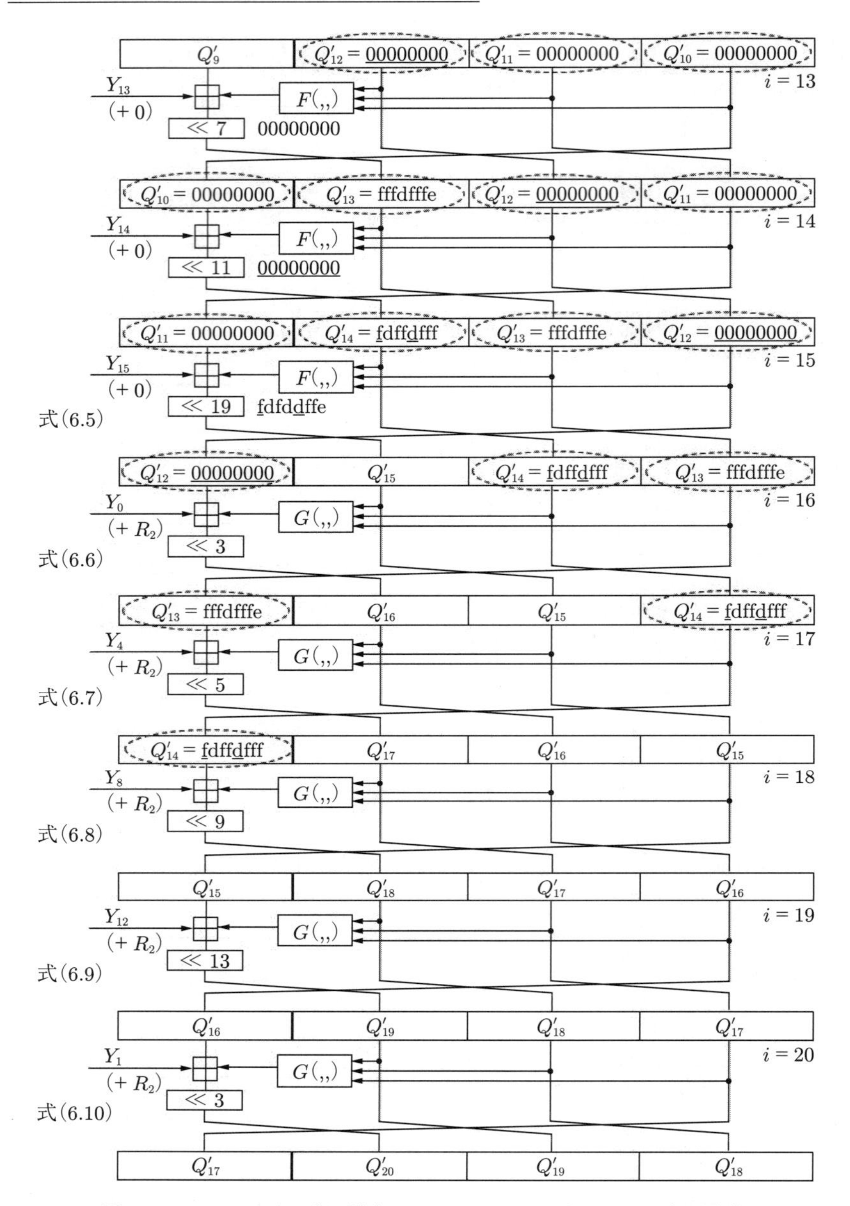

図 6.5　メッセージ M' に対する MD4 のステップ 13〜20 の処理過程

$$X_{15} = (Q_{15} << 13) - Q_{11} - F(Q_{14}, Q_{13}, Q_{12}) \tag{6.12}$$

$$X_0 = (Q_{16} << 29) - Q_{12} - G(Q_{15}, Q_{14}, Q_{13}) - R_2 \tag{6.13}$$

$$X_4 = (Q_{17} << 27) - Q_{13} - G(Q_{16}, Q_{15}, Q_{14}) - R_2 \tag{6.14}$$

$$X_8 = (Q_{18} << 23) - Q_{14} - G(Q_{17}, Q_{16}, Q_{15}) - R_2 \tag{6.15}$$

$$X_{12} = (Q_{19} << 19) - Q_{15} - G(Q_{18}, Q_{17}, Q_{16}) - R_2 \tag{6.16}$$

$$Q_9 = (Q_{13} << 25) - F(Q_{12}, Q_{11}, Q_{10}) \tag{6.17}$$

$$Q_8 \ = (Q_{12} << 29) - F(Q_{11}, Q_{10}, Q_9) \tag{6.18}$$

ここで，X_1, X_2, X_3, X_5 はランダムに生成して，$Q_7 = -1$ と設定し，$Q_0, \ldots, Q_5$ はMD4のアルゴリズムに従って求める。その後，以下の演算を繰り返す。

$$Q_6 \ = (Q_8 << 29) - Q_4 - X_8 \tag{6.19}$$

$$X_6 \ = (Q_6 << 21) - Q_2 - F(Q_5, Q_4, Q_3) \tag{6.20}$$

$$X_7 \ = -1 - Q_3 - F(Q_6, Q_5, Q_4) \tag{6.21}$$

$$X_9 \ = (Q_9 << 25) - Q_5 - F(Q_8, Q_7, Q_6) \tag{6.22}$$

$$X_{10} = (Q_{10} << 21) - Q_6 - F(Q_9, Q_8, Q_7) \tag{6.23}$$

$$X_{11} = (Q_{11} << 13) - Q_7 - F(Q_{10}, Q_9, Q_8) \tag{6.24}$$

以上の手順で得られた $X_0, \ldots, X_{15}$ から衝突ペア $Y_i = X_i$, $i \neq 12$, $Y_{12} = X_{12} + 1$ として，MD4のアルゴリズムのステップ20〜35を実行する。このとき，各ステップにおける差分を $\Delta_i = Q'_i - Q_i$ $(20 \leqq i \leqq 35)$ と表し，これが**表6.1**に示される関係をすべて満たせば衝突ペア導出が成功したことになる。

表6.1 衝突ペアとなる条件（ステップ20〜35）

i	20	21	22	23	24	25	26	27	28	29	30	31	32	33	34	35
Δ_i	0	0	-2^{14}	2^6	0	0	-2^{23}	2^{19}	0	0	-1	1	0	0	0	0

以上述べた衝突ペアの導出アルゴリズムのプログラム例を以下の**リスト6.3**に示す。

リスト6.3（StudyMD4Col.py）

```
1  # Collision search of hash function MD4 衝突ペア導出テスト Q'はリストr[]を利用
2  import random
3  R2 = 0x5a827999 # √2
4  R3 = 0x6ed9eba1 # √3
5  def rol(x,n): # 長さ32ビットデータxに対するnビット左シフト
6      return ( (( (x) << (n) ) | ( (x) >> ( 32 - (n) ) )) & 0xffffffff )
7  def ff(x,y,z):
8      return (((x) & (y)) | (((x) ^ 0xffffffff) & (z)))
9  def gg(x,y,z):
10     return (((x) & (y)) | ((x) & (z)) | ((y) & (z)))
11 def hh(x,y,z):
12     return ((x) ^ (y) ^ (z))
13 def conv(x): # Big endian <-> Little endian 変換
14     return (x>>24) ^ ((x>>8) & 0x0000ff00) ^ ((x<<8) & 0x00ff0000) ^ ((x & 0xff) << 24)
15 def pl(a,b): # a+b
16     return ((a+b)&0xffffffff)
17 def mi(a,b): # a-b
18     return ((a+((1<<32)-b))&0xffffffff)
19
20 def md4one(aa,bb,cc,dd,z): #MD4を実行するアルゴリズム(ただし，1ブロックのみ対応)
21     s = [ 3,  7, 11, 19,  3,  7, 11, 19,  3,  7, 11, 19,  3,  7, 11, 19,
22           3,  5,  9, 13,  3,  5,  9, 13,  3,  5,  9, 13,  3,  5,  9, 13,
23           3,  9, 11, 15,  3,  9, 11, 15,  3,  9, 11, 15,  3,  9, 11, 15]
24     t = [ 0,  1,  2,  3,  4,  5,  6,  7,  8,  9, 10, 11, 12, 13, 14, 15,
25           0,  4,  8, 12,  1,  5,  9, 13,  2,  6, 10, 14,  3,  7, 11, 15,
26           0,  8,  4, 12,  2, 10,  6, 14,  1,  9,  5, 13,  3, 11,  7, 15]
```

```
27     a, b, c, d = aa, bb, cc, dd
28     for j in range(16):
29         a, b, c, d = d, rol(   pl(pl(a, ff(b,c,d)), z[t[j]]),       s[j]), b, c
30     for j in range(16,32):
31         a, b, c, d = d, rol(pl(pl(pl(a, gg(b,c,d)), z[t[j]]), R2 ),s[j]), b, c
32     for j in range(32,48):
33         a, b, c, d = d, rol(pl(pl(pl(a, hh(b,c,d)), z[t[j]]), R3 ),s[j]), b, c
34     a, b, c, d = pl(a,aa), pl(b,bb), pl(c,cc), pl(d,dd)
35     return ((a << 96 ) | ( b << 64) | (c << 32) | d)
36
37 q = [0 for i in range(-4,48)]
38 r = [0 for i in range(-4,48)]
39 x = [0 for i in range(16)]
40 y = [0 for i in range(16)]
41 q[-4], q[-1], q[-2], q[-3] = 0x67452301, 0xefcdab89, 0x98badcfe, 0x10325476
42 q[11] = r[11] = 0  #  Q_{11}  = Q'_{11} = 0
43 q[10] = r[10] = 0  #  Q_{10}  = Q'_{10} = 0
44 q[12] = 0xffffffff #  Q_{12}  = -1
45 r[12] = 0          #  Q'_{12} = 0
46 q[13] = 0xfffdfffe #  Q_{13}  = 0xfffdfffe
47 r[13] = q[13]      #  Q'_{13} = Q_{13}
48 q[14] = 0xedffcfff #  Q_{14}  = 0xedffcfff
49 r[14] = 0xfdffdfff #  Q'_{14} = 0xfdffdfff
50
51 while True:
52     while True:
53         while True: # 1.
54             q[15] = random.randint(0,0xffffffff)  # Q_{15}:ランダムに生成
55             r[15] = mi(q[15],0x00001001)  # Q'_{15} = Q_{15} - 2^{25} + 1
56
57             if (mi(ff(r[14],r[13],r[12]),ff(q[14],q[13],q[12])) == mi(rol(r[15],13),rol(q[15],13)) and
58                 mi(gg(r[15],r[14],r[13]),gg(q[15],q[14],q[13])) == 0xffffffff): # 式 (6.5), (6.6)
59                 break
60         while True: # 2.
61             q[16] = random.randint(0,0xffffffff)  # Q_{16}:ランダムに生成
62             r[16] = q[16]                          # Q'_{16} = Q_{16}          式 (6.4)
63             if gg(q[16],r[15],r[14]) == gg(q[16],q[15],q[14]):
64                         # G(Q_{16},Q'_{15},Q'_{14}) = G(Q_{16},Q_{15},Q_{14})  式 (6.7)
65                 break
66         while True: # 3.
67             q[17] = random.randint(0,0xffffffff)  # Q_{17}:ランダムに生成
68             q[18] = random.randint(0,0xffffffff)  # Q_{18}:ランダムに生成
69             q[19] = random.randint(0,0xffffffff)  # Q_{19}:ランダムに生成
70             r[19] = mi(q[19],(1<<25))             # Q'_{19} = Q_{19} - 2^{25} 式 (6.4)
71             r[18] = pl(q[18],(1<<5))              # Q'_{18} = Q_{18} + 2^{5}  式 (6.4)
72             r[17] = q[17]                         # Q'_{17} = Q_{17}          式 (6.4)
73             if (mi(gg(q[17],q[16],r[15]),gg(q[17],q[16],q[15])) == pl(mi(q[14],r[14]),mi(rol(r[18],23),rol(q[18],23))) and
74                 gg(r[18],q[17],q[16]) == gg(q[18],q[17],q[16])):
75                 break  # G(Q'_{19},Q'_{18},Q'_{17}) - G(Q_{19},Q_{18},Q_{17})
76                        #   = (Q_{14}<<13)-(Q'_{14}<<13) + (Q'_{18}<<23)-(Q_{18}<<23) 式 (6.8)
77                        # G(Q'_{18},Q'_{17},Q'_{16}) = G(Q_{18},Q_{17},Q_{16})  式 (6.9)
78
79         if gg(r[19],r[18],q[17]) == gg(q[19],q[18],q[17]): # 4.
80             break # G(Q'_{19},Q'_{18},Q'_{17}) = G(Q_{19},Q_{18},Q_{17}) 式 (6.10)
81
82     while True: # x[0]〜x[15], y[0]〜y[15]を完成させる
83         x[13] = random.randint(0,0xffffffff)                       # X_{13}:ランダムに生成
84         x[14] = mi(mi(rol(q[14],21),q[10]),ff(q[13],q[12],q[11]))         #式 (6.11)
85         x[15] = mi(mi(rol(q[15],13),q[11]),ff(q[14],q[13],q[12]))         #式 (6.12)
86         x[ 0] = mi(mi(mi(rol(q[16],29),q[12]),gg(q[15],q[14],q[13])),R2)  #式 (6.13)
87         x[ 4] = mi(mi(mi(rol(q[17],27),q[13]),gg(q[16],q[15],q[14])),R2)  #式 (6.14)
88         x[ 8] = mi(mi(mi(rol(q[18],23),q[14]),gg(q[17],q[16],q[15])),R2)  #式 (6.15)
89         x[12] = mi(mi(mi(rol(q[19],19),q[15]),gg(q[18],q[17],q[16])),R2)  #式 (6.16)
```

```
90         q[ 9] = mi(mi(rol(q[13],25),ff(q[12],q[11],q[10])),x[13])          #式 (6.17)
91         q[ 8] = mi(mi(rol(q[12],29),ff(q[11],q[10],q[ 9])),x[12])          #式 (6.18)
92         x[ 1] = random.randint(0,0xffffffff)                      # X_{1}:ランダムに生成
93         x[ 2] = random.randint(0,0xffffffff)                      # X_{2}:ランダムに生成
94         x[ 3] = random.randint(0,0xffffffff)                      # X_{3}:ランダムに生成
95         x[ 5] = random.randint(0,0xffffffff)                      # X_{5}:ランダムに生成
96         q[ 7] = 0xffffffff
97         q[ 0] = rol(((q[-4]+ff(q[-1],q[-2],q[-3])+x[ 0]    ) & 0xffffffff), 3)
98         q[ 1] = rol(((q[-3]+ff(q[ 0],q[-1],q[-2])+x[ 1]    ) & 0xffffffff), 7)
99         q[ 2] = rol(((q[-2]+ff(q[ 1],q[ 0],q[-1])+x[ 2]    ) & 0xffffffff),11)
100        q[ 3] = rol(((q[-1]+ff(q[ 2],q[ 1],q[ 0])+x[ 3]    ) & 0xffffffff),19)
101        q[ 4] = rol(((q[ 0]+ff(q[ 3],q[ 2],q[ 1])+x[ 4]    ) & 0xffffffff), 3)
102        q[ 5] = rol(((q[ 1]+ff(q[ 4],q[ 3],q[ 2])+x[ 5]    ) & 0xffffffff), 7)
103        q[ 6] =           mi(mi(rol(q[ 8],29),q[ 4]),x[ 8])          #式 (6.19)
104        x[ 6] = mi(mi(rol(q[ 6],21),q[ 2]),ff(q[ 5],q[ 4],q[ 3]))    #式 (6.20)
105        x[ 7] = mi(mi(0xffffffff,q[ 3]),ff(q[ 6],q[ 5],q[ 4]))       #式 (6.21)
106        x[ 9] = mi(mi(rol(q[ 9],25),q[ 5]),ff(q[ 8],q[ 7],q[ 6]))    #式 (6.22)
107        x[10] = mi(mi(rol(q[10],21),q[ 6]),ff(q[ 9],q[ 8],q[ 7]))    #式 (6.23)
108        x[11] = mi(mi(rol(q[11],13),q[ 7]),ff(q[10],q[ 9],q[ 8]))    #式 (6.24)
109
110        for i in range(10): r[ i] = q[ i] # 0~9まではQ[i]=Q'[i]
111        for i in range(16): y[ i] = x[ i] # 衝突ペアの 16個のブロックを設定
112        y[12] = pl(y[12],1) # Y[12] = X[12] + 1
113
114    # Q[20]~Q[35]の計算
115        q[20] = rol(((q[16]+gg(q[19],q[18],q[17])+x[ 1]+R2) & 0xffffffff), 3)
116        q[21] = rol(((q[17]+gg(q[20],q[19],q[18])+x[ 5]+R2) & 0xffffffff), 5)
117        q[22] = rol(((q[18]+gg(q[21],q[20],q[19])+x[ 9]+R2) & 0xffffffff), 9)
118        q[23] = rol(((q[19]+gg(q[22],q[21],q[20])+x[13]+R2) & 0xffffffff),13)
119        q[24] = rol(((q[20]+gg(q[23],q[22],q[21])+x[ 2]+R2) & 0xffffffff), 3)
120        q[25] = rol(((q[21]+gg(q[24],q[23],q[22])+x[ 6]+R2) & 0xffffffff), 5)
121        q[26] = rol(((q[22]+gg(q[25],q[24],q[23])+x[10]+R2) & 0xffffffff), 9)
122        q[27] = rol(((q[23]+gg(q[26],q[25],q[24])+x[14]+R2) & 0xffffffff),13)
123        q[28] = rol(((q[24]+gg(q[27],q[26],q[25])+x[ 3]+R2) & 0xffffffff), 3)
124        q[29] = rol(((q[25]+gg(q[28],q[27],q[26])+x[ 7]+R2) & 0xffffffff), 5)
125        q[30] = rol(((q[26]+gg(q[29],q[28],q[27])+x[11]+R2) & 0xffffffff), 9)
126        q[31] = rol(((q[27]+gg(q[30],q[29],q[28])+x[15]+R2) & 0xffffffff),13)
127        q[32] = rol(((q[28]+hh(q[31],q[30],q[29])+x[ 0]+R3) & 0xffffffff), 3)
128        q[33] = rol(((q[29]+hh(q[32],q[31],q[30])+x[ 8]+R3) & 0xffffffff), 9)
129        q[34] = rol(((q[30]+hh(q[33],q[32],q[31])+x[ 4]+R3) & 0xffffffff),11)
130        q[35] = rol(((q[31]+hh(q[34],q[33],q[32])+x[12]+R3) & 0xffffffff),15)
131
132    # Q'[20]~Q'[35]の計算
133        r[20] = rol(((r[16]+gg(r[19],r[18],r[17])+y[ 1]+R2) & 0xffffffff), 3)
134        r[21] = rol(((r[17]+gg(r[20],r[19],r[18])+y[ 5]+R2) & 0xffffffff), 5)
135        r[22] = rol(((r[18]+gg(r[21],r[20],r[19])+y[ 9]+R2) & 0xffffffff), 9)
136        r[23] = rol(((r[19]+gg(r[22],r[21],r[20])+y[13]+R2) & 0xffffffff),13)
137        r[24] = rol(((r[20]+gg(r[23],r[22],r[21])+y[ 2]+R2) & 0xffffffff), 3)
138        r[25] = rol(((r[21]+gg(r[24],r[23],r[22])+y[ 6]+R2) & 0xffffffff), 5)
139        r[26] = rol(((r[22]+gg(r[25],r[24],r[23])+y[10]+R2) & 0xffffffff), 9)
140        r[27] = rol(((r[23]+gg(r[26],r[25],r[24])+y[14]+R2) & 0xffffffff),13)
141        r[28] = rol(((r[24]+gg(r[27],r[26],r[25])+y[ 3]+R2) & 0xffffffff), 3)
142        r[29] = rol(((r[25]+gg(r[28],r[27],r[26])+y[ 7]+R2) & 0xffffffff), 5)
143        r[30] = rol(((r[26]+gg(r[29],r[28],r[27])+y[11]+R2) & 0xffffffff), 9)
144        r[31] = rol(((r[27]+gg(r[30],r[29],r[28])+y[15]+R2) & 0xffffffff),13)
145        r[32] = rol(((r[28]+hh(r[31],r[30],r[29])+y[ 0]+R3) & 0xffffffff), 3)
146        r[33] = rol(((r[29]+hh(r[32],r[31],r[30])+y[ 8]+R3) & 0xffffffff), 9)
147        r[34] = rol(((r[30]+hh(r[33],r[32],r[31])+y[ 4]+R3) & 0xffffffff),11)
148        r[35] = rol(((r[31]+hh(r[34],r[33],r[32])+y[12]+R3) & 0xffffffff),15)
149        # 衝突ペアとなるための条件Q[20]~Q[35],....,
150        if (     mi(q[20],r[20]) == 0 and mi(q[21],r[21]) == 0  # 表 6.1
151            and mi(q[22],r[22]) == 0xffffc000   # -(1<<14)
152            and mi(q[23],r[23]) == 0x00000040   #  (1<<6)
```

```
153             and mi(q[24],r[24]) == 0 and mi(q[25],r[25]) == 0
154             and mi(q[26],r[26]) == 0xff800000   #  -(1<<23)
155             and mi(q[27],r[27]) == 0x00080000   #   (1<<19)
156             and mi(q[28],r[28]) == 0 and mi(q[29],r[29]) == 0
157             and mi(q[30],r[30]) == 0xffffffff   # -1
158             and mi(q[31],r[31]) == 1            #  1
159             and mi(q[32],r[32]) == 0 and mi(q[33],r[33]) == 0
160             and mi(q[34],r[34]) == 0 and mi(q[35],r[35]) == 0):
161             break
162     # 候補となった衝突ペアのハッシュ値を計算
163     h1 = md4one(0x67452301,0xefcdab89,0x98badcfe,0x10325476,x)
164     h2 = md4one(0x67452301,0xefcdab89,0x98badcfe,0x10325476,y)
165 
166     if h1 == h2: # ハッシュ値が一致すれば表示して終了(そうでなければ繰り返す)
167         print(format(h1,'032x'),format(h2,'032x'))
168         for i in range(16):
169             print("x[",format(i,'2d'),"]=","0x",format(x[i],'08x'))
170         break
```

上記のプログラムを実行するとつぎのような結果が得られる。

```
3f541fb8e0d08960cafddd8d65baa22d,  3f541fb8e0d08960cafddd8d65baa22d
x[  0 ]= 0x 4942f53e ← x[0]～x[15] を出力。
x[  1 ]= 0x 482f4a2e
          :
x[ 15 ]= 0x ce7f62ef
```

衝突ペアはランダムに発生させる値を用いているので出力される衝突ペア，および終了時間も一定ではない。数分で見つかることもあれば数十分を要することもあるので，気長に待っていただきたい。

問題 6-40　上記のプログラムを実行して，衝突ペアを導出せよ。また，導出されたペアで実際に衝突が発生することを確認せよ。

RSA暗号とRSA電子署名

本章では，素因数分解の困難性に基づく代表的な公開鍵暗号であるRSA暗号の仕組みとRSA暗号を利用した電子署名の他，ブラインド署名について解説する。公開鍵暗号は，閉める鍵と開ける鍵が異なる暗号と考えることができる。閉める鍵から開ける鍵を計算することが困難であれば，閉める鍵を公開してしまってもよい。これが公開鍵暗号の基礎となる考え方である。このような暗号を構成するために，モジュラー算術と群論の基礎的な知識が必要になる。

7.1 数学的準備

7.1.1 モジュラー算術

RSA暗号をはじめとする公開鍵暗号では，モジュラー算術が多用される。モジュラー算術とは剰余に注目した算術である。

定義 7.1　nを2以上の整数とする。整数a, bが，法nのもとで合同であるとは，$a-b$がnの倍数であることである。これを$a \equiv b \pmod{n}$のように表す（これは，aをnで割った余りとbをnで割った余りが一致するといいかえられる）。正の整数aをnで割った余り（剰余）を$a \bmod n$と表す。余りの範囲は，0以上n未満とする。

例えば

$$314 \equiv 67 \pmod{19}$$

である。実際，$314-67 = 13 \times 19$である。ここで，a, bは負でもよい。例えば，$-5678-(-766) = -2^4 \times 307$であるから，$-5678 \equiv -766 \pmod{307}$である。

問題 7-41　-299と53は，法131のもとで合同か調べよ。

命題 7.2　nを2以上の整数とする。$a \equiv b \pmod{n}$, $c \equiv d \pmod{n}$のとき，以下が成り立つ。

1. $a + c \equiv b + d \pmod{n}$

2. $ac \equiv bd \pmod{n}$

証明　仮定より，ある整数 k, ℓ があって，$a = b + kn$, $c = d + \ell n$ となる。よって

$$a + c - (b + d) = b + kn + d + \ell n - (b + d) = (k + \ell)n$$

となるから，1. が示された。

$$\begin{aligned} ac - bd &= (b + kn)(d + \ell n) - bd \\ &= bd + b\ell n + kdn + k\ell n^2 - bd \\ &= (b\ell + kd + k\ell n)n \end{aligned}$$

となるから，2. が示された。 □

法 n を固定したとき，どんな整数も，$0, 1, 2, \ldots, n-1$ のいずれかと合同である。

問題 7-42　$a \equiv b \pmod{n}$ のとき，任意の正の整数 k に対して，$a^k \equiv b^k \pmod{n}$ であることを示せ。

定義 7.3　法 n に対して m と合同な整数全体を $\overline{m}$ のように表し，これを m を**代表元** (representative) とする**剰余類** (residue class, coset) という。整数全体の集合を $\mathbb{Z}$ と書き，n を法とする剰余類全体の集合を $\mathbb{Z}/n\mathbb{Z}$ または $\mathbb{Z}_n$ で表す。

$\mathbb{Z}_n$ は，和・差・積で閉じている。このような代数系を**環** (ring) という。$\mathbb{Z}_n$ においては，積が交換可能 ($\overline{ab} = \overline{ba}$, つまり，$ab \equiv ba \pmod{n}$) である。このような環は，**可換環** (commutative ring) と呼ばれる。

例 7.1　例えば，5 を法とする剰余類の集合は，つぎのようになる。

$$\mathbb{Z}_5 = \{\overline{0}, \overline{1}, \overline{2}, \overline{3}, \overline{4}\}$$

問題 7-43　7 を法とする剰余類の集合 $\mathbb{Z}_7$ を書け。

7.1.2 群の概念

後に利用される群の概念について基本的なことをまとめておく。RSA 暗号の他，第 12 章で楕円曲線の有理点群を扱う際にも必要な知識である。なお，紙幅を要する解説は割愛した。本書を読むうえでは，証明がないものは事実として認めていただければよい。

定義 7.4　集合 G と G で定められた二項演算「$\cdot$」が，この演算において閉じている，す

なわち，$a \in G, b \in G$ のとき，$a \cdot b \in G$ かつつぎの条件をすべて満たすとき，$(G, \cdot)$ を**群**（group）であるという。混乱が生じなければ，$(G, \cdot)$ を単に G で表す。

- **結合法則**： 任意の $a, b, c \in G$ に対して，$(a \cdot b) \cdot c = a \cdot (b \cdot c)$ が成り立つ。
- **単位元の存在**： $e \in G$ が存在し，任意の $a \in G$ に対して $e \cdot a = a \cdot e = a$ が成り立つ。e を G の**単位元**（unit）という。
- **逆元の存在**： 任意の $a \in G$ に対して，$a' \in G$ が存在し，$a \cdot a' = a' \cdot a = e$ が成り立つ。a' を a の**逆元**（inverse）といい，a^{-1} で表す。

特に任意の $a, b \in G$ に対し，$a \cdot b = b \cdot a$ が成り立つとき，G を**アーベル群**（abelian group）または**可換群**（commutative group）という。また，G の元の個数が有限のとき，G を**有限群**（finite group）という。有限群の元の個数を**位数**（order）といい，$|G|$ で表す。

結合法則，単位元の存在，逆元の存在の 3 つは群の公理と呼ばれる。ここで，演算「$\cdot$」は，いろいろに取ることができる。$\mathbb{Z}_n$ は，加法に関して群をなすが，この場合の演算「$\cdot$」は法 n における加算に対応している。なお，$|\mathbb{Z}_n| = n$ である。整数全体の集合 $\mathbb{Z}$ は加法に関して群をなすが，元は無限にあるので**無限群**（infinite group）である。

例 7.2　$\mathbb{R}^*$ を 0 を除く実数全体とすると，$\mathbb{R}^*$ は積に関して群をつくる。単位元は 1 である。

例 7.3　$\mathbb{R}_+$ を正の実数全体とすると，$\mathbb{R}_+$ は積に関して群をつくる。これも単位元 1 を持つ無限群の例である。

定義 7.5　G を群とする。$H \subset G$ が G の**部分群**（subgroup）であるとは，H が G の演算「$\cdot$」について群をなすことをいう。

例 7.4　例えば，$G = \mathbb{Z}$ において 3 の倍数全体 $H = 3\mathbb{Z}$ は G の部分群である。実際，3 の倍数どうしを足しても 3 の倍数であり，0 を単位元とした群の公理を満たす。

問題 7-44　m を整数とする。このとき，$m\mathbb{Z}$ は $\mathbb{Z}$ の部分群であることを示せ。

問題 7-45　$H = 12\mathbb{Z}$ は $G = 6\mathbb{Z}$ の部分群であることを示せ。

一般につぎが成り立つことが知られている。

定理 7.6（ラグランジュの定理）　有限群 G の部分群 H の位数 $|H|$ は $|G|$ の約数である。また，G の任意の元 g に対し，$g^{|G|} = e$ が成り立つ。

$G = \mathbb{Z}_n$ は加法に関する有限群であるが，この場合，定理 7.7 における $|G|$ 乗は，$|G|$ 倍（$|G|$ 個の和）と解釈される。

定理 7.7　群 G の元 g に対し $g^m = e$ を満たす $m \geqq 1$ が存在するとき，そのような m のうち最小の数を g の**位数**といい，$\mathrm{ord}(g)$ で表す。G が有限群であれば，$\mathrm{ord}(g)$ は $|G|$ の約数である。

定義 7.8　G をアーベル群とする。$g_1, g_2, \ldots, g_m \in G$ と整数 $s_1, s_2, \ldots, s_m$ に対して

$$g_1^{s_1} g_2^{s_2} \cdots g_m^{s_m}$$

の形に書ける元全体の集合は G の部分群になる。これを $\boldsymbol{g_1, g_2, \ldots, g_m}$ **で生成される部分群**（subgroup generated by $g_1, g_2, \ldots, g_m$）といい $\langle g_1, g_2, \ldots, g_m \rangle$ で表す。$g_1, g_2, \ldots, g_m$ を G の**生成元**（generator）という。

定義 7.9　G を群とする。G が**巡回群**（cyclic group）であるとは，G がただ 1 つの元で生成されることをいう。つまり，ある $g \in G$ が存在して $G = \langle g \rangle$ と書けることをいう。

問題 7-46*　定理 7.7 における「G が有限群であれば，$\mathrm{ord}(g)$ は $|G|$ の約数である」ことを，ラグランジュの定理（定理 7.6）を用いて証明せよ。

定理 7.10　巡回群 $G = \langle g \rangle$ の部分群は巡回群である。また，有限巡回群は，その位数の任意の約数を位数とする部分群を 1 つだけ持つ。

証明　H を G の $\{e\}$ と異なる任意の部分群とする。このとき H の中には $g^j (j > 0)$ の形の元が存在する（$j < 0$ のときは g の代わりに g^{-1} を取ればよい）。このような j のうち最小のものを m とすると，$H = \langle g^m \rangle$ となることを示そう。これを示すには，$g^k \in H$ ならば k が m で割り切れることを示せばよい。$k = mq + r (0 \leqq r < m)$ とする。$g^k \in H$ かつ $g^{mq} = (g^m)^q \in G$ であるから $g^k \cdot g^{-mq} = g^r \in G$ とならねばならないが，m の最小性から $r = 0$ となる。つまり k は m の倍数で

ある。G が有限群で位数が n ならば，$g^n = e \in H$ であるから n は m で割り切れる。$n = m\ell$ とすると，$H = \langle g^m \rangle$ である。逆に ℓ を n の任意の約数とし，$n = m\ell$ とすれば，$\langle g^m \rangle$ は，位数 ℓ の巡回群である。したがって，G の部分群は，$\langle g^m \rangle$ で尽くされる。 □

定理 7.10 の簡単な応用例を挙げておこう。

定理 7.11　正の整数 a, b に対し，不定方程式

$$ax + by = \gcd(a, b)$$

を満たす整数の組 (x, y) が存在する。ここで $\gcd(a, b)$ は a と b の最大公約数である。

証明　整数全体のつくる加法群 $\mathbb{Z}$ は 1 で生成される巡回群である（$\mathbb{Z} = \langle 1 \rangle$）。$\mathbb{Z}$ の部分群 H は，H に含まれる最小の正の整数 h の倍数全体からなる。$H = \langle a, b \rangle$ とすると，H は，$ax + by$ の形の整数の集合である。定理 7.10 より，巡回群の部分群は巡回群であるから，$H = \langle a, b \rangle = \langle d \rangle$ となるような正の整数 d が存在する。このとき，a, b はともに d の倍数であり，d は，a, b の最大公約数，つまり，$d = \gcd(a, b)$ である。$d \in H = \langle a, b \rangle$ であるから，$ax + by = d$ となる $x, y \in \mathbb{Z}$ が存在する。 □

定理 7.11 では，x, y をどのように計算すればいいのかについてはまったくわからないことに注意しよう。a, b から，この不定方程式の x, y, $\gcd(a, b)$ を求めるには，7.4 節で説明する拡張ユークリッド互除法というアルゴリズムが必要である。

定理 7.12　位数が素数の有限群は巡回群である。

証明　群 G の位数が素数 p であるとする。$e \neq g \in G$ を取ると，g の位数は 1 よりも大きい p の約数であるから，p に等しい。つまり，$G = \langle g \rangle$ となる。 □

巡回群は，群としては最も単純で面白みに欠けるように見えるが，暗号理論では，大きな素数を位数に持つ巡回群が最も重要である。

定義 7.13　G_1, G_2 を群とする。このとき，その集合としての直積 $G_1 \times G_2$ に $(g_1, g_2) \in G_1 \times G_2$，$(g_1', g_2') \in G_1 \times G_2$ の積を $(g_1, g_2) \cdot (g_1', g_2') = (g_1 \cdot g_1', g_2 \cdot g_2')$ で定めると $G_1 \times G_2$ は群をなす。この群を単に G_1 と G_2 の**直積**という。

定義 7.14　群 G_1 から群 G_2 への写像 f が，任意の $g_1 \in G_1$，$g_2 \in G_2$ に対し

$$f(g_1 \cdot g_2) = f(g_1) * f(g_2)$$

となるとき，群 G_1 から群 G_2 への**準同型写像**（homomorphism）という。ここで，G_1

の演算は「$\cdot$」，G_2 の演算は「$*$」である。群 G_1 から群 G_2 への準同型写像として全単射 f で逆写像 f^{-1} を持ち，f^{-1} も準同型写像となるものが存在するとき，G_1 と G_2 は**同型**（isomorphic）であるといい，$G_1 \cong G_2$ で表す。

例 7.5　非可換な群の例だが，実数を成分に持つ n 次の正則行列全体 $\mathrm{GL}(n,\mathbb{R})$ は積に関して群をなす。このとき，行列 A を行列式 $\det A$ に対応させる写像

$$\begin{array}{ccc} \mathrm{GL}(n,\mathbb{R}) & \xrightarrow{f} & \mathbb{R}^* \\ \Cup & & \Cup \\ A & \longmapsto & \det A \end{array}$$

は準同型写像である。実際，$f(AB) = \det(AB) = \det(A)\det(B) = f(A)f(B)$ が成り立つ。

例 7.6　別の例としては，つぎのものがある。

$$\begin{array}{ccc} \mathbb{R} & \xrightarrow{g} & \mathbb{R}_+ \\ \Cup & & \Cup \\ x & \longmapsto & \exp(x) \end{array}$$

ここで，$\mathbb{R}$ は加法群で，$\mathbb{R}_+$ は乗法群と解釈する。明らかに $g(x+y) = \exp(x+y) = \exp(x)\exp(y) = g(x)g(y)$ となっているので準同型写像である。g は全単射で逆写像 g^{-1} も準同型写像であるから，$\mathbb{R}$ と $\mathbb{R}_+$ は同型である。記号で書けば，$\mathbb{R} \cong \mathbb{R}_+$ となる。

問題 7-47　例 7.5 の準同型写像 f は $n \geqq 2$ のとき同型写像ではないことを示せ。

7.1.3 既約剰余類群

RSA 暗号で使われる既約剰余類群について，簡単にまとめておく。

定義 7.15　$a \in \mathbb{Z}_n$ に対し，$ab \equiv 1 \pmod{n}$ となるような $b \in \mathbb{Z}_n$ が存在するとき，a は**可逆**（invertible）であるといい，b を a^{-1} で表す†。

詳細は 7.4 節で説明するが，$a \in \mathbb{Z}_n$ が可逆であるための必要十分条件は $\gcd(a,n) = 1$ である。

定義 7.16　n を 2 以上の整数とする。法 n に関する逆元を持つ剰余類を法 n に関する**既**

† 正確には剰余類として，$\overline{a^{-1}}$ のように書くべきだが，煩わしいので a^{-1} で表している。

約剰余類（reduced residue class）という。それら全体の集合を $\mathbb{Z}_n^*$ または $(\mathbb{Z}/n\mathbb{Z})^*$ で表す。

例 7.7 例えば，$\mathbb{Z}_8^*$ は，$\gcd(a,8)=1$ となる a（正確には剰余類 $\overline{a}$）の集合である。つまり，$a=1,3,5,7$ があてはまるから，元を並べて書き下せば，つぎのようになる。

$$\mathbb{Z}_8^* = \{\overline{1},\overline{3},\overline{5},\overline{7}\}$$

問題 7-48　$\mathbb{Z}_9^*$ を書き下せ。

このように剰余類をいちいち $\overline{a}$ と書くのは煩わしいので，以下では，単に a で表す。

$a,b\in\mathbb{Z}_n^*$ のとき，明らかに $(ab)^{-1}=b^{-1}a^{-1}$ となるので，ab も可逆である。つまり，$ab\in\mathbb{Z}_n^*$ となるから，$\mathbb{Z}_n^*$ は積に関して群となる。これを法 n に対する**既約剰余類群**（reduced residue class group）という。

RSA 暗号では，オイラーの定理（定理 7.19）と**オイラー関数**（Euler's totient function）が必要になる。

定義 7.17 法 n に対する既約剰余類群の位数 $|\mathbb{Z}_n^*|$，すなわち，$1,2,\ldots,n$ までの整数で，n とたがいに素なものの個数を $\varphi(n)$ と書き，これをオイラー関数という。

例 7.8 例えば，$1,2,\ldots,24$ までの整数で $24=2^3\cdot 3$ とたがいに素なものは

$$1,\quad 5,\quad 7,\quad 11,\quad 13,\quad 17,\quad 19,\quad 23$$

の 8 つであるから，$\varphi(24)=8$ である。

問題 7-49　$\varphi(18)$ を求めよ。

a,b がたがいに素であれば，「ab とたがいに素であること」と「a とたがいに素で，かつ b とたがいに素であること」は同値であるから，つぎが成り立つ。

命題 7.18 a,b がたがいに素であれば，$\varphi(ab)=\varphi(a)\varphi(b)$ が成り立つ。

素数 p に対しては，$\varphi(p^e)=p^e-p^{e-1}=p^{e-1}(p-1)$ である。実際，p^e とたがいに素ではない数は p^e 以下の p の倍数すべてであるから，$p,2p,3p,\ldots,p^e(=p^{e-1}\cdot p)$ までちょうど p^{e-1} 個ある。よって，たがいに素な数の個数は，p^e-p^{e-1} 個になる。

命題 7.18 から，n が，$n=p_1^{e_1}\cdots p_r^{e_r}$ のように素因数分解されているとき，$\varphi(n)$ はつぎの

ように書ける。

$$\varphi(n) = \varphi(p_1^{e_1}) \cdots \varphi(p_r^{e_r}) = (p_1^{e_1} - p_1^{e_1-1}) \cdots (p_r^{e_r} - p_r^{e_r-1})$$

命題 7.18 を用いると，オイラー関数の値の計算が簡単になる。

例 7.9　例えば，$\varphi(1400)$ は

$$\begin{aligned} \varphi(1400) &= \varphi(2^3 \cdot 5^2 \cdot 7) \\ &= \varphi(2^3)\varphi(5^2)\varphi(7) \\ &= (2^3 - 2^2)(5^2 - 5)(7 - 1) = 480 \end{aligned}$$

のようにして求めることができる。

問題 7-50　例 7.9 にならって $\varphi(19600)$ を求めよ。

定理 7.19（オイラーの定理）　$\gcd(a, n) = 1$ のとき，つぎが成り立つ。

$$a^{\varphi(n)} \equiv 1 \pmod n$$

証明　$1, 2, \ldots, n$ までの整数で，n とたがいに素な数の集合を

$$S_1 = \{s_1, s_2, \ldots, s_{\varphi(n)}\}$$

とする。S_1 の元に a を掛けたもの全体

$$S_a = \{as_1, as_2, \ldots, as_{\varphi(n)}\}$$

を考える。a が n とたがいに素であるから，S_a の元は，n とたがいに素である。また，S_a を法 n で考えたとき，重複することはない。実際，もし

$$as_i \equiv as_j \pmod n$$

であったとすると，$as_i - as_j = a(s_i - s_j)$ は n の倍数でなければならないが，a は，n とたがいに素であるため，$s_i - s_j$ が n の倍数となる。これは，$s_i \equiv s_j \pmod n$ を意味する。よって重複はない。つまり，S_a の元の個数は，$\varphi(n)$ であり，S_1 と S_a は法 n で一致する。よって，そのすべての元の積は法 n で一致する。すなわち

$$(as_1)(as_2) \cdots (as_{\varphi(n)}) \equiv s_1 s_2 \cdots s_{\varphi(n)} \pmod n$$

となる。これは，つぎのように変形できる。

$$a^{\varphi(n)} s_1 s_2 \cdots s_{\varphi(n)} \equiv s_1 s_2 \cdots s_{\varphi(n)} \pmod n \tag{7.1}$$

式 (7.1) より

$$(a^{\varphi(n)} - 1)s_1 s_2 \cdots s_{\varphi(n)} \equiv 0 \pmod{n}$$

となるが，$s_1, s_2, \ldots, s_{\varphi(n)}$ は n とたがいに素であるから，$a^{\varphi(n)} - 1$ は n の倍数である。これは定理の主張を示している。 □

オイラーの定理（定理 7.19）は，定理 7.6 において，$G = \mathbb{Z}_n^*$ とおいた場合に対応している。

問題 7-51 $|\mathbb{Z}_{100}^*|$ を求めよ。

n が素数 p のときは**フェルマーの小定理**（Fermat's little theorem）と呼ばれている。

系 7.20（フェルマーの小定理） p が素数であり，$\gcd(a, p) = 1$ のとき，つぎが成り立つ。

$$a^{p-1} \equiv 1 \pmod{p}$$

問題 7-52 Python では，$a^b \bmod p$ を `pow(a, b, p)` と記述する。この関数を使って，適当な a, p に対し，フェルマーの小定理が成り立っていることを確認せよ。

7.2 RSA暗号の原理

準備が終わったので，いよいよ RSA 暗号と RSA 暗号を用いた電子署名について説明する。RSA 暗号は，素因数分解が困難であることを安全性の根拠とする暗号である[22)]。以下は，RSA-768 と呼ばれる RSA factoring challenge の challenge number である †。

```
12301866845301177551304949583849627207728535695953347921973224
52151726400507263657518745202199786469389956474942774063845925
19255732630345373154826850791702612214291346167042921431160222
1240479274737794080665351419597459856902143413
```

この素因数分解は

```
33478071698956898786044169848212690817704794983713768568912431
388982883793878002287614711652531743087737814467999489
×
36746043666799590428244633799627952632279158164343087642676032
283815739666511279233373417143396810270092798736308917
```

であることがわかっている。掛け算を実行するのは簡単だが，因数分解するのが難しいことは感覚的に理解できるであろう。

大きな 2 つの相異なる素数 p, q を用いて，$N = pq$，$\varphi(N) = (p-1)(q-1)$ とし，$ed \equiv 1 \pmod{\varphi(N)}$ となるような e, d を選ぶ。e, d はこの時点では対等であるが，RSA 暗号では，(e, N) を公開鍵として公開し，(d, N) を秘密鍵として保持する。N は**公開モジュラス**（public modulus），e は**公開指数**（public exponent），d は**秘密指数**（secret exponent），p, q は**秘密**

† すでに RSA factoring challenge は終了している。

素数（secret primes）と呼ばれる。特別な理由がない限り，p と q は同じビット長のものを選ぶ。この条件は，$p < q$ とするとき，$p < q < 2p$ と表現することができる†。

2024 年現在では，1024 ビットの 2 つの異なる素数 p, q の積 $N = pq$（2048 ビット）の因数分解は困難であると考えられている。計算機の速度向上とアルゴリズムの改良により，因数分解の能力は向上するので，いつまでも安全というわけではないことに注意しよう。後に詳しく見ていくが，N を大きくすれば，それだけ処理のための時間とハードウェアリソースを必要とするので，適当な大きさの N で妥協する必要がある。

RSA 暗号における暗号化と復号処理は，鍵が異なるだけで同じ処理である。暗号化は，メッセージ $M \in \mathbb{Z}_N^*$（一般には通信路暗号化のための共通鍵やハッシュ値）を公開鍵を用いて

$$C = M^e \bmod N$$

とすることである。オイラーの定理（定理 7.19）によれば，M が N とたがいに素（最大公約数が 1）であれば $M^{\varphi(N)} \equiv 1 \pmod N$ であるから，復号は $C^d \pmod N$ で行うことができる。実際

$$\begin{aligned} C^d &\equiv (M^e)^d \pmod N \\ &\equiv M^{ed} \pmod N \\ &\equiv M^{1+k\varphi(N)} \pmod N \\ &\equiv M \cdot (M^{\varphi(N)})^k \pmod N \\ &\equiv M \pmod N \end{aligned}$$

となることが容易にわかる。

補足 7.21　ここで，復号の条件として，平文または暗号文，ハッシュ値などが N とたがいに素である必要がある（いいかえれば，メッセージが $\mathbb{Z}_N^*$ の元になる）ことが気になる人もいると思うが，これはほとんど問題にならない。というのは，M と $\varphi(N)$ がたがいに素にならない確率は，p, q が 1024 ビットの等長の素数（$p < q < 2p$）であれば

$$1 - \frac{\varphi(N)}{N} = 1 - \frac{pq - p - q + 1}{pq} \approx \frac{2p}{pq} \approx \frac{1}{2^{1023}}$$

程度であり，ほぼありえないからである（あったとすれば素因数もわかる）。

RSA 暗号に限らず，公開鍵暗号の処理は共通鍵暗号よりも遅いので，一般には，最初に AES のような共通鍵暗号の秘密鍵 K を RSA で暗号化して相手に送って鍵を共有する。このような処理は，**鍵交換**（key exchange）と呼ばれる。共通鍵暗号で使う秘密鍵を共有してから，後の通信において，その共通鍵暗号によって暗号化したメッセージをやりとりすれば効率的である。簡単に説明しておこう。

† このような素数ペアを balanced primes と呼ぶ。

A 氏が手元の PC で安全な乱数 K を生成し，それをブロック暗号の秘密鍵として B 氏とのメッセージのやりとりに使いたいとする。A 氏は B 氏の公開鍵 (e_B, N_B) を用いて鍵を暗号化して B 氏に送ればいいのだが，一般に共通鍵暗号 N_B の鍵のサイズは，RSA の公開鍵のサイズよりもずっと小さいので，適当に大きな乱数 r をパディングしたメッセージ $m = r|K$ を暗号化して B 氏に送る。つまり

$$C = m^{e_B} \bmod N_B$$

を送る。B 氏は自らの秘密鍵 (d_B, N_B) を用いて

$$C^{d_B} \bmod N_B = m = r|K$$

を計算して K を取り出すのである。これで A 氏と B 氏は，秘密鍵 K を安全に共有することができる（**図 7.1**）。

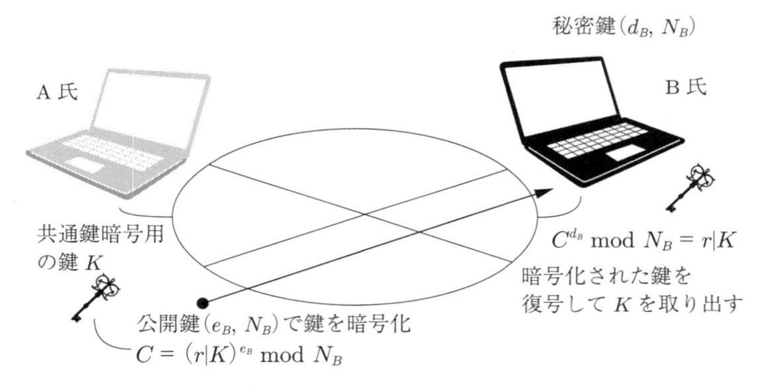

図 7.1 RSA 暗号による鍵交換

このように，公開鍵暗号を用いて共通鍵暗号の鍵を共有し，以後の通信をその共通鍵暗号を用いて行う暗号システムを**ハイブリッド暗号システム**（hybrid cryptosystem）という。共有した秘密鍵は，**セッション鍵**（session key）と呼ばれ，セッション終了後に破棄される。

7.3 RSA 電子署名・ブラインド署名

文書のハッシュ値に電子署名するには，復号の処理を行えばよい。例えば，A 氏が電子メール文書 m を B 氏に送り，B 氏の電子署名をもらいたい場合を考えよう。このとき，安全なハッシュ関数 H によって生成される m のハッシュ値 $H(m)$ に対し，B 氏は，秘密鍵 (d_B, N_B) を用いて電子署名

$$S_B = H(m)^{d_B} \bmod N_B$$

を生成する†。A 氏は，B 氏の公開鍵 (e_B, N_B) を用いて

$$S_B^{e_B} \bmod N_B$$

を計算し，これが自身が送信した電子メール m のハッシュ値 $H(m)$ と一致するかどうかを確認する。一致すれば B 氏の電子署名だと確認することができる。d_B は B 氏しか知らない指数だからである。これが **RSA 電子署名**（RSA digital signature）である。RSA 電子署名の処理は，実装上，暗号化と変わらない処理であるが，これは RSA 暗号の特殊事情である。なお，RSA 電子署名に関しては利用フォーマットが定められており，安全に利用するためには，PKCS#1 の最新版に従う必要がある。PKCS#1 については，第 8 章で説明する。

電子署名の派生技術で，**ブラインド署名**（blind signature）という一風変わった技術があるので，紹介しておこう。ブラインド署名は，署名者にメッセージを見せずに署名してもらう技術である[23)]。例としてよく挙げられるのは，投票である。投票の内容を明かすことなく，投票の有効性を選挙管理者に保証してもらうために，ブラインド署名を利用するのである。RSA 電子署名を利用したブラインド署名は以下のようなものである。

A 氏が B 氏にメッセージ m への署名を依頼することを考える。A 氏は B 氏の公開鍵 (e_B, N_B) と乱数 $r(\gcd(r, N_B) = 1)$ を使い，つぎのようにメッセージダイジェストをランダム化する。

$$m' = r^{e_B} H(m) \bmod N_B$$

これを B 氏に送り，r の値は保持しておく。B 氏は r の値を知らないので，m' から $H(m)$ を知ることができないことに注意しよう。B 氏は，m' を受け取り，ブラインド署名 $S'_B = (m')^{d_B} \bmod N_B$ を作成する。$r^{e_B d_B} \equiv r \pmod{N_B}$ に注意すると

$$\begin{aligned} S'_B &\equiv (m')^{d_B} \pmod{N_B} \\ &\equiv (r^{e_B} H(m))^{d_B} \pmod{N_B} \\ &\equiv r H(m)^{d_B} \pmod{N_B} \end{aligned}$$

と変形できる。このブラインド署名を受け取った A 氏は，保持している r を用いて

$$r^{-1} S'_B \bmod N_B = H(m)^{d_B} \bmod N_B$$

を得る。これが所望の B 氏の署名である。

このやりとりにおいて B 氏は A 氏のメッセージダイジェスト $H(m)$ に関する情報を得ることができないが，A 氏は B 氏の署名を得られたことになる。

7.4　ユークリッドの互除法・拡張ユークリッド互除法

RSA 暗号において，e, p, q を与えて，秘密指数 d を求めるには，$ed \equiv 1 \pmod{\varphi(N)}$ とな

† ここでは記述の簡略化のために単に $H(m)$ としているが，実際には，パディング処理が必要である。

るような d の計算が必要になる。この問題は，不定方程式

$$ed - k\varphi(N) = 1 \tag{7.2}$$

を解くことに帰着する。不定方程式 (7.2) を解くには，**拡張ユークリッド互除法**（extended Euclidean algorithm）と呼ばれるアルゴリズムが使われる。ここでは，その原型であるユークリッド互除法と拡張ユークリッド互除法について説明する。

正の整数 a, b の**最大公約数**（greatest common divisor）を $\gcd(a, b)$ で表す。定理 7.11 でも利用した記号だが，ここであらためて述べておく。また**最小公倍数**（least common multiple）を $\mathrm{lcm}(a, b)$ で表す[†]。このとき

$$\mathrm{lcm}(a, b) = \frac{ab}{\gcd(a, b)} \tag{7.3}$$

が成り立つので，$\gcd(a, b)$ を求めれば，式 (7.3) を用いて $\mathrm{lcm}(a, b)$ も簡単に求めることができる。a, b は，$\gcd(a, b) = 1$ のとき，**たがいに素**（mutually prime）であるという。

定理 7.22　$a, b (a \geqq b)$ を正の整数とし，a を b で割った商を q，余りを r とすると，$\gcd(a, b) = \gcd(r, b)$ が成り立つ。

証明　$d = \gcd(a, b)$ とする。$a = da'$, $b = db'$ と書くことができる。$a = bq + r$ より，$r = a - bq = da' - db'q = d(a' - b'q)$ となるから，r は d の倍数であり，したがって $\gcd(r, b)$ は d の倍数である。もし，$\gcd(r, b) > d$ であれば，ある $k \geqq 2$ が存在して，$\gcd(r, b) = kd$ となる。このとき，r, b は kd の倍数であるから，$r = kdr'$, $b = kdb''$ と書くことができる。よって，$a = bq + r = kdb''q + kdr' = kd(b''q + r')$ となり，a は kd の倍数であり，a, b はともに kd で割り切れる。これは，$d = \gcd(a, b)$ であることに反する。よって，$k = 1$ となり，$\gcd(a, b) = \gcd(r, b)$ が成り立つ。□

定理 7.22 からただちに，**ユークリッド互除法**（Euclidean algorithm）が導かれる。つまり，定理 7.22 を繰り返し用い，最後に余りが 0 になった時点で終了すればよいのである。Python でアルゴリズムを記述すると**リスト 7.1** のようになる。

リスト 7.1（StudyEuclid.py）

```
1 def gcd(a, b):
2     r = a % b
3     while r != 0:
4         a = b
5         b = r
6         r = a % b
7     return b
```

リスト 7.1 では，gcd という最大公約数を求める関数を定義している。2 行目では，a を b で割った余りを求めているが，$a < b$ の場合でも $r = sa$ となり，以下の処理は問題なく実行される。値の交換は 4，5 行目で行われている。

---

† 数学では，最大公約数を (a, b) で表すが，ここでは，暗号理論の習慣に従って $\gcd(a, b)$ を採用する。

リスト 7.1 のプログラムを実行すると，最大公約数を求める関数 gcd が定義されるので，例えば，24 と 18 の最大公約数を求めるには，コンソールでつぎのように操作すればよい。

```
> gcd(24, 18)
> 6
```

なお，リスト 7.1 のプログラムはアルゴリズムを理解するためにあえて用意したものであり，実際には自分でつくる必要はない。このプログラムに限らず，本書では，すでにモジュールが用意されていても，暗号の仕組みを理解するためにあえてプログラムを提供する場合がある。Python で最大公約数を計算する最も手軽な方法は，math モジュールをインポートして math.gcd を使うことである。例えば 24 と 18 の最大公約数を求めるには，つぎのようにすればよい。

```
> import math
> math.gcd(24, 18)
> 6
```

ユークリッド互除法の計算量を見積もっておこう。

命題 7.23　$a, b (a \geqq b)$ に対して，a を b で割った商を q，余りを r とする（$a = bq + r$ とする）と，$r < a/2$ である。

証明　まず，$b \leqq a/2$ のときは，$r < b \leqq a/2$ より，主張は明らかである。$b > a/2$ のときを考える。このとき

$$a - b < \frac{a}{2}$$

が成り立つから，$q = 1$ である。したがって，$r = a - b < a/2$ が成り立つ。□

系 7.24　$\gcd(a, b)$ を求めるユークリッド互除法の計算量は，$O(\log_2 a)$ である†。

証明　命題 7.23 より，1 回の剰余を求める計算ごとに入力サイズが半分未満になる（1 回の剰余を求める計算で少なくとも 1 ビット減る）ので，剰余を求める計算は，高々 $\log_2 a$ 回しか必要ない。□

ユークリッド互除法における途中の計算を記録すると，つぎの不定方程式を解くことができる。

$$ax + by = \gcd(a, b) \tag{7.4}$$

式 (7.4) の特別な場合として，つぎの不定方程式を考えよう。

$$370x + 290y = 10 \tag{7.5}$$

式 (7.5) を解くために，$\gcd(370, 290) = 10$ を求めるユークリッド互除法のプロセスを示す。

STEP 1　$370 = 290 \times 1 + 80$

† アルゴリズムの入力サイズ（ビット長 n）に対する計算時間は n の関数となる（正確には n だけで決まるわけではないがここでは細かいことは考えないことにする）。計算時間を $T(n)$ としたとき，$T(n) \leqq Cf(n)$ となるような（n と無関係な）定数 $C > 0$ が存在すれば，$T(n) = O(f(n))$ と表す。これをランダウのビッグオー記法と呼んでいる。

STEP 2 $290 = 80 \times 3 + 50$

STEP 3 $80 = 50 \times 1 + 30$

STEP 4 $50 = 30 \times 1 + 20$

STEP 5 $30 = 20 \times 1 + 10$

STEP 6 $30 = 10 \times 3 + 0$

これを STEP 5 から逆にたどってみよう。

$$
\begin{aligned}
10 &= 30 - 20 \times 1 \\
&= 30 - (50 - 30 \times 1) \\
&= 50 \times (-1) + 30 \times 2 \\
&= 50 \times (-1) + (80 - 50 \times 1) \times 2 \\
&= 80 \times 2 + 50 \times (-3) \\
&= 80 \times 2 + (290 - 80 \times 3) \times (-3) \\
&= 290 \times (-3) + 80 \times 11 \\
&= 290 \times (-3) + (370 - 290 \times 1) \times 11 \\
&= 370 \times 11 + 290 \times (-14)
\end{aligned}
$$

これをアルゴリズムとして記述したものが**拡張ユークリッド互除法**である。これを Python で記述したものが，**リスト 7.2** である。

リスト 7.2 (StudyExtEuclid.py)

```
1 def ExtEuclid(a, b):
2     if b != 0:
3         q = a // b # quotient
4         r = a % b # remainder
5         g, y, x = ExtEuclid(b, r)
6         y = y - q*x
7         return g, x, y
8     else:
9         return a, 1, 0
```

例えば

$$276878x + 2532y = \gcd(276878, 2532)$$

を解くには，つぎのようにすればよい。

```
> ExtEuclid(276878, 2532)
> (2, 367, -40132)
```

この結果は，$\gcd(276878, 2532) = 2$, $x = 367$, $y = -40132$ であることを示している。

問題 7-53　リスト 7.2 のプログラムを用いて，$141x + 1593y = \gcd(141, 1593)$ の一組の解 (x, y) を求めよ。

式 (7.4) は無数の解を持つ。実際，x_0, y_0 が 1 つの解であるとすれば，$ax_0 + by_0 = \gcd(a, b)$

が成り立つので

$$ax + by = ax_0 + by_0 \tag{7.6}$$

が成り立つ。すると，式 (7.6) から

$$a(x - x_0) = b(y_0 - y) \tag{7.7}$$

となる。両辺を $\gcd(a, b)$ で割って，おのおのの商を a', b' とすると，式 (7.7) は

$$a'(x - x_0) = b'(y_0 - y) \tag{7.8}$$

と書き直せる。$\gcd(a', b') = 1$ であるから，$x - x_0$ は，b' の倍数である。よって，k を整数として，$x - x_0 = b'k$ と書くことができる。これを式 (7.8) に代入すると

$$a'b'k = b'(y_0 - y)$$

となるから，両辺を b' で割って，$y_0 - y = a'k$ となる。つまり，k を整数として

$$x = x_0 + \frac{b}{\gcd(a, b)}k, \quad y = y_0 - \frac{a}{\gcd(a, b)}k$$

が式 (7.4) の解のすべてを記述していることがわかる。

問題 7-54　$276878x + 2532y = \gcd(276878, 2532)$ のすべての解を求めよ。

7.5　RSA 暗号の実装例

Python に標準で用意されている関数 `pow(a, b, N)` が $a^b \bmod N$ を与えるので，p, q が用意されているという前提であれば，RSA 暗号の実装は容易である。復号には，秘密指数 d が必要だが，式 (7.2) を解いて d を求めればよい（k は不要）。`pow(a, b, N)` において，$b < 0$ の場合，もし $\gcd(a, N) = 1$ であれば，$a^b \bmod N$ が求まるから，`d = pow(e, -1, N)` とすれば d の計算ができるが，ここでは，あえて拡張ユークリッド互除法が見える形で実装してある。与えられた p, q, e から d を求め，暗号化と復号を行うプログラムを**リスト 7.3** に示す。

リスト 7.3（StudyRSA.py）

```
 1 def ExtEuclid(a, b):
 2     if b != 0:
 3         q = a // b # quotient
 4         r = a % b # remainder
 5         g, y, x = ExtEuclid(b, r)
 6         y = y - q*x
 7         return g, x, y
 8     else:
 9         return a, 1, 0
10 def ModInv(a,b):
11     # modular inverse
12     g, x, y = ExtEuclid(a,b)
13     while x < 0:
```

```
14         x = x + b
15     return x
16 # RSA parameters for RSA-768
17 p = 33478071698956898786044169848212690817704794983713768568
18 912431388982883793878002287614711652531743087737814467999489
19 q = 36746043666799590428244633799627952632279158164343087642
20 676032283815739666511279233373417143396810270092798736308917
21 N = p*q # public modulus
22 e = 65537 # 2**16 + 1 public exponent
23 phi = (p-1)*(q-1)
24 d = ModInv(e, phi) # secret(private) exponent
25 # Message
26 M = 2**766-2**723-2**50-2**8-1
27 C = pow(M,e,N) # ciphertext
28 R = pow(C,d,N) # decrypted ciphertext
29 print('d=',d)
30 print('message=',M)
31 print('ciphertext=', C)
32 print('decrypted ciphertext=', R)
```

実行してみれば，暗号文が正しく復号されていることがわかるだろう。

リスト 7.3 のプログラムの 1 行目から 9 行目までは，拡張ユークリッド互除法の関数で，10 行目から 15 行目までは，$a^{-1} \bmod b$ を求める関数 `ModInv(a, b)` である。関数 `ModInv(a, b)` は，$ax + by = \gcd(a, b)$ を解いて x を求める関数だが，$\gcd(a, b) = 1$ であることが仮定されている。この条件が満たされない場合には，正常動作しないことに注意が必要である。ここでは，$e = 65537 = 2^{16} + 1$ という値を使っているが，これは，SSL/TLS のデフォルト値である[24)]。ここで，SSL/TLS については，本章の補足を参照されたい。後に説明するように，公開指数 e を共有する場合，$e = 3$ のような小さな値にすることは危険であるが，65537 は安全と考えられている。もちろん，$\gcd(65537, \varphi(N)) \neq 1$ の場合には $d = 65537^{-1} \bmod \varphi(N)$ は存在しないが，その確率は小さい。また 13，14 行目で，得られた結果が負であった場合に，b を何度か加えることによって正の値になるように調整していることにも注意しよう。24 行目で，秘密指数 $d = e^{-1} \bmod \varphi(N)$ を求めている。27 行目で暗号化処理，28 行目で復号の処理をしている。

問題 7-55　リスト 7.3 のプログラムを使って（N, d は変えなくてよい），$M = 2^{766} - 2^{667} + 1$ を暗号化し，得られた暗号文を復号せよ。

べき乗剰余演算がどのようになされているかは，この実装では見えない（`pow` 関数に埋め込まれている）が，限定された計算資源しかない場合（例えば，小型のデバイスに暗号を実装する場合）にはアルゴリズムの詳細の理解が必要となる。べき乗剰余演算のアルゴリズムについては，第 8 章で説明する。

また，RSA 暗号を実現するためには，素数 p, q が多数必要になる。ここでは，素数をあらかじめ与えているが，実際には，素数をどのようにして高速に生成するかが問題となる。素数生成の技術については，第 9 章で説明する。

補足 7.25　前節で触れた **TLS**（Transport Layer Security）とは，インターネット上でデータを安全にやりとりするためのプロトコルである。TLS は以前のバージョンである SSL（Secure Sockets Layer）の後継であり，SSL よりも強力なセキュリティ機能を提供する。1999 年に SSL 3.0 がリリースされ，それがバージョンアップする際に TLS 1.0 となった。TLS のおもな機能は，例えば，インターネットショップでの買い物などの際にショップサイトの安全性を電子署名を利用して確認することや，データの暗号化の機能を提供することなどである。TLS はウェブブラウジングだけではなく，電子メール，**VPN**（virtual private network：暗号を利用してインターネット上に仮想の専用線を設定する技術），Zoom，Microsoft Teams などの **VoIP**（voice over internet protocol）など，多くの応用がある。VPN は日常的な利用ももちろんあるが，緊急時でも威力を発揮する。2022 年に始まったロシア・ウクライナ戦争のときにも，ロシア政府の検閲を逃れるためにロシアの VPN サービス利用が急増した。なお，VPN では，発信元の IP アドレスを秘匿できないが，これを秘匿する方法として，**Tor**（トーア，the onion router）がある。Tor は米国海軍研究所が開発した技術だが，現在ではオープンソースになっており，フリーで利用できる。玉ねぎのように何重にも層を重ねて暗号化[†]を施し，接続経路を匿名化することから，この名がついた。通信を確立する際に，多くのノードを経由することで発信元の IP アドレスや位置情報を保護することができる。

† これはノード間の暗号化である。

RSA暗号の実装アルゴリズム

本章では，RSA 暗号のべき乗剰余演算の実装アルゴリズムについて解説する。合わせて，暗号理論でしばしば利用される中国人剰余定理についても説明する。第 7 章で見たように，べき乗剰余演算は pow(a, b, N) を使えば実装は容易である。べき乗剰余演算がどのようになされているかは，この実装では見えない（pow 関数に埋め込まれている）が，ハードウェアリソースが制限されたデバイスへの実装を考える際にはアルゴリズムの詳細の理解が必要となる。Pycryptodome モジュールでの RSA 署名と鍵生成，RSA-OAEP などの扱い方についても説明する。

8.1　べき乗剰余計算のアルゴリズム

RSA 暗号では，暗号化，復号において，公開モジュラス N と同程度の大きさのメッセージのべき乗剰余計算を行わなければならない。暗号化や電子署名の検証の処理では，$e = 65537$ など比較的小さい指数であるが，復号や電子署名では，d は $\varphi(N)$ と同程度の大きさ（ほぼ N と同じ大きさ）の大きな指数に対するべき乗剰余計算が必要になる。N は 2048 ビット，4096 ビットなどの巨大な数であり，d もまた同程度の大きさを持つので，単純に掛け算と割り算を繰り返す素朴なアルゴリズムでは，現実的な時間で計算を終えることができない。

べき乗剰余計算を行う実用的なアルゴリズムのうち，最も基本的なものが**バイナリ法**（binary exponentiation）である。プログラムを見てしまうほうが話が早いので，**リスト 8.1** を見てほしい。このプログラムは，4 つの関数を記述したものである。ModpowerLtoR 関数と ModpowerRtoL 関数は，バイナリ法でべき乗剰余計算を行う関数を 2 通りの方法で実装したものである。Modpower2kary 関数はバイナリ法の改良型で，複数の指数ビットをまとめて処理する。いずれもべき乗剰余計算 $a^b \bmod n$ を行う関数である。Divide 関数は，Modpower2kary 関数で必要になる関数である。後に説明する。

リスト 8.1（StudyModpower.py）

```
1 def ModpowerLtoR(a, b, n):
2     bit = str(format(b,"b"))
3     S = 1
4     for i in range(len(bit)):
5         S = S**2 % n
6         if bit[i] == "1":
7             S = S*a % n
```

```
 8      return S
 9
10  def ModpowerRtoL(a, b, n):
11      bit = str(format(b,"b"))
12      bitrev = bit[::-1]
13      S = 1
14      T = a
15      for i in range(len(bitrev)):
16          if bitrev[i] == "1":
17              S = S*T % n
18          T = T**2 % n
19      return S
20
21  def Divide(b, k):
22      parts = []
23      w = 2**k
24      while b != 0:
25          parts.append(b % w)
26          b //= w
27
28      return parts
29
30  def Modpower2kary(a, b, n, k=3): # Left to Right 2**k-ary method
31      # precomputation
32      tblsize = 2**k
33      tbl = [1]*tblsize
34      for i in range(1, tblsize):
35          tbl[i] = tbl[i-1]*a % n
36
37      S = 1
38      bitslst = Divide(b, k)[::-1]
39      for bits in bitslst:
40          for i in range(k): # S = S**(2**k) mod n
41              S = S**2 % n
42          if bits != 0:
43              S = S*tbl[bits] % n
44      return S
```

まず，ModpowerLtoR 関数から説明する。2 行目は，指数 b を 2 進数に直す処理である。例えば，10 進数の 13（2 進数で 1101）については

```
>>> bit = str(format(13,"b"))
>>> bit[0], bit[1], bit[2], bit[3]
>>> ('1', '1', '0', '1')
```

のようになる。最上位のビットが bit[0] で番号が増えるに従って下位ビットとなる。つまり，指数を左から右へ（from left to right）読んでいる。これが関数名に LtoR がついている理由である。最初に 2 乗して（指数で見たとき左に 1 ビットシフトする），そこに 1 があれば a を掛け，また左に 1 ビットシフトして，というように繰り返していくのである。

逆に指数を下位ビット（右）から上位ビット（左）に読んで計算していくのが，ModpowerRtoL 関数である。ここでは，11 行目で指数のビットを取得し，12 行目でそれを逆順に並べ替えている。例えば，先の例で見れば，つぎのようになる。

```
>>> bit = str(format(13,"b"))
>>> bitrev = bit[::-1]
>>> bitrev[0], bitrev[1],bitrev[2],bitrev[3]
```

```
>>> ('1', '0', '1', '1')
```

左から読む場合と違い，S の他に T が必要になる。i 回目（ただし 0 から数える）のループにおける T の値は

$$T = a^{2^i} \bmod n$$

である。これは 2 進数で見た場合，第 i ビットだけが 1 であるような指数である。これを掛けるということは，第 i ビットに 1 を立てるということに対応する。`ModpowerLtoR` 関数よりも若干複雑になっているが，これも自然なアルゴリズムであろう。

RSA 暗号などでは，べき乗剰余計算が計算時間の大部分を占めるので，その高速化は重要な問題である。ただし，メモリを犠牲にすればある程度の高速化は可能である。指数ビットを左から読むか右から読むかに本質的な違いはないので，以下，指数を左から右に読むアルゴリズムを基本として説明する。

バイナリ法は，指数を 1 ビットずつ読んでいるが，これを k ビット分まとめてしまえば高速化が期待できる。最初に

$$a \bmod n, a^2 \bmod n, \ldots, a^{2^k-1} \bmod n$$

を計算してメモリに格納しておく。格納されたデータをテーブルと呼ぶことがある。この処理は毎回実行しなければならないことに注意しよう。この処理を**事前計算**（precomputation）という。2 乗剰余の計算部を k 回繰り返して 2^k 乗の値を求め，これに指数の値に応じてテーブルに格納された値を掛けていくのである。バイナリ法は，$k = 1$ の場合に対応するので，この方法を **2^k-ary 法**（2^k-ary exponetiation）という。以下，アルゴリズムを整理しておく。b を k ビットに区切ったものを $b = (b_k[n/k-1]b_k[n/k-2]\cdots b_k[0])$ とする。つまり

$$b = b_k\left[\frac{n}{k}-1\right]\cdot 2^{k\left(\frac{n}{k}-1\right)} + b_k\left[\frac{n}{k}-2\right]\cdot 2^{k\left(\frac{n}{k}-2\right)} + \cdots + b_k[0]\ (0 \leqq b_k[j] < 2^k)$$

とする。ここでは，簡単のため n は k の倍数であると仮定している。

事前計算　$a \bmod n, a^2 \bmod n, \ldots, a^{2^k-1} \bmod n$ を計算する

初期化　$S = 1,\ j = \dfrac{n}{k} - 1$

STEP 1　$j < 0$ であれば S を出力して処理を終了する。$j \geqq 0$ なら $S = S^2 \bmod n$ を k 回繰り返す

STEP 2　もし，$b_k[j]$ が 0 でなければ，$S = S \cdot a^{b_k[j]} \bmod n$ を計算する

STEP 3　$j = j - 1$ として STEP 1 に戻る

これを実装したものが Modpower2kary 関数であり，k ビットごとに区切ったリストを生成する関数が Divide 関数である。Modpower2kary 関数における k のデフォルト値は 3 になっている。Modpower2kary 関数では，最初にテーブル tbl をつくっている。tbl[i] には，$a^i \bmod n$ が格納されている。38 行目の処理は，Divide で k ビットごとに区切ったリストを逆順に（上位ビットから下位ビットに）並べ替えている。str を使ったバイナリ法の場合は上位から下位に並んでいたが，ここでは，下から 2^k で割った余りを計算して k ビットを取得しているので，下位から上位の順になっているためである。

問題は，最適な k をどう決めるかである。処理時間の大部分を占めるのは，剰余乗算処理である。剰余乗算処理の平均実行回数が最小になるように k を決めたい。テーブルを生成する際には，a を順次掛けて n で割った余りを取るので，1 を除いて，2^k-1 回の剰余乗算が必要になる†。バイナリ法では，2 乗の処理は必ず実行されるが，a を掛ける処理は平均して 1.5 回しか実行されないので，剰余乗算処理の回数は，平均で b のビット長 m の 1.5 倍（$3m/2$）となる。一方，2^k-ary 法では，2 乗の回数に変化はないが，テーブルの値を掛ける回数は，平均すると $(m/k)(1-(1/2^k))$ 回となる。テーブル作成に 2^k-1 回の剰余乗算が必要だから，結局，必要な剰余除算の平均回数は

$$T(m,k)=\overbrace{(2^k-1)}^{\text{事前計算}}+\overbrace{m}^{A^2 \bmod N}+\overbrace{\frac{m}{k}\left(1-\frac{1}{2^k}\right)}^{AB \bmod N} \tag{8.1}$$

に比例する。これは，右辺第 1 項が事前計算（テーブル作成），第 2 項が 2 乗剰余計算，第 3 項が指数に依存した剰余乗算の平均回数の合計になっている。m は，RSA 暗号の場合なら，1024, 1536, 2048 という大きな値になる。このグラフを描くプログラムを**リスト 8.2** に示す。4，5 行目で T(m, k) を定義し，m, k を変化させたグラフを同じ座標平面上に重ね描きしている。実行すると**図 8.1** のような図が表示される。

リスト 8.2（Study2karymethod.py）

```
 1 import numpy as np
 2 import matplotlib.pyplot as plt
 3
 4 def T(m, k):
 5     return (2**k-1)+m+m*(1-1/2**k)/k
 6
 7 vectT = np.vectorize(T)
 8
 9 k = np.arange(1, 11, 1)
10 T1 = vectT(1024, k)
11 T2 = vectT(1536, k)
12 T3 = vectT(2048, k)
13
14 fig, ax = plt.subplots()
15 ax.set_xlabel('k')
16 ax.set_ylabel('T')
```

† $a<n$ があらかじめわかっているのであれば mod n の処理は不要だが，一般にはそうとは限らないので，除算は必要になる。一般には，1 を掛けて n で割るという処理を行うことになるので，剰余乗算の回数は，2^k-1 回となるだろう。

```
17 ax.set_title('Average number of modular multiplication')
18 s1, s2, s3 = "solid", "dashed", "dotted"
19 l1, l2, l3 = "m=1024","m=1536","m=2048"
20 c = 'black'
21 ax.plot(k, T1, linestyle = s1, label = l1, color = c)
22 ax.plot(k, T2, linestyle = s2, label = l2, color = c)
23 ax.plot(k, T3, linestyle = s3, label = l3, color = c)
24 ax.legend(loc=0)
25 fig.tight_layout()
26 plt.show()
```

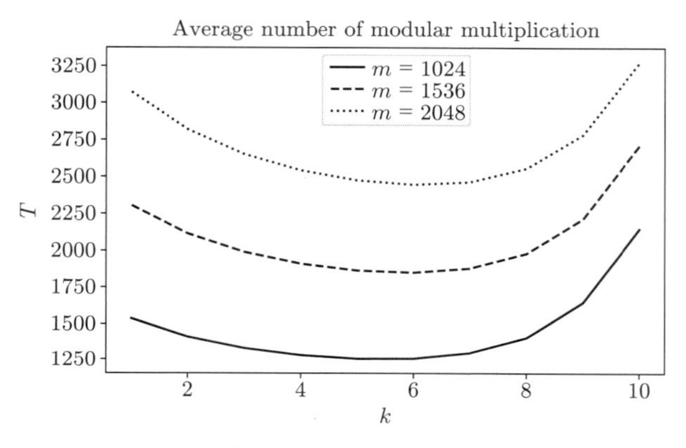

図 8.1　各 m, k に対する平均処理時間

図 8.1 を見ると，$T(m,k)$ は，下に凸の関数であり，適当な k で最小値を取ることがわかる。これは，式 (8.1) の第 1 項が k について指数的に増加する関数であり，第 3 項が（ほぼ）k に反比例するため，両者の間でトレードオフが生じることによる。最適な k の値を求めるため，式 (8.1) の値を計算してみると，**表 8.1** のようになる。

表 8.1　最適な k の値

k	3	4	5	6	7	8
$T(1024,k)$	1329.7	1279.0	**1253.4**	1255.0	1296.1	1406.5
$T(1536,k)$	1991.0	1911.0	1864.6	**1851.0**	1880.7	1982.3
$T(2048,k)$	2652.3	2543.0	2475.8	**2447.0**	2465.3	2558.0

表 8.1 の太文字が最小値であり，つまり平均的に最も高速な k の値は，$m = 1024$ のときは $k = 5$，$m = 1536, 2048$ のときは $k = 6$ となることがわかる。メモリの小さなデバイスの場合，最適な k を選択できない場合もある。

他にもべき乗剰余計算のアルゴリズムは存在する（例えば sliding window 方式）が，基本的な考え方は本項で説明したことに尽きる。

問題 8-56　$m = 4096$ のときの k の最適値を求めよ。

8.2 中国人剰余定理

暗号理論でしばしば用いられる**中国人剰余定理**（Chinese remainder theorem）を説明する。中国人剰余定理は，CRT と略して表現されることが多い。

定理 8.1（**CRT**）　k 個の自然数 $m_1, m_2, \ldots, m_k$ が，ペアごとにたがいに素，すなわち，$\gcd(m_i, m_j) = 1 (i \neq j)$ を満たすとする。$a_1, a_2, \ldots, a_k$ を k 個の整数とする。このとき，連立合同式

$$
\begin{aligned}
x &\equiv a_1 \pmod{m_1} \\
&\vdots \\
x &\equiv a_k \pmod{m_k}
\end{aligned}
$$

の解 x は

$$x \equiv \sum_{j=1}^{k} (a_j \widehat{m}_j{}^{-1} \bmod m_j) \widehat{m}_j \pmod{m_1 m_2 \cdots m_k} \tag{8.2}$$

で与えられる。ただし，$\widehat{m}_j = m_1 m_2 \cdots m_k / m_j$ である。式 (8.2) の計算は，**CRT 再結合**（CRT recombination）と呼ばれる。

証明　ここでは，$k = 3$ の場合だけ証明するが，一般の k に拡張するのは容易である。

$$x = x_1 m_2 m_3 + x_2 m_1 m_3 + x_3 m_1 m_2 \tag{8.3}$$

とおく。式 (8.3) の両辺の剰余を取ることにより

$$
\begin{aligned}
a_1 &\equiv x_1 m_2 m_3 \pmod{m_1} \\
a_2 &\equiv x_2 m_1 m_3 \pmod{m_2} \\
a_3 &\equiv x_3 m_1 m_2 \pmod{m_3}
\end{aligned}
$$

であることがわかる。仮定から，$\gcd(m_2 m_3, m_1) = 1$，$\gcd(m_1 m_3, m_2) = 1$，$\gcd(m_1 m_2, m_3) = 1$ となるので，$x_1 \equiv a_1 (m_2 m_3)^{-1} \pmod{m_1}$，$x_2 \equiv a_2 (m_1 m_3)^{-1} \pmod{m_2}$，$x_3 \equiv a_3 (m_1 m_2)^{-1} \pmod{m_3}$ が成り立つ。この x_1, x_2, x_3 に対して

$$d = x - x_1 m_2 m_3 - x_2 m_1 m_3 - x_3 m_1 m_2$$

とおく。このとき

$$
\begin{aligned}
d &= x - x_1 m_2 m_3 - x_2 m_1 m_3 - x_3 m_1 m_2 \\
&\equiv x - x_1 m_2 m_3 \pmod{m_1}
\end{aligned}
$$

$$\equiv a_1 - a_1 = 0 \pmod{m_1}$$

となる。同様に，$d \equiv 0 \pmod{m_2}$，$d \equiv 0 \pmod{m_3}$ であることもわかる。つまり，d は，m_1, m_2, m_3 の倍数である。m_1, m_2, m_3 はペアごとにたがいに素であるから，d は m_1, m_2, m_3 の倍数である。つまり，$d \equiv 0 \pmod{m_1 m_2 m_3}$ でなければばならない。 □

例 8.1　12 で割ると 7 余り，7 で割ると 3 余り，25 で割ると 10 余るような自然数で，最も小さいものを求めよ。

定理 8.1 において，$m_1 = 12, m_2 = 7, m_3 = 25$ としたとき，係数は

$$x_1 \equiv 7(7 \cdot 25)^{-1} \equiv 7 \cdot 7 \equiv 1 \pmod{12}$$

$$x_2 \equiv 3(12 \cdot 25)^{-1} \equiv 3 \cdot 6 \equiv 4 \pmod{7}$$

$$x_3 \equiv 10(12 \cdot 7)^{-1} \equiv 10 \cdot 14 \equiv 15 \pmod{25}$$

となるから，これを式 (8.3) に代入して

$$x \equiv 1 \cdot 7 \cdot 25 + 4 \cdot 12 \cdot 25 + 15 \cdot 12 \cdot 7 = 2635 \equiv 535 \pmod{2100}$$

が得られる。明らかに 535 が最小であるから，これが答になる。

問題 8-57　例 8.1 の問題についてリスト 7.3 のプログラムの `ModInv` 関数を利用して x_1, x_2, x_3 を求め，上記の計算が正しいことを確認せよ。

問題 8-58　17 で割ると 5 余り，19 で割ると 11 余る数を 1 つ求めよ。

リスト 8.3 のプログラムを実行すると CRT 関数が使えるようになる。

リスト 8.3（StudyCRT.py）

```
1  def ExtEuclid(a, b):
2      if b != 0:
3          q = a // b # quotient
4          r = a % b # remainder
5          g, y, x = ExtEuclid(b, r)
6          y = y - q*x
7          return g, x, y
8      else:
9          return a, 1, 0
10
11 def ModInv(a, b):
12     g, x, y = ExtEuclid(a, b)
13     while x < 0:
14         x = x + b
15     return x
16
17 def CRT(mlst, a):
18     m = 1
19     result = 0
20     for i in range(len(mlst)):
21         m *= mlst[i]
22
23     for j in range(len(mlst)):
```

```
24            mj = m // mlst[j]
25            result += a[j]*ModInv(mj, mlst[j])*mj
26
27        return result % m
```

CRT 関数の引数は，$m_1, m_2, \ldots, m_k$ のリストと $a_1, a_2, \ldots, a_k$ のリストである。先ほど手計算した例をもう一度計算してみるとつぎのようになる。

```
>>> mlist = [12, 7, 25]; a = [7, 3, 10]
>>> print(CRT(mlist, a))
535
```

問題 8-59　リスト 8.3 のプログラムの CRT 関数を利用して，24 で割ると 5 余り，11 で割ると 6 余り，25 で割ると 9 余るような自然数で，最も小さいものを求めよ。

8.3　中国人剰余定理を使った RSA 復号処理の実装

8.1 項で説明したべき乗剰余計算のアルゴリズムは，N の素因数の情報を使っていなかった。しかし，RSA 暗号の暗号化処理，復号処理では，$N = pq$ であり，除数は，2 つの素数の積になっているという特徴がある。これを利用することで，復号，または電子署名の処理を高速化する方法がある。すなわち，CRT を使うのである。復号と電子署名の処理においては，秘密鍵がわかっているので，p, q を利用できる†と考えることは自然である。例えば，電子署名（C をハッシュ値を含む被署名データとする）を考える。このときの処理は

$$S = C^d \bmod N$$

であるが，CRT を使って

$$S_p = C^d \bmod p, \quad S_q = C^d \bmod q$$

を計算し，後に CRT 再結合すればよい。ここで，$C_p = M \bmod p$, $C_q = M \bmod q$, $d_p = d \bmod (p-1)$, $d_q = d \bmod (q-1)$ としてよいことに注意すれば

$$S_p = C_p^{d_p} \bmod p, \quad S_q = C_q^{d_q} \bmod q \tag{8.4}$$

となることがわかる。式 (8.4) を用いて，CRT 再結合すれば，式 (8.5) のようになる。

$$S \equiv S_q(p^{-1} \bmod q)p + S_p(q^{-1} \bmod p)q \pmod N \tag{8.5}$$

ここで

$$1 \equiv (p^{-1} \bmod q)p + (q^{-1} \bmod p)q \pmod N \tag{8.6}$$

† システムによっては，p, q そのものを扱わないこともある。

であることに注意し，式 (8.6) を式 (8.5) に代入すると

$$
\begin{aligned}
S &\equiv S_q(p^{-1} \bmod q)p + S_p(q^{-1} \bmod p)q \pmod N \\
&\equiv S_q(p^{-1} \bmod q)p + S_p\{1 - (p^{-1} \bmod q)p\} \pmod N \\
&\equiv S_p + (S_q - S_p)(p^{-1} \bmod q)p \pmod N
\end{aligned}
$$

となることがわかる。この公式

$$
S \equiv S_p + (S_q - S_p)(p^{-1} \bmod q)p \pmod N \tag{8.7}
$$

はしばしば**ガーナーの公式**（Garner's formula）と呼ばれる。式 (8.7) において，$p^{-1} \bmod q$ は事前に計算しておけることに注意すれば，その計算量において支配的なのは，S_p, S_q の計算である。$p^{-1} \bmod q$ は **CRT 係数**（CRT coefficient）と呼ばれる。べき乗剰余計算の計算量はデータサイズの 3 乗に比例するから，S_p, S_q の計算量は，いずれも直接 S を計算する場合の計算量の $1/2^3 = 1/8$ となる。これが 2 つであるから，$1/8 + 1/8 = 1/4$ 倍になる。ガーナーの公式における，べき乗剰余計算以外の処理にかかる計算量が無視できれば，べき乗剰余計算の計算量は，オリジナルの計算の約 1/4 になることがわかる。ガーナーの公式を用いて実装されたRSA は，しばしば **CRT-RSA** のように表現される。

リスト 8.4 にガーナーの公式を用いた復号処理のプログラムを示す。先ほどのリスト 7.3 と処理が重複していることに注意されたい。

リスト 8.4（StudyRSACRT.py）

```
 1 def ExtEuclid(a, b):
 2     if b != 0:
 3         q = a // b # quotient
 4         r = a % b # remainder
 5         g, y, x = ExtEuclid(b, r)
 6         y = y - q*x
 7         return g, x, y
 8     else:
 9         return a, 1, 0
10 def ModInv(a,b):
11     # modular inverse
12     g, x, y = ExtEuclid(a,b)
13     while x < 0:
14         x = x + b
15     return x
16 # RSA parameters for RSA-768
17 p = 33478071698956898786044169848212690817704794983713768568
18 912431388982883793878002287614711652531743087737814467999489
19 q = 36746043666799590428244633799627952632279158164343087642
20 676032283815739666511279233373417143396810270092798736308917
21 N = p*q # public modulus
22 e = 65537 # 2**16 + 1 public exponent
23 dp = ModInv(e, p-1); dq = ModInv(e, q-1)
24 t = ModInv(p, q)
25 # Message
26 M = 2**766-2**723-2**50-2**8-1
27 C = pow(M,e,N) # ciphertext
28 #R = pow(C,d,N) # decrypted ciphertext
29 Mp = C % p; Mq = C % q
```

```
30 Sp = pow(Mp, dp, p); Sq = pow(Mq, dq, q)
31 S = Sp + (Sq - Sp)*t*p
32 S = S % N
33 print('message=',M)
34 print('ciphertext=', C)
35 print('decrypted ciphertext=', S)
```

実行すれば，リスト 7.3 のプログラムと同じ結果が得られていることがわかるだろう。

問題 8-60　リスト 8.4 のプログラムを修正して，$e = 65537, p = 76847, q = 81629$ のときにメッセージ $M = 6778$ を暗号化し，得られた暗号文を復号せよ。

8.4 RSA 電子署名と検証の実際

8.4.1 Pycryptodome モジュールを利用した RSA 電子署名

リスト 8.5 は，RSA 電子署名と署名の検証を行うプログラムである。

リスト 8.5（StudyPycryptodomeRSA.py）

```
1 from Crypto.PublicKey import RSA
2 from Crypto.Cipher import PKCS1_OAEP
3 from Crypto.Hash import SHA256
4 from Crypto.Signature import pkcs1_15
5
6 private_key = RSA.generate(2048)
7 with open('private.pem', 'w') as f:
8     f.write(private_key.export_key().decode('utf-8'))
9
10 public_key = private_key.publickey()
11 with open('public.pem', 'w') as f:
12     f.write(public_key.export_key().decode('utf-8'))
13
14 message = 'The man who has no imagination has no wings.'
15 pubcipher = PKCS1_OAEP.new(public_key)
16 ciphertext = pubcipher.encrypt(message.encode())
17
18 # decrypt ciphertext
19 private_cipher = PKCS1_OAEP.new(private_key)
20 message2 = private_cipher.decrypt(ciphertext).decode("utf-8")
21
22 # RSA-digital signature
23 # generate digital signature from a message and a private key
24 message = 'The man who has no imagination has no wings.'
25 h1 = SHA256.new(message.encode())
26 signature = pkcs1_15.new(private_key).sign(h1)
27
28 # Verification
29 mdigest = SHA256.new(message.encode())
30 try:
31     pkcs1_15.new(public_key).verify(mdigest, signature)
32     verified = True
33 except ValueError:
34     verified = False
35
36 print(verified)
```

実行すると，`private.pem` と `public.pem` というファイルが生成され，署名の検証結果が表示される（正常に実行されれば True になるはずである）。6 行目で 1024 ビットの秘密鍵を生成し，7，8 行目で秘密鍵を **pem**（privacy enhanced mail）**形式**で `private.pem` というファイルに保存している。pem 形式は，Base64 でエンコードされる標準の証明書形式であり，実行ごとに変化するので注意する必要がある。pem 形式のバイナリ版が，**der**（distinguished encoding rules）**形式**である。pem 形式のデータの中身をテキストエディタで見てみると，つぎのようになる。毎回異なる鍵が生成されることに注意されたい。


```
-----BEGIN RSA PRIVATE KEY-----
MIICWwIBAAKBgQCpr0WMscNuEMC5GsFNs2MMVW2ID6VN/grikYilrVXTjkRo1+7e
A7kpeFMnPEfA6+Xkivaow3rbh4zEYRtEZz04Bzn02n4ac9TokQSzmjndWz6KzwhG
2a39uv97RDI3XjWZWi6gS7VPcnf+0lusN8K6ZPgVZbsuPgSfodfb0KXuQQIDAQAB
An9w+tagGyw4eMcZeIsEpVBpweewFFrIV0IAIU60oZ7nwW4jMMNG58u9pPQYx7Yu
6eKkDTK2o5GF4fcE0nPhU6XG5tw9ePtauK9mX1jxCAVNT6qyRyVCFFxhSo4x5kBF
j1jsncVAwFqHeNBCpJQoWfQuP0rr85P3m2Brqn96UpSBAkEAuNhmKygNeAg+Fsc9
Ctb3Nj3wiHnQkuC8eXWwmcv9WjrkqKasRXr9SO19UA5BJqUZlWbaWlewDhKT3X+J
DveLgQJBA0sA3ULYDxJoueENbJrBCk0hceDalNIoM+jcKF2+aowYlFEeRG0PS6Rw
RVP1D16TpFMLmvBa9KziBhIkhu90wsECQAIEQmEYJ8V2eY7wD4dtvva1iElE4vSn
RQciNJII+r0gTtxULS7434iLJsHX1fgg9v19SMaRjFcq9rgE6y7hnoECQQDHp4lT
4/oSGtVpJZ2ScNU0qI52iV4MmklX2cuVsVQWSD+iF0PlDfYm85eC992h7W+bem2d
LLlZNAISYeQd5l1BAkEAm21ird62xGYgt+TqCjUtQ1jasfIhZA8tVNgKiTP3I03K
tkEQhhSc3PfknFMKjSnshmyI9LmFoU/wH2doxK5VoA==
-----END RSA PRIVATE KEY-----
```


どういう中身なのかは，IPython コンソールを使ってつぎのようにすればわかる。

```
In[1]: private_key
Out[2]:
RsaKey(n=119156616941980355610751147556592408638635348297010538412261560800
252988006225518034916979298721077548161518338071362485801446293172143488009
765333887649737380324478750243563209286572770988108398755847167493632981873
738188768127950188627932466592934069981838468631876495307981834874260815992
574263195137863233, e=65537,
d=30991070268990791922828046291953080555613456295968497841375896601584788812
922266659107902137270139947121697484698577934405393083325580667482439619097
276087232215017075671291228764227680470320552351747391607425581891428266762
120759084237067648912804580190724806644927190310584077036888329161187852897570 37697,
p=9681134372674587884138558815289875371845049437829559971323181602599361866
225671284522414002634089408356758699153670416422468931667802055521723427585493889,
q=1230812551040557370594203258718430333629221136851437829981923126661514186
605086592475609315220005019113662057833681912912546702372577214446685654932460 4097,
u=1958830921867792143306101846771210454280223471760704457373773496262596355
280730574168612981577348275314868839469948589290256769314851172143548242013870498)
```

ここで，(n, e, d, p, q, u) が格納されている。n が公開モジュラス，e は公開鍵（デフォルトは 65537），d は秘密指数，p, q は秘密素数である。u は，CRT のガーナーの公式 (8.7) で利用される CRT 係数 $u = p^{-1} \bmod q$ である。リスト 8.5 の 10〜12 行目では，6 行目で生成した秘密鍵に対応する公開鍵を生成している。pem 形式のファイルを見ると，つぎのようになっている。


```
-----BEGIN PUBLIC KEY-----
MIGfMA0GCSqGSIb3DQEBAQUAA4GNADCBiQKBgQCpr0WMscNuEMC5GsFNs2MMVW2I
D6VN/grikYilrVXTjkRo1+7eA7kpeFMnPEfA6+Xkivaow3rbh4zEYRtEZz04Bzn0
2n4ac9TokQSzmjndWz6KzwhG2a39uv97RDI3XjWZWi6gS7VPcnf+0lusN8K6ZPgV
ZbsuPgSfodfb0KXuQQIDAQAB
```

```
-----END PUBLIC KEY-----
```

IPython コンソールを使って中身を見ると，つぎのように，(n, e) が格納されていることがわかる。

```
In[3]: public_key
Out[4]:
RsaKey(n=1191566169419803556107511475565924086386353482970105384122561
5608002529880062255180349169792987210775481615183380713624858014462931
7214348800976533388764973738032447875024356320928657277098810839875558
4716749363298187373818876812795018862793246659293406998183846863187649
5307981834874260815992574263195137863233, e=65537)
```

リスト 8.5 の 19 行目では，RSA-OAEP の処理が行われている。8.4.2 項で説明する。

8.4.2　RSA-OAEP と安全性の階層

OAEP（optimal asymmetric encryption padding†1）は，**確定的暗号系**（deterministic encryption scheme），すなわち乱数を使わず，ランダム性を必要としないような暗号系を安全に利用するためのパディングの手法である。RSA 暗号は，確定的暗号系の代表的なものであるが，OAEP を導入することで**確率的暗号系**（probabilistic encryption scheme）になる。OAEP は，EUROCRYPT'94 で Bellare と Rogaway が発表したパディング手法である[25)]。PKCS#1†2 と RFC2437 において標準化された。

OAEP のブロック図を**図 8.2** に示す。OAEP パディングは，2 ラウンドのフェイステル構造とみなすことができる。

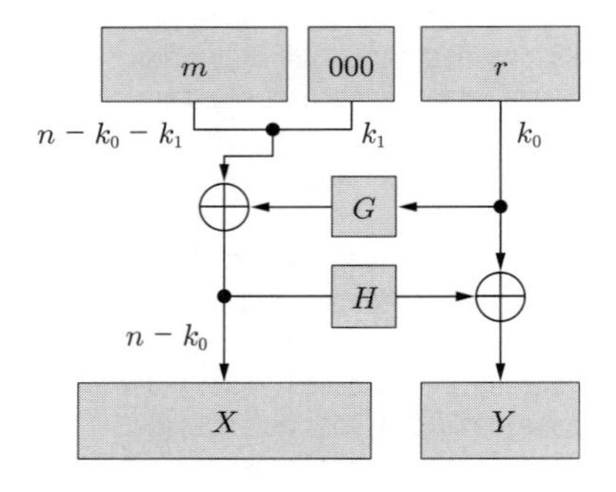

図 8.2　OAEP のブロック図

ここで，n は RSA のビット長，k_0, k_1 は所定の整数の定数である。m は平文で，そのビット長は，$n - k_0 - k_1$ である。G, H はランダムオラクル（詳細は少し後に述べる。ここでは暗号学的に安全なハッシュ関数と思えばよい）。r は，k_0 ビットの乱数である。

エンコードの仕方は，まず平文 m に k_1 個の 0 をパディングし，長さ $n - k_0$ のビット列 $m|\overbrace{0\cdots0}^{k_1}$ とする。つぎに k_0 ビットの乱数 r を G によって $n - k_0$ ビットに拡張した値 $G(r)$ を

†1　最適非対称暗号化パディングと訳されるが，OAEP という略称のまま呼ばれることが多い。

†2　PKCS は，Public-Key Cryptography Standards の略である。2016 年 11 月に RFC8017 が発行され，PKCS#1 v2.2 に改定されたがファイルフォーマットには変化がない。

生成する。$X = (m|\overbrace{0\cdots0}^{k_1}) \oplus G(r)$ とし，$Y = H(X) \oplus r$ とする。

復号では，$X \oplus Y = r$ として r を求め，G を通して $G(r)$ をつくり，$X \oplus G(r) = m|\overbrace{0\cdots0}^{k_1}$ を求めて m を取り出せばよい。

OAEP は，**AONT**（all-or-nothing transform）の一種である。暗号理論における AONT とは，データのすべてがわかっている場合にのみデータを復元できるようにする変換である。つまり，OAEP で変換されたデータから m を取り出すためには，X と Y のビットすべてを完全に復元しなければならない。Y から r を復元するには X のすべてのビットが必要であり，X から m を復元するには r のすべてのビットが必要である。G, H が暗号学的に安全なハッシュ関数であれば，1 ビットの違いでまったく異なる値になってしまうからである。G は，**マスク生成関数**（mask generation function）と呼ばれており，ハッシュ関数の一般化である。任意の長さの入力を処理して，任意の長さの出力を生成する。

公開鍵暗号に関して，つぎの 2 つの安全性のクラスが重要である。

- IND-CCA： ターゲットは，平文の部分情報，攻撃方法は選択暗号文攻撃であり，他の暗号プロトコルと組み合わせても干渉しない強い暗号のクラス。
- IND-CPA： ターゲットは，平文の部分情報，攻撃方法は選択平文攻撃であり，構成が易しい弱い安全性のクラスである。公開鍵暗号の存在と等価であることが知られている。

IND は Indistinguishability（識別不可能性：暗号文が平文 A と B のどちらのものかを区別できない），CCA は chosen-ciphertext attack（選択暗号文攻撃），CPA は chosen-plaintext attack（選択平文攻撃）の略である。CCA はさらにつぎの 2 つのサブクラスに分かれている。

- CCA1：任意の暗号文に対する平文が得られる
- CCA2：攻撃対象の暗号文を得た後でも任意の暗号文に対する平文が得られる

RSA-OAEP は，e が小さすぎないとき，RSA 問題が困難であること，および OAEP をインスタンス化したハッシュ関数を攻撃者がランダムオラクルとして扱うこと，という仮定のもとで，IND-CCA2 で安全性が証明されている[26)]。IND-CCA2 は，最強のセキュリティを持つと考えてよい[†]。

ここで，**ランダムオラクル**（random oracle）は，神託機械（理論的ブラックボックス）であり，任意の入力に対して値域に一様に分布するような真のランダムな応答を返すが，同じ入力に対しては毎回同じ応答をするものである。つまり，ランダムオラクルはすべての入力を値域内のランダムな出力にマッピングする関数である。ハッシュ関数がランダムオラクルであるという仮定のもとでの安全性は，**ランダムオラクルモデル**（random oracle model）において安全と称される。ある暗号方式がランダムオラクルモデルにおいて安全であると証明されたなら，その暗号方式に対する有効な攻撃を行うには，実際に適用されているハッシュ関数についての

† Bellare et al.[27)] では，This is an extremely strong attack model. と書かれている。なお，同文献には，安全性のクラス間の関係が書かれている。

脆弱性を見つける必要がある。例えば，SHA512 のようなハッシュアルゴリズムを使うのであれば，ランダムオラクルモデルにおいて安全とされた暗号は，実用上十分な安全性を持っていると考えてよい。

補足 8.2　電子署名の正当性は，それだけでは証明できないことに注意が必要である。そのため，**公開鍵証明書**（public key certificate）あるいは**デジタル証明書**（digital certificate）という，公開鍵暗号において使用される公開鍵と，その所有者を特定するための情報を結びつけたデータが必要になる。公開鍵証明書には，公開鍵の他に，公開鍵の所有者や（電子）証明書を発行した第三者機関である**認証局**（certification authority：CA）の情報などが含まれている。公開鍵証明書は，信頼できる認証局によって発行されなければならない。証明書には認証局の電子署名も付与されている。この「信頼できる」というところが非常に重要である。その気になれば，証明書は自分自身でも発行できるからである。認証局サービスを提供している企業としては，DigiCert（旧 VeriSign），GlobalSign，Symantec，Comodo などが挙げられる。認証局がセキュリティ侵害を受けて不正な公開鍵証明書が発行されると，SSL/TLS のような暗号学的に安全な仕組みを利用していても中間者攻撃が可能になる。これに対する対策としては，**公開鍵ピニング**（public key pinning）がある。具体的には，ウェブブラウザが特定のサイトに接続する際に，そのサイトの公開鍵証明書の情報（ピン）と比較し，一致しない場合は警告を表示するなどの対策を実施する。

素　数　生　成

本章では，素数生成について解説する。RSA 暗号は，巨大な素数がなければ機能しないが，素数があまりに稀なものでは困る。ここでは，素数がどの程度あるのか，という問題を取り上げるとともに，暗号理論で必須の確率的素数判定法であるミラー・ラビン法を解説する。

9.1　素 数 の 分 布

Python で素数表を出力するには，sympy モジュールを使うと便利である。例えば，100 以下の素数表（array 型）を出力するには，つぎのようにすればよい。

```
>>> from sympy import sieve
>>> sieve._reset()
>>> sieve.extend(100)
>>> sieve._list
>>> array('l', [2, 3, 5, 7, 11, 13, 17, 19, 23, 29, 31, 37,
41, 43, 47, 53, 59, 61, 67, 71, 73, 79, 83, 89, 97])
```

sieve とは篩（ふるい）のことで，素数を選び出すアルゴリズムとして知られる「エラトステネスの篩」からきている。生成した素数表の中に，例えば 91 が含まれるかを調べるには，上記の操作の後に，つぎのようにすれば，91 が素数表に含まれていないことがわかる。

```
>>> 91 in sieve
>>> False
```

問題 9-61　上記の操作を参考にして，10000 以下の素数を列挙せよ。これを用いて 7333 が素数か否かを判定せよ。

sieve を使えば，もっと大きな素数を列挙することもできる。しかし，このような列挙型の方法では，暗号で必要となる数百桁の巨大な素数を扱うことはできない。

そもそも素数は無数にあるのかという問題については，紀元前にユークリッドが完全な解答を与えている。

定理 9.1（ユークリッドの定理）　素数は無限にある。

証明　もし，素数が有限個であったとすると，素数の有限集合

$$P = \{p_1, p_2, \ldots, p_n\}$$

が定まる。ここで，$p_i < p_j \ (i < j)$ としておく。すると

$$q = p_1 p_2 \cdots p_n + 1$$

は，P のどの素数で割っても 1 余る数である。素数で割り切れない数は素数でなければならないが，q は，P のどの元よりも大きな素数であり，矛盾する。よって背理法から，素数は無数に存在することがわかる。 □

素数が無数にあることの証明は他にもあり，より自然と思われるものとして，Saidak[28] が 2006 年に与えた証明があるので，紹介しておこう[†]。

証明（**Saidak による証明**）　N_1 を 2 以上の整数とする。ユークリッド互除法から，N_1 と N_1+1 はたがいに素であることがわかる。よって，$N_2 = N_1(N_1+1)$ は少なくとも 2 つの異なる素因数を持つ。$N_3 = N_2(N_2+1)$ は少なくとも 3 つの異なる素因数を持つ。以下，帰納的に $N_k = N_{k-1}(N_{k-1}+1)$ $(k = 2, 3, \ldots)$ とすれば，N_k は，少なくとも k 個の異なる素因数を持つ。k は任意に取れるので，素数が無数にあることがわかる。 □

つぎの問題は，素数がどの程度たくさんあるか，ということである。暗号では，乱数を発生させ，それが素数であるかどうかを判定（素数判定テスト）し，素数と判定されたものを使っている。素数生成という呼び方をするが，実際には，乱数を素数判定テストに掛けて，合格したものを素数としているのであり，素数選択と呼ぶほうが適切かもしれない。素数判定のアルゴリズムについては後ほど説明することとして，プログラムを動かしながら素数の分布を調べよう。数論では，x 以下（「未満」とすることもある）の素数の個数を $\pi(x)$ で表すことが多い。$\pi(x)$ がどの程度の大きさなのかという問題は数学者にとって魅力的な問題である。素数は無限に存在するので，$\pi(x)$ は単調非減少関数で，いくらでも大きな値を取る。暗号理論ではつぎの定理を用いて素数の個数を見積もる（証明は簡単ではない。証明のおよその方針を後に述べる）。素数定理は，Gauss によって予想され，その後，Hadamard（アダマール）[29] と de la Vallee-Poussin（ド・ラ・ヴァレー・プーサン）[30] によって独立に証明されたが，その証明の方針はここで説明するものとは異なる。

定理 9.2（**素数定理**）

$$\pi(x) \sim \frac{x}{\log x} \quad (x \to \infty)$$

が成り立つ。これは

$$\lim_{x \to \infty} \frac{\pi(x)}{\dfrac{x}{\log x}} = 1$$

---

† Saidak による証明の文章とそっくり同じではなく，帰納的構成が見やすいように若干修正した。Saidak は，この証明の前に，こう書いている。「今日では，ユークリッドの定理（素数が無限にあること）の証明は数多く知られている。これまでにつぎのようなほとんど明らかな証明がなかったのは驚くべきことではないだろうか。」

であることを意味する。つまり，$\pi(x)$ と $x/\log x$ の比は x を大きくしたときに 1 に漸近する（近づくのは比であって差ではないことに注意）。

問題 9-62　2 つの関数 $f(x), g(x)$ で，$\lim_{x\to\infty} f(x)/g(x) = 1$ であるが，$f(x) - g(x)$ が 0 に近づかないような例を挙げよ。

実際，差

$$\pi(x) - \frac{x}{\log x}$$

はいくらでも大きくなるのだが，これは工学的には大きな問題ではない。素数生成においては，乱数を発生させ，それが素数であるかどうかを判定して，素数を選び出す。その際に，乱数が素数である確率が問題になるが，素数定理によって，x が十分大きければ，その確率はほぼ

$$\frac{\pi(x)}{x} \sim \frac{1}{\log x} \tag{9.1}$$

に等しいことがわかるからである。式 (9.1) によれば，大きな素数の割合はその大きさとともに小さくなっていくが，$\log x$ は x に対して比較的ゆっくりと増加するので，割合の減少幅は比較的小さいことがわかる。

問題 9-63　式 (9.1) を用いて，1024 ビットの数（1 以上 2^{1024} 未満の数）を一様ランダムに選ぶとき，それが素数である確率を見積もれ。

素数定理を応用して，n 番目の素数の大きさを見積もってみよう。p_n を n 番目の素数とすると $\pi(p_n) = n$ が成り立つことに注意する。定理 9.2 において，$x = p_n$ とおけば

$$\lim_{n\to\infty} \frac{n \log p_n}{p_n} = 1 \tag{9.2}$$

となることがわかる。$r_n = (n \log p_n)/p_n$ とおいて，この両辺の対数を取って $\log p_n$ で割れば

$$\frac{\log n}{\log p_n} + \frac{\log\log p_n}{\log p_n} = 1 + \frac{\log r_n}{\log p_n} \tag{9.3}$$

となる。式 (9.3) において，式 (9.2) から $r_n \to 1$ となることを利用すると

$$\lim_{n\to\infty} \frac{\log n}{\log p_n} = 1 \tag{9.4}$$

であることがわかる。式 (9.2) と式 (9.4) より

$$\lim_{n\to\infty} \frac{p_n}{n \log n} = \lim_{n\to\infty} \frac{p_n}{n \log p_n} \cdot \frac{\log p_n}{\log n} = 1$$

となる。つまり，$p_n \sim n \log n (n \to \infty)$ である。

問題 9-64*　任意の整数 $n \geqq 1$ に対し，n 個の連続する合成数の列が存在することを証明せよ。

ここでは詳しく解説しないが，つぎの結果も知られており，しばしば有用である。

定理 9.3（算術級数の素数定理）　a, b を正の整数とする。$\gcd(a,b)=1$ とし，$\pi_{a,b}(x)$ を，$an+b$ の形の素数で x 以下のものの個数とする。このとき，以下が成り立つ。

$$\pi_{a,b}(x) \sim \frac{1}{\varphi(a)} \cdot \frac{x}{\log x} \quad (x \to \infty)$$

定理 9.3 は，**算術級数の素数定理**（theorem on arithmetic progressions）と呼ばれている。これは，素数定理を含み，より詳しい情報を与えている。実際，2 よりも大きな素数は奇数であるから，$2n+1$ の形をしている。定理 9.3 において，$a=2, b=1$ とすれば，$\varphi(a)=\varphi(2)=1$ なので，定理 9.2 が得られる。

算術級数の素数定理（定理 9.3）は，$an+b$ という形の素数の個数の割合は，b によらず素数全体の $1/\varphi(a)$，つまり

$$\frac{\pi_{a,b}(x)}{x} \sim \frac{1}{\varphi(a)} \cdot \frac{\pi(x)}{x} \quad (x \to \infty)$$

であることを意味する。$an+b$ という形の素数は，$\gcd(a,b)=1$ となる b に応じて，$\varphi(a)$ 通りのパターンがあるが，定理 9.3 によれば，その割合は，漸近的には均等であることになる。例えば $a=10$ のとき，10 以上の素数を 10 で割った余りは，1，3，7，9 の 4 通り（$\varphi(10)=4$）になる。つまり，10 以上の素数は

$$10n+1, \quad 10n+3, \quad 10n+7, \quad 10n+9$$

という 4 つの形のいずれかに分類されることになる。算術級数の素数定理（定理 9.3）は，いずれも素数全体の $1/\varphi(10)=1/4$ ということになる。

問題 9-65　定理 9.3 を用いて，十分大きな x 以下の素数全体における $240n+7$ という形の素数の割合を見積もれ。

9.2　素数分布を見る

sympy モジュールには，素数関係のメソッドも用意されている。**リスト 9.1** を見てほしい。

リスト 9.1（StudyPrimeSympy.py）

```
1 import sympy
2 
3 print(sympy.prime(1000)) # 1000th prime
4 print(sympy.primepi(1000)) # number of primes <= 1000
5 print(sympy.isprime(257)) # primality test
6 print(list(sympy.primerange(100, 200))) # list of primes in [100, 200)
7 print(sympy.factorint(7824)) # factrization of 7824
```

リスト9.1のプログラムは，sympyモジュールを用いて

- 1000番目の素数（sympy.prime(1000)）
- 1000以下の素数の個数（sympy.primepi(1000)）
- 257が素数であるかどうかの判定（sympy.isprime(257)）
- 100以上200未満の素数のリスト（list(sympy.primerange(100, 200))）
- 7824の素因数分解（sympy.factorint(7824)）

を出力するものである。実行すると，つぎのような出力が得られるはずである。

```
7919
168
True
[101, 103, 107, 109, 113, 127, 131, 137, 139, 149, 151, 157, 163, 167, 173, 179,
181, 191, 193, 197, 199]
{2: 4, 3: 1, 163: 1}
```

最後の出力の意味は，7824の素因数分解が，つぎのようになるということである。

$$2^4 \cdot 3^1 \cdot 163^1$$

問題9-66　20000番目の素数 p_{20000} を求め，比 $\dfrac{p_{20000}}{20000\log 20000}$ の値を求めよ。

問題9-67　リスト9.1のプログラムを参考にして，10000以下の素数の個数を求めよ。また，3571と799211が素数であるかどうかを判定し，素数でないものを因数分解せよ。

sympyのprimepiメソッドによって素数の個数を数えることができることを利用して，$\pi(x)$ のグラフと $x/\log x$ のグラフを重ね描きしてみよう。**リスト9.2**のプログラムを実行すると，**図9.1**のような $x = 1000$ までのグラフが描ける。

リスト9.2（StudyPrimeGraphSympy.py）

```
 1 import sympy
 2 import numpy as np
 3 import matplotlib.pyplot as plt
 4 from scipy import special
 5
 6 def logint(x):
 7     return special.expi(np.log(x))
 8
 9 primepiv = np.vectorize(sympy.primepi)
10
11 x = np.arange(2, 1000)
12 plt.plot(x, primepiv(x))
13 plt.plot(x, x/np.log(x))
14 plt.plot(x, logint(x))
15
16 plt.xlabel('x')
17 plt.ylabel('Number of primes below x')
18 plt.show()
```

図9.1において，ギザギザしている線が $\pi(x)$ のグラフであり，下側の滑らかな線が $x/\log x$ のグラフである。$\pi(x)$ のグラフの上にある滑らかな曲線は，**対数積分関数**（logarithmic integral function）

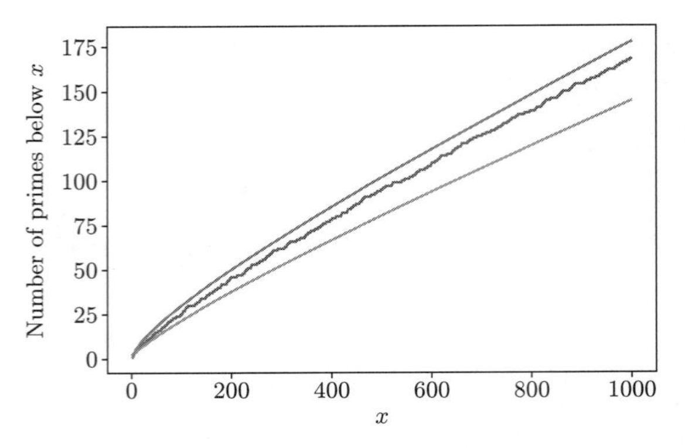

図 9.1　$\pi(x)$ と $x/\log x$ と対数積分のグラフの比較

$$\mathrm{Li}x = \int_0^x \frac{1}{\log t} dt \tag{9.5}$$

のグラフであり†，$\pi(x) \sim \mathrm{Li}x \ (x \to \infty)$ が成り立つ。$\mathrm{Li}x$ のほうが高精度だが，積分を経由しなければならないため扱いにくい。実用上は，$x/\log x$ だけ覚えておけば十分である。

問題 9-68* `sympy` の `isprime` メソッドを利用して関数 $\pi_{a,b}(x)$ を実装せよ。ただし，$\gcd(a,b) \neq 1$ のときは，-1 を返り値にせよ。

9.3 素数定理の証明の大まかな方針とリーマンゼータ関数

素数定理を数学的に厳密に証明することは大変なので，ここでは直観的なアイデアだけ説明しておこう。工学的応用では，厳密さよりも，ざっくりした見積もりのほうが大事なことが多い。すでに述べたように比 $\pi(x)/x$ は，1 から x までの整数から一様ランダムに 1 つの整数を選んだとき，それが素数である確率と考えることができる。十分大きな x に対し，1 から x までの偶数（2 の倍数）の割合は，およそ 1/2 である。3 の倍数の割合は，およそ 1/3 である。同様に 5 の倍数の割合はおよそ 1/5 である。以下同様であり，素数は，2 の倍数ではなく，かつ，3 の倍数ではなく，かつ，5 の倍数ではない…数と考えることができるので，x 以下の最大の素数を p とすれば

$$\frac{\pi(x)}{x} \approx \left(1 - \frac{1}{2}\right)\left(1 - \frac{1}{3}\right)\left(1 - \frac{1}{5}\right)\cdots\left(1 - \frac{1}{p}\right) \tag{9.6}$$

と考えられる。証明上最も巧妙なアイデアは，つぎのように，式 (9.6) の逆数を考えることにある。

† ここでは，`scipy.special` の対数積分関数に $\log x$ を代入して対数積分関数をつくっている。やや細かい話だが，この積分の被積分関数は $t = 1$ で特異点を持つので，$x > 1$ における値はコーシーの主値と解釈する。対数積分関数の表記 Li は数学辞典第 3 版に従った。他にも li という表記もあるが読者はあまり気にしなくてよい。なお，$\mathrm{Li}x$ ではなく，$\mathrm{Li}x - \mathrm{Li}2$ を修正対数積分関数といい，こちらを採用しても漸近挙動は同じである。

$$\frac{x}{\pi(x)} \approx \frac{1}{1-\frac{1}{2}} \cdot \frac{1}{1-\frac{1}{3}} \cdot \frac{1}{1-\frac{1}{5}} \cdots \frac{1}{1-\frac{1}{p}} \tag{9.7}$$

ここで，無限等比級数の和の公式を逆さに使って

$$\frac{1}{1-\frac{1}{2}} = 1 + \frac{1}{2} + \frac{1}{2^2} + \cdots$$

とする。これは約数が 2 のべきだけで構成される数の逆数和である。同様に

$$\frac{1}{1-\frac{1}{3}} = 1 + \frac{1}{3} + \frac{1}{3^2} + \cdots$$

は，約数が 3 のべきだけで構成される数の逆数和である。この 2 つの級数を掛けてみると

$$\left(1 + \frac{1}{2} + \frac{1}{2^2} + \cdots\right)\left(1 + \frac{1}{3} + \frac{1}{3^2} + \cdots\right)$$
$$= 1 + \frac{1}{2} + \frac{1}{3} + \frac{1}{2^2} + \frac{1}{2 \cdot 3} + \frac{1}{2^3} + \cdots$$

のように 2 と 3 のべきで構成される整数すべてが出現する。このように考えると

$$\prod_{q:\ \mathrm{prime}} \frac{1}{1-\frac{1}{q}} = \sum_{n=1}^{\infty} \frac{1}{n}$$

となると予想できる。左辺はすべての素数 q に対する積である。右辺の級数は発散してしまうので，このままでは正しい議論にはならないのだが，級数を途中で打ち切って

$$\sum_{n=1}^{x} \frac{1}{n} \approx \log x$$

であることを考慮すると，x が十分に大きければ

$$\frac{x}{\pi(x)} \approx \log x$$

となるだろうと考えられる。これが素数定理に対応していることはすぐにわかるだろう。

ここでは直観的な考察だけしかしておらず，詳細を省略した部分の証明は非常に難しいが，この見積もりは正しいのである。厳密な証明に興味がある読者は，小山[31] を参照されるとよい。

この証明の考え方を応用して，勝手に選んだ 2 つの正の整数 a, b がたがいに素になる確率を見積もってみよう。つまり，$1, 2, \ldots, n$ から等確率で，重複を許して 2 つの数 a, b を選んだとき，$\gcd(a, b) = 1$ となる確率 g_n の極限値 $\lim_{n\to\infty} g_n$ を計算する。

n 以下の素数を $p_1, p_2, \ldots, p_k$ とする。$\gcd(a, b)$ が素数 p_j を約数に持たないということは，a または b が，素数 p_j を約数に持たないということである。この事象は，a, b の両方が p_j を約数に持つという事象の余事象になっているので，$\gcd(a, b)$ が素数 p_j を約数に持たない確率

は，$1-\left(1/p_j^2\right)$ である。よって

$$g_n = \prod_{j=1}^{k}\left(1-\frac{1}{p_j^2}\right) = \frac{1}{\prod_{j=1}^{k}\left(1+\frac{1}{p_j^2}+\frac{1}{(p_j^2)^2}+\cdots\right)} \to \frac{1}{\sum_{m=1}^{\infty}\frac{1}{m^2}} \quad (n\to\infty)$$

となることがわかる。ここで，右辺の分母の級数の値が

$$\sum_{m=1}^{\infty}\frac{1}{m^2} = \frac{\pi^2}{6}$$

であることが知られているので，$\lim_{n\to\infty} g_n = 6/\pi^2$ となる†。これをシミュレーションで確認してみよう。**リスト 9.3** のプログラムは，1 から $n = 100000$ までの数を重複を許して 2 つランダムに選択し，それらの最大公約数が 1 である割合を出力するものである。

リスト 9.3（StudyRelativePrime.py）

```
1  import random
2  import math
3  
4  n = 100000
5  Maxloop = 1000
6  count = 0
7  nlist = list(range(1, n+1))
8  for i in range(Maxloop):
9      a = random.choices(nlist, k = 2)
10     if math.gcd(a[0], a[1]) == 1:
11         count += 1
12 
13 print(count/Maxloop)
```

9 行目で `random.choices` を使って，指定されたリスト（ここでは，`nlist`）から重複を許して $k = 2$ 個取り出して配列 `a` をつくり，10，11 行目で `a[0]`，`a[1]` の最大公約数を求め，それが 1 であれば `count` をインクリメントし，13 行目で試行回数 `Maxloop` で割って割合を計算してそれを表示している。実行すると，毎回異なる結果が返ってくるはずである。著者が手元で実行してみた結果は，0.619 であった。61.9%がたがいに素であるということになる。

問題 9-69　リスト 9.3 のプログラムを何度か実行して，$\lim_{n\to\infty} g_n$ を見積もれ。

ここで登場した

$$\zeta(s) = \sum_{n=1}^{\infty}\frac{1}{n^s} \tag{9.8}$$

という形の級数は，**リーマンゼータ関数**（Riemann zeta function）と呼ばれるもので，多くの数学者を魅了しているが，ここでは，これ以上深入りしない。

† ここでの議論は，数学的にはきわめて粗雑だが，$\lim_{n\to\infty} g_n$ の値は正しいことが知られている。

9.4 素 数 生 成

暗号理論で**素数生成**（prime number generation）といえば，乱数を発生させ，それが素数であるかどうかを判定し，素数と判定されたものを素数とみなすことを意味する。素数生成というよりも素数選択というほうが正確と思われるが，素数生成という用語のほうが一般的である。素数判定アルゴリズムには，与えられた数が真に素数であることを判定する**確定的素数判定法**（deterministic primality test）と，高い確率で素数であるかどうかを判定する**確率的素数判定法**（probabilistic primality test）がある。既存の確定的素数判定法はいずれも非常に遅く，実用的ではない。ここでは，実際の暗号実装で広く使われている高速な確率的素数判定アルゴリズムであるミラー・ラビン法を説明する。

ミラー・ラビン法の基本的なアイデアはつぎのようになる。n を奇数とすると，$n-1$ は偶数であるから

$$n-1=2^s t$$

となるような $s \geqq 1$ と奇数 t が 1 つだけ定まる。例えば，$n=113$ の場合，$n-1=112=2^4 \cdot 7$ となる。この場合，$s=4,\ t=7$ である。

問題 9-70　$n=353$ に対して，s と t を求めよ。

n が素数であれば，フェルマーの小定理から，$\gcd(a,n)=1$ となる a に対し

$$a^{n-1}=a^{2^s t} \equiv 1 \pmod{n}$$

が成り立つ。ここで，n が素数であれば，1 の平方根は ± 1 だけであることに注意しよう。実際，$x^2 \equiv 1 \pmod{n}$ とすると，$(x-1)(x+1) \equiv 0 \pmod{n}$ であるから，$(x-1)(x+1)$ は，n の倍数である。n が素数であれば，$x-1$ が n の倍数であるか $x+1$ が n の倍数でなければならない。これは，$x \equiv \pm 1 \pmod{n}$ であることを示している。

よって，n が素数であれば

$$a^{2^{s-1}t} \equiv \pm 1 \pmod{n}$$

となるが，もしこれが 1 と合同になった場合は，再び平方根を求めると

$$a^{2^{s-2}t} \equiv \pm 1 \pmod{n}$$

となる。もし，一度も -1 と合同になることなく

$$a^t \equiv \pm 1 \pmod{n}$$

となり，さらに $a^t \equiv 1 \pmod{n}$ となったとすると，$a^t, a^{2t}, \ldots, a^{2^s t} = a^{n-1}$ のすべてが 1 になる。$a^t \equiv -1 \pmod{n}$ のときは，$a^{2t} \equiv 1 \pmod{n}$ となる。つまり，n が素数であれば，$a^t, a^{2t}, \ldots, a^{2^s t} = a^{n-1}$ のどこかで 1 が現れ，以後 1 が続くことになる。対偶を取ると，このパターンにならない場合，n は合成数ということになる。そのような a は n が合成数であることの証拠となる。a の値によっては，n が合成数であるにもかかわらず，$a^t, a^{2t}, \ldots, a^{2^s t} = a^{n-1}$ のどこかで 1 が現れ，以後 1 が続く可能性がある。そのような a を**強い嘘つき**（strong liar）と呼び，n を底 a についての**強い擬素数**（strong pseudoprime）であるという。

$n = 2^5 \cdot 3 + 1 = 97$（素数）の場合に $s = 5, t = 3$ である。$a = 2$ とすると

$$2^3 \equiv 8 \pmod{97},\quad 2^6 \equiv 64 \pmod{97},\quad 2^{12} \equiv 22 \pmod{97}$$
$$2^{24} \equiv 96 \pmod{97},\quad 2^{48} \equiv 1 \pmod{97},\quad 2^{96} \equiv 1 \pmod{97}$$

となり，確かに $2^{24} \equiv 96 \equiv -1 \pmod{97}$ となって，以後ずっと 1 となっている。

つぎに，$n = 13 \cdot 17 = 221$（合成数）の場合を見てみよう。この場合，$n - 1 = 220 = 2^2 \cdot 55$ であるから，$s = 2, t = 55$ である。$a = 2$ とすると

$$2^{55} \equiv 198 \pmod{221},\quad 2^{110} \equiv 87 \pmod{221},\quad 2^{220} \equiv 55 \pmod{221}$$

となり，1 にならないので，$a = 2$ は，221 が合成数であることの証拠となる。

任意の奇数の合成数 n について，1〜$n-1$ の範囲から一様ランダムに選んだ a が，強い嘘つきでない確率は，少なくとも 3/4 であることが知られている（シンプルな証明には群論のやや進んだ知識があったほうがよいので，ここでは触れない）。

よって，a を 1〜$n-1$ の範囲から一様ランダムに選んで，それが強い嘘つきであるかどうかを調べるというテストを L 回繰り返せば，n が合成数であるにもかかわらず，素数と判定してしまう確率は，$1/4^L$ 以下であることになる。これを**ミラー・ラビンテスト**（Miller-Rabin primality test）という。Python で記述すると，以下のようになる。

リスト 9.4（StudyMillerRabin.py）

```
 1 import random
 2 
 3 def MillerRabin(n, L = 50):
 4     if n == 2:
 5         return True
 6     if (n < 2) or (n % 2 == 0):
 7         return False
 8     # hereinafter, we can assume n is odd
 9     t = (n - 1) >> 1
10     while (t % 2) == 0:
11         t >>= 1
12 
13     for i in range(L):
14         a = random.randint(2, n - 1)
15         tmp = t
16         b = pow(a, tmp, n)
17 
18         while (tmp != n-1) and (b != 1) and (b != n-1):
```

```
19                b = pow(b, 2, n)
20                tmp <<= 1
21            if (b != n - 1) and (tmp % 2 == 0):
22                return False
23        return True
```

ここで tmp と書かれているのが，$2^{s-m}t (m=1,\ldots,s)$ にあたる。**リスト 9.4** のプログラムでは，$L=50$ としているので，合成数を素数と誤って判定してしまう確率は

$$\frac{1}{4^{50}} = \frac{1}{1267650600228229401496703205376}$$

以下である。MillerRabin 関数は，つぎのようにして利用できる。True は入力した整数が素数であること，False は合成数であることを示している。

```
>>> MillerRabin(8789)
False
>>> MillerRabin(9901)
True
```

実際，$8789 = 11 \cdot 17 \cdot 47$ であるから合成数であり，9901 は素数である。

問題 9-71　リスト 9.4 のプログラムの MillerRabin 関数を利用して，9967，9523 が素数であるかどうか判定せよ。

補足 9.4　ここでは，ミラー・ラビンテストのみ解説したが，他にもさまざまな判定アルゴリズムがある。素朴な方法としては**フェルマー法**（Fermat test）がある。つまり任意の整数 $2 \leqq a \leqq n-1$ に対して $a^{n-1} \equiv 1 \pmod{n}$ が成り立つかどうかを調べる方法であるが，これには 2 つの問題がある。第一に，$\gcd(a,n)=1$ となるすべての a に対して，このテストをすり抜ける合成数 n が存在する。これを**カーマイケル数**（Carmichael number）という。第二に，誤判定確率を評価できない。誤判定確率を正しく評価できるアルゴリズムとしては，**ソロベイ・シュトラッセンテスト**（Solovay-Strassen test）がある[32)]。これは，第 12 章で解説するルジャンドル記号の計算を利用して素数判定するもので，フェルマー法の精密化と見ることもできる。この方法では，1 回のテストの誤判定確率は 1/2 以下であることがわかっており，確率的素数判定法として実用的であるが，ミラー・ラビンテストの誤判定確率 1/4 に及ばない。確定的な素数判定アルゴリズムとしては，**AKS 素数判定法**（AKS primarity test）が知られている[33)]。これはフェルマー法の多項式版にあたるもので，決定的多項式時間で素数判定ができる画期的なアルゴリズムだが，一般リーマン仮説という未解決の予想を認めた場合ですら $O((\log_2 n)^6)$ のオーダーであり，実用性は乏しい。

10 RSA暗号に対する攻撃

本章では，RSA 暗号に対する代表的な攻撃について解説する。攻撃は日進月歩であり，最先端を追跡することは容易ではないが，本章で解説する攻撃は，最先端の攻撃を理解するうえでも重要なヒントを含んでいる。

10.1 共通の公開モジュラスに対する攻撃

RSA 電子署名の標準的な運用では，$e = 65537$ のように公開指数を固定して用いることが多いが，N を共通にすることは可能であろうか。

2 つの公開鍵 (e_1, N)，(e_2, N) を考える。公開モジュラスが同じで，公開指数が異なる公開鍵である。2 つの暗号文

$$C_1 = M^{e_1} \bmod N$$

$$C_2 = M^{e_2} \bmod N$$

が得られたとする。このとき，拡張ユークリッド互除法によって

$$e_1 x_1 + e_2 x_2 = \gcd(e_1, e_2) \tag{10.1}$$

となるような x_1, x_2 を求めておけば

$$\begin{aligned} C_1^{x_1} C_2^{x_2} &\equiv (M^{e_1})^{x_1} (M^{e_2})^{x_2} \pmod N \\ &\equiv M^{e_1 x_1 + e_2 x_2} = M^{\gcd(e_1, e_2)} \pmod N \end{aligned}$$

となる。$\gcd(e_1, e_2) = 1$ であれば，メッセージ M が求まる。ここで，$\gcd(e_1, e_2) \neq 1$ のときは一般には M を求めることはできない。例えば，第 11 章で扱うように，$\gcd(e_1, e_2) = 2$ のときですら M を求めることはできない。また，ここでは，異なる公開鍵を使って同じメッセージ M を暗号化しているが，異なるメッセージを暗号化した場合には，この攻撃は成功しない。とはいえ，N を共通にすることでリスクは確実に上昇するため，共通の公開モジュラスを用いることは避けねばならない。

問題 10-72* $N = 35408621$ とする。2 つの公開鍵 $(17, N)$，$(23, N)$ に対する暗号文 $C_1 = 31197418$，$C_2 = 20386249$ から平文 M を求めよ。

10.2　ブロードキャスト攻撃とその一般化

つぎにHåstad(ホースタッド)の**ブロードキャスト攻撃**（broadcast attack）を説明する[34]。$(3, N_1)$，$(3, N_2)$，$(3, N_3)$ という共通の公開指数 $e = 3$ を持つ 3 つの公開鍵を考える。ただし，$\gcd(N_i, N_j) = 1 (i \neq j)$ を仮定する（これは自然な仮定である）。ブロードキャスト攻撃では，メッセージ M を上記の異なる公開鍵で暗号化した 3 つの暗号文

$$C_1 = M^3 \bmod N_1$$
$$C_2 = M^3 \bmod N_2$$
$$C_3 = M^3 \bmod N_3$$

を用いてメッセージ M を復号することができる。CRT を用いれば

$$M^3 \equiv \sum_{i=1}^{3} C_i \hat{N}_i (\hat{N}_i^{-1} \bmod N_i) \pmod{N_1 N_2 N_3} \tag{10.2}$$

となることがわかる。式 (10.2) の右辺は既知の公開鍵と暗号文だけで計算できる。右辺を $N_1 N_2 N_3$ で割った余り R を考えれば $0 < R < N_1 N_2 N_3$ となる。一方, $0 < M < N_i (i = 1, 2, 3)$ であるから，$0 < M^3 < N_1 N_2 N_3$ である。つまり，$M^3 = R$ となる。よって，通常の実数の 3 乗根を求める計算により，$M = R^{1/3}$ を求めることができる。これが求めるメッセージになっている。以上がブロードキャスト攻撃の基本原理である。

数値例を挙げておこう。公開指数 $e = 3$ として，公開モジュラスを

$$N_1 = 1537 = 29 \cdot 53, \quad N_2 = 1633 = 23 \cdot 71, \quad N_3 = 2419 = 41 \cdot 59$$

とする。ここで各素因数は，$\gcd(3, \varphi(N_i)) = 1 (i = 1, 2, 3)$ となるように選ばれている。これらを法として公開指数 3 でメッセージ $M = 567$ を暗号化すると，つぎのようになる。

```
>>> M=567; print(pow(M, 3, 1537), pow(M, 3, 1633), pow(M, 3, 2419))
>>> 674 638 518
```

つまり，$C_1 = 674, C_2 = 638, C_3 = 518$ となる。リスト 8.3 のプログラムの CRT 関数を利用すると，つぎのように M を求めることができる。

```
>>> Nlist = [1537, 1633, 2419]
>>> C = [674, 638, 518]
>>> CRT(Nlist, C)**(1/3)
566.9999999999998
```

この結果は，浮動小数点数による誤差を含む計算で得られたものなので整数ではないが，ほぼ 567 であることがわかる。確かにメッセージが復元できたことになる。

上記の説明から，公開指数 3 を一般の e に変えても成り立つ（Håstad の定理）ことは明らかであろう。しかし，e が大きいときに，実際に e 個の暗号文を手に入れられると仮定するのは現実的ではない。

問題 10-73　リスト 8.3 のプログラムの CRT 関数を利用して，$N_1 = 1537$, $N_2 = 1633$, $N_3 = 2419$, $e = 3$ に対する暗号文が，それぞれ 967, 950, 1512 のとき，平文 M を求めよ。

Håstad は，この結果をさらに一般化した。この一般化された結果は，Håstad の定理の強化版と呼ばれている。ここでは，Boneh[35] により，整理された形の定理を紹介する。この結果は，ブロードキャスト攻撃の本質をクリアに浮かび上がらせる。

定理 10.1　$N_1, N_2, \ldots, N_k$ を $\gcd(N_i, N_j) = 1 (i \neq j)$ を満たす整数とし，$N_{\min} = \min_i N_i$ とおく。$g_i(x) \in \mathbb{Z}_{N_i}[x] (i = 1, 2, \ldots, k)$ として，$g_i(x)$ の次数のうち最大のものを d とする。さらに，以下の関係式を満たす $M < N_{\min}$ がただ 1 つ存在すると仮定する。

$$g_i(M) \equiv 0 \pmod{N_i}, \quad i = 1, 2, \ldots, k$$

このとき，$k \geqq d$ であれば，$(N_i, g_i(x)) (i = 1, 2, \ldots, k)$ から M を効率的に復元することができる。ここで，$\mathbb{Z}_N[x]$ は，$\mathbb{Z}_N$ 係数の x の多項式の集合である。

証明　$\overline{N} = N_1 N_2 \cdots N_k$ とする。すべての $g_i(x)$ はモニック（最高次の係数が 1）であると仮定してよいことに注意する。実際，$g_i(x)$ の最高次の係数が法 N_i において可逆でないとすれば，N_i が因数分解できることになる。この場合は，その時点で秘密指数を計算することができ，その後のすべての暗号文を復号することができてしまう。よって $g_i(x)$ の最高次の係数が可逆であると仮定できる。その係数の逆数を掛けることにより，$g_i(x)$ をモニックにできる。また，$g_i(x)$ の次数はすべて d と仮定してよい。もし，次数が異なれば，x のべきを掛けて調整すればいいからである。CRT 係数 $T_i = \hat{N}_i(\hat{N}_i^{-1} \bmod N_i)$ を用いて多項式

$$g(x) = \sum_{i=1}^{k} T_i g_i(x)$$

をつくる。$g(x)$ は次数 d の多項式で，かつ，すべての N_i を法としてモニックである。さらに，CRT より，$g(M) \equiv 0 \pmod{\overline{N}}$ が成り立つ。$g(x)$ の次数は d であるから，定数 $C > 0$ が存在して

$$|g(M)| \leqq CM^d \tag{10.3}$$

となる。定理の仮定より，$M < N_{\min} \leqq \overline{N}^{1/k} \leqq \overline{N}^{1/d}$ であるから，式 (10.3) を用いれば

$$|g(M)| \leqq C\overline{N}$$

となることがわかる。$g(M) \equiv 0 \pmod{\overline{N}}$ であるから，ある整数 $-C \leqq r \leqq C$ を用いて，$g(M) - r\overline{N} = 0$ となる。これは d 次の代数方程式であり，容易に実数解を求めることができる。□

定理 10.1 が，ブロードキャスト攻撃の一般化になっていることを確認することは容易である。実際，$g_i(x) = x^3 - C_i (i = 1, 2, \ldots, k)$ と定義すれば，$d = k = 3$ であり，$g_i(M) \equiv 0 \pmod{N_i}$ となっているので，定理の仮定が満たされていることがわかる。

最も素朴なブロードキャスト攻撃を見ると，公開指数 e が共通であることが攻撃のポイントのように思われるかもしれないが，一般化されたブロードキャスト攻撃（定理 10.1）によれば，次数が共通であることは攻撃成功の本質ではないことがわかる。

また，メッセージ M が共通であることも攻撃成功の本質ではない。実際，Håstad は，以下のようにして素朴なパディングが破られることを示した。メッセージが m ビットであるとし，$M_i = i \cdot 2^m + M$ とする。こうすれば，ブロードキャストされるメッセージは共通ではなくなる。これはメッセージの上位ビットに i を書き込むパディングである。しかし，このパディングは安全ではない。というのは，$g_i(x) = (i \cdot 2^m + x)^{e_i} - C_i$ とすれば，この多項式が，定理 10.1 の仮定を満たしているからである。

ブロードキャスト攻撃への対策としては乱数をパディングすることが有効である。しかし，小さな乱数を用いたパディングは，Coppersmith の**ショートパッド攻撃**（shortpad attack）で破られることがある。ショートパッド攻撃については格子についての知識が必要となるため，本書では触れることができないが，専門家になりたい方は知っておくべきである。詳細は，Boneh[35] 等を参照されたい。

10.3　短い秘密指数に対する連分数攻撃

一般に，RSA 暗号の復号，電子署名の処理は時間的なコストが大きいため，できるだけ無駄な処理は省いて高速化したい。最も簡単な解決法は，d の長さを短くすることである。一般に復号，電子署名にかかる時間は，d の長さに比例するので，長さが半分になれば処理時間も半分になる。しかし，秘密指数を短くするのは危険である。

短い秘密指数に関する最も基本的な攻撃は，Wiener による**連分数攻撃**（continued fraction attack）である[36]。連分数攻撃を考えるために，e, d の間の関係式を見直してみよう。$e, N(= pq)$ を既知の係数として，つぎの RSA 方程式を考える。

$$ed - k\varphi(N) = 1 \tag{10.4}$$

式 (10.4) の両辺を $d\varphi(N)$ で割れば

$$\frac{e}{\varphi(N)} - \frac{k}{d} = \frac{1}{d\varphi(N)} \tag{10.5}$$

が得られる。式 (10.5) において，$e/\varphi(N)$ を e/N で「よく」近似できれば，未知の分数 k/d を e/N で「よく」近似できるはずである。これが連分数攻撃の核になるアイデアである。

10.3.1　連分数展開と主近似分数

ここで，分数の近似が「よい」とはどのようなことなのかを考えてみる。どのような実数に対しても，その数にいくらでも近い分数が存在する。したがって近似の良し悪しを表現するためには近似分数に何らかの制限が必要となる。制限の基準の 1 つが，近似分数の分母である。分母を決めると，その分母を持つ分数の中で近似の程度を表現することができる。このような近似分数のうち，精度の高いものを導出する数学的技術が**連分数展開**（continued fraction expansion）であり，その近似理論を**ディオファントス近似論**（Diophantine approximation theory）と呼ぶ。

ここでは，Lang[37] に従って，ディオファントス近似論の要点を説明する。ディオファントス近似論では，一般には，有理数とは限らない実数を有理数で近似することを考えるが，暗号理論においては，有理数の有理数による近似が問題となる。いずれの場合も重要なのは，連分数展開の概念である。例えば，分数 17/13 は

$$\frac{17}{13} = 1 + \cfrac{1}{3 + \cfrac{1}{4}}$$

という形の分数で表現できる。これを

$$\frac{17}{13} = [1, 3, 4]$$

のように表現する。ここで並んでいる数字を連分数展開の係数と呼ぶ。無理数を連分数展開することもできる。無理数の場合，展開は無限に続く。例えば黄金数 $\omega = (1+\sqrt{5})/2$ の連分数展開は，$\omega = [1, 1, 1, 1, \ldots]$ となる。この他 $\sqrt{3} = [1, 1, 2, 1, 2, 1, 2, 1, \ldots]$, $e = [2, 1, 2, 1, 1, 4, 1, 1, 6, 1, 1, 8, 1, 1, 10, \ldots]$, $\pi = [3, 7, 15, 1, 292, 1, 1, 1, 2, 1, 3, \ldots]$ などが知られている。

有理数の連分数展開は，つぎのようなアルゴリズムに従って実行される。17/13 を例にとって説明する。17 を 13 で割ると，商は 1，余りは 4 である。つまり

$$\frac{17}{13} = \frac{13 \cdot 1 + 4}{13} = 1 + \frac{4}{13}$$

と書くことができる。つぎに，13 を 4 で割る。商は 3，余りは 1 であるから

$$\frac{17}{13} = 1 + \frac{4}{4 \cdot 3 + 1} = 1 + \cfrac{1}{3 + \cfrac{1}{4}}$$

となり，この操作をこれ以上続けることができなくなる。このように分母と分子の間でユークリッドの互除法を使うことで連分数展開が計算できる。連分数展開の係数とは，上記のようにユークリッド互除法を行った際の商である。したがって連分数展開を行う関数は，本質的にユークリッド互除法と同じである。**リスト 10.1** に連分数展開の係数を求めるプログラムを示す。

リスト 10.1（StudyContinuedFraction.py）

```
1 def cfrac(a, b):
2     r = a % b  # residue
3     q = a // b # quotient
4     coeflst = [q]
5     while r != 0:
6         a = b
```

```
7            b = r
8            r = a % b
9            q = a // b
10           coeflst.append(q)
11       return coeflst
```

例えば 27/10 に対する実行結果は

```
>>> cfrac(27, 10)
[2, 1, 2, 3]
```

となる。これは

$$\frac{27}{10} = 2 + \cfrac{1}{1 + \cfrac{1}{2 + \cfrac{1}{3}}}$$

を意味している。

問題 10-74 リスト 10.1 のプログラムの `cfrac` 関数を用いて，1099/2890 の連分数展開の係数を求めよ。

実数 α の連分数展開を $[a_0, a_1, a_2, \ldots]$ とする。展開を a_n で打ち切った分数を

$$\frac{p_n}{q_n} = [a_0, a_1, a_2, \ldots, a_n]$$

とする。ただし $p_0 = a_0$，$q_0 = 1$ とする。これらを α の**主近似分数**（principal convergent）と呼ぶ。つぎの定理 10.2 は以上の説明からほぼ明らかであろう。

定理 10.2 $n \geqq 2$ に対し，以下の関係が成立する。

$$p_n = a_n p_{n-1} + p_{n-2}$$
$$q_n = a_n q_{n-1} + q_{n-2}$$

定理 10.2 の関係式は，便宜的に $p_{-1} = 1$，$q_{-1} = 0$ と定めれば $n \geqq 1$ でも成立する（ただし $n = -1$ に対応する分数は存在しない）。

具体例として，$\alpha = 27/10$ を考えると $p_{-1} = 1, q_{-1} = 0$，$p_0 = 2, q_0 = 1$ であるから

$$p_1 = a_1 p_0 + p_{-1} = 1 \cdot 2 + 1 = 3$$
$$q_1 = a_1 q_0 + q_{-1} = 1 \cdot 1 + 0 = 1$$
$$p_2 = a_2 p_1 + p_0 = 2 \cdot 3 + 2 = 8$$
$$q_2 = a_2 q_1 + q_0 = 2 \cdot 1 + 1 = 3$$
$$p_3 = a_3 p_2 + p_1 = 3 \cdot 8 + 3 = 27$$

$$q_3 = a_3 q_2 + q_1 = 3 \cdot 3 + 1 = 10$$

と計算できる。主近似分数を並べると

$$\frac{2}{1},\quad \frac{3}{1},\quad \frac{8}{3},\quad \frac{27}{10}$$

となる。主近似分数はつぎの定理 10.3 の意味で α の最もよい近似分数である（証明は割愛する）。

定理 10.3　$a/b(b>0)$ が既約分数であるとする。もし，以下の不等式が成り立つなら，a/b は α の主近似分数である。

$$\left|\alpha - \frac{a}{b}\right| < \frac{1}{2b^2}$$

10.3.2 連分数攻撃の原理とシミュレーション

定理 10.3 を利用して定理 10.4（連分数攻撃）が導かれる。

定理 10.4（Wiener の定理[36)]）　p, q を $p < q < 2p$ を満たす素数とし，$N = pq$ とする。もし，$d < (1/3)N^{1/4}$ であれば，$ed \equiv 1 \pmod{\varphi(N)}$ を満たす公開鍵 (e, N) から効率的に d を計算できる。

証明　最初に $N = pq > p^2$ より，$p < \sqrt{N}$ であることに注意する。式 (10.5) より

$$\left|\frac{e}{\varphi(N)} - \frac{k}{d}\right| = \frac{1}{d\varphi(N)} \tag{10.6}$$

である。$\varphi(N) = (p-1)(q-1) = N - (p+q) + 1$ であり，$p+q-1 < p+2p-1 < 3p < 3\sqrt{N}$ であるから，$|N - \varphi(N)| < 3\sqrt{N}$ となる。一方

$$\begin{aligned}\left|\frac{e}{N} - \frac{k}{d}\right| &= \left|\frac{ed - k\varphi(N) - kN + k\varphi(N)}{Nd}\right| \\ &= \left|\frac{1 - k(N - \varphi(N))}{Nd}\right| \leqq \left|\frac{3k\sqrt{N}}{Nd}\right| = \frac{3k}{d\sqrt{N}}\end{aligned}$$

である。ここで，$k\varphi(N) = ed - 1 < ed$ であることと，$e < \varphi(N)$ であることから，$k < d < (1/3)N^{1/4}$ となることに注意すると

$$\begin{aligned}\left|\frac{e}{N} - \frac{k}{d}\right| &\leqq \frac{3k}{d\sqrt{N}} < \frac{N^{1/4}}{d\sqrt{N}} \\ &= \frac{1}{dN^{1/4}} \leqq \frac{1}{3d^2} < \frac{1}{2d^2}\end{aligned}$$

となる。定理 10.3 より，k/d は，e/N の主近似分数である。主近似分数の計算は，ユークリッドの互除法の計算と同じ計算量を持つ。 □

連分数攻撃を実装してみよう[2)]。攻撃は，主近似分数を列挙するだけであるが，定理 10.4 の仮定を満たすように d を設定する必要がある。

$N = 259313479141 = 505123 \times 513367$ とすると，$\varphi(259313479141) = (505123-1) \times (513367-1) = 259312460652$ となる。$d = 209$ として，リスト 7.2 の `ExtEuclid` 関数を用いて，$e, -k$ を計算すると

```
>>> ExtEuclid(209,259312460652)
(1, 63277203317, -51)
```

となり，$e = 63277203317$，$-k = -51$ が求まる。実際，$63277203317 \times 209 - 51 \times 259312460652 = 1$ となる。$d = 209 < (1/3)N^{1/4} = 237.8675\cdots$ となるので，定理 10.4 の仮定が満たされている。つぎに

$$\frac{e}{N} = \frac{63277203317}{259313479141} \tag{10.7}$$

の主近似分数を計算する。主近似分数を計算するプログラムを**リスト 10.2** に示す。

リスト 10.2 (StudyPrincipalConvergent.py)

```
 1 import sympy
 2
 3 def pconv(a, b):
 4     r = a % b   # residue
 5     q = a // b # quotient
 6     a0 = 1; b0 = 0
 7     a1 = q; b1 = 1
 8     pconvlst = [sympy.Rational(a1, b1)]
 9     while r != 0:
10         a = b
11         b = r
12         r = a % b
13         q = a // b
14         a1, a0 = q*a1 + a0, a1
15         b1, b0 = q*b1 + b0, b1
16         pconvlst.append(sympy.Rational(a1, b1))
17     return pconvlst
```

リスト 10.2 のプログラムでは，数式処理用の `sympy` モジュールを利用して分数 m/n を `sympy.Rational(m, n)` の形で表現し，主近似分数のリストを作成する。式 (10.7) に対する実行結果は以下のようになる。

```
>>> pconv(63277203317,259313479141)
[0, 1/4, 10/41, 51/209, 1183/4848, 1234/5057, 3651/14962, 15838/64905, 35327/144772,
 51165/209677, 137657/564126, 188822/773803, 1081767/4433141, 8842958/36238931,
 9924725/40672072, 38617133/158255147, 396096055/1623223542, 830809243/3404702231,
 1226905298/5027925773, 2057714541/8432628004, 3284619839/13460553777,
 5342334380/21893181781, 19311622979/79140099120, 63277203317/259313479141]
```

このうち，4 番目の主近似分数 51/209 が，k/d を与えていることがわかる。

問題 10-75* リスト 10.2 のプログラムを利用して，$e = 10542679810471$，$N = 59077593090821$ から秘密指数 d を求めよ（$d < (1/3)N^{1/4}$ であることは既知としてよい)。

補足 10.5　RSA 暗号への攻撃全般について興味が湧いた読者は Boneh によるサーベイ[35] を読んでから最近の論文に進むとよい。連分数攻撃は，格子を利用することでより大きな d に対しても有効な攻撃が可能となる。p, q が比較的近い場合については，de Weger による連分数攻撃が可能である[38]。格子は，内積線形空間の（一般に直交でない）基底の整数係数一次結合であるが，これをより直交基底に近い基底にすることを**基底簡約**（lattice reduction）という。基底簡約のアルゴリズムのうち，**LLL 基底簡約アルゴリズム**（LLL lattice reduction algorithm）は，高速に基底を簡約する。LLL は，ユークリッド互除法の拡張とみなすことができる。Boneh と Durfee は，LLL を用いることにより，$d < N^{0.292}$ を満たす d まで攻撃の射程に入ることを示した[39]。$d < N^{0.5}$ まで拡張できる可能性が指摘されているため，d のビット長を N の半分以下にすることは避けなければならない。RSA 暗号とその派生に対する格子を用いた攻撃については，Heinek[40] がよくまとまっている。

平方剰余とラビン暗号

ここでは，ラビン暗号を解説する。ラビン暗号はいささかマイナーな暗号であるが，有益なので取り上げることにした。ラビン暗号を取り上げる理由は2つある。第一の理由は，その安全性が公開鍵の素因数分解と計算量的に同値であることが証明されている暗号だからである。第二の理由は，その仕組みが平方剰余に基づいているという点である。平方剰余は，第12章以降で説明する楕円曲線暗号でも必要になる。

11.1 ラビン暗号

ラビン暗号[41)]は，1979年にラビン（Michael O. Rabin）によって発表された暗号である[†]。ラビン暗号では，$p \equiv 3 \pmod 4$，$q \equiv 3 \pmod 4$ となる大きな素数 p, q を秘密鍵，その積 $N = pq$ を公開鍵とする。平文 M に対し

$$C = M^2 \bmod N$$

を暗号文とする。ここで，復号側は，秘密鍵 p, q を用いて，$C_p = \pm\sqrt{C} \bmod p$（2つ），$C_q = \pm\sqrt{C} \bmod q$（2つ）を計算する。さらに，CRTを利用して4つの平方根を計算し，この中から，M のフォーマットで定めたマーカーによって目的の平文 M を選ぶ。ここで，$p \equiv 3 \pmod 4$，$q \equiv 3 \pmod 4$ は平方根計算が容易になるための条件である。

後に解説するが，N の素因数分解ができなければ，M に強い制限（例えば N の半分以下の桁数しかないなど）を掛けない限り，C と N から M を計算することはできない。正確には，「C と N から M を計算すること」は「N の素因数分解」と同等に困難である。つまり，ラビン暗号はこの意味で安全であることが数学的に厳密に証明できる。RSA暗号は，その安全性が数学的に保証されていないので，この点はラビン暗号の利点である。加えて，ラビン暗号の暗号化処理はRSA暗号よりも高速である。実際，RSA暗号では公開指数として大きな数を用いることが多い。RSA暗号においては，SSL/TLSのデフォルト値 $e = 2^{16} + 1 = 65537$ を使うことが多いが，この e も2と比べればずっと大きく，ラビン暗号の暗号化処理が高速であることが想像されるだろう。復号（または電子署名）に関しては，RSAのCRTによるべき乗剰余

† RSA暗号が1977年発表であるから，ラビンはRSA暗号を知ったうえでこの暗号系をつくったことになる。

計算に加えて4通りの平文候補から真の平文を選択する処理があるため，CRT-RSAよりもやや遅くなるであろう。

安全性の観点では，ラビン暗号ではMが固定されている場合，一度Mが知られてしまうとNを素因数分解できてしまうというRSA暗号にはない欠点を持っている（後に説明する）。

$p \equiv 3 \pmod 4$となる素数が豊富に存在しないと困るのだが，これは，算術級数の素数定理（定理9.3）で保証されている。定理9.3より

$$\pi_{4,3}(x) \sim \frac{1}{\varphi(4)}\frac{x}{\log x} = \frac{1}{2}\frac{x}{\log x}$$

となるから，$p \equiv 3 \pmod 4$を満たす素数は，素数全体の半分を占めることがわかる。

ラビン暗号の実装例は平方剰余の説明の後で示す。

11.2 平方剰余

定義 11.1　pを奇素数とする。$\gcd(a,p)=1$であるようなaに対し，$x^2 \equiv a \pmod p$が根を持つ場合，aをpを法とする**平方剰余**（quadratic residue）といい，持たない場合は，aを**平方非剰余**（quadratic non residue）という。

例えば，$p=7$のとき，法7に対して，1, 2, 3, 4, 5, 6のうち平方数は，$1^2 \equiv 1$, $2^2 \equiv 4$, $3^2 \equiv 2$, $4^2 \equiv 2$, $5^2 \equiv 4$, $6^2 \equiv 1$だから，1, 2, 4の3つであり，3, 5, 6は平方数にならない。つまり，1, 2, 4は，7の平方剰余であり，3, 5, 6は平方非剰余である。

問題 11-76　$p=11$を法とする平方剰余と平方非剰余を求めよ。

定理 11.2　pを奇素数とする。pを法とする平方剰余は，ちょうど$(p-1)/2$個である。

証明　$\mathbb{Z}_p$からそれ自身への写像$f(x) = x^2 \bmod p$の像を調べる。$f(x) = f(y)$であるとすれば，$x^2 \equiv y^2 \pmod p$である。これは，$x^2 - y^2 = (x-y)(x+y)$がpの倍数であることを意味する。pは素数であるから，$x-y$または$x+y$はpの倍数でなければならない。つまり，$x \equiv \pm\, y \pmod p$であることがわかる。$p \neq 2$であるから$0 \not\equiv y \in \mathbb{Z}_p$と$-y$が一致することはない。よって，平方剰余は，ちょうど$(p-1)/2$個あることがわかる。　□

定義 11.3　aがpを法とする1の**原始根**（primitive root）であるとは，aの位数が$p-1$に等しいということである。

例えば，5 を法とする 1 の原始根を求めてみよう。0 と 1 は明らかに原始根ではないので，2, 3, 4 を調べてみる。$2 \to 2^2 \equiv 4 \to 2^3 \equiv 3 \to 2^4 \equiv 1$，$3 \to 3^2 \equiv 4 \to 3^3 \equiv 2 \to 3^4 \equiv 1$，$4 \to 4^2 \equiv 1$ となるので，2 と 3 が原始根になっていることがわかる。

つぎの結果が知られている。証明については，例えば，高木[42] を参照されたい。

定理 11.4（原始根の存在定理）　p を奇素数とするとき，p を法とする 1 の原始根が存在する。

問題 11-77　7 を法とする 1 の原始根を求めよ。

定義 11.5　p を奇素数とする。このとき，**ルジャンドル記号**（Legendre symbol）を以下のように定義する。

$$\left(\frac{a}{p}\right) = \begin{cases} 1 & a\text{ が }p\text{ を法とする平方剰余であるとき} \\ -1 & a\text{ が }p\text{ を法とする平方非剰余であるとき} \\ 0 & a\text{ が }p\text{ で割り切れるとき} \end{cases}$$

定理 11.6（オイラーの規準†）

$$\left(\frac{a}{p}\right) \equiv a^{\frac{p-1}{2}} \pmod p$$

証明　左辺が 0 のとき，ルジャンドル記号の定義より，a は p で割り切れる。このとき右辺はもちろん 0 であるから等式が成立する。

つぎに $\gcd(a, p) = 1$ のときを考える。フェルマーの小定理（定理 7.20）より，$a^{p-1} \equiv 1 \pmod p$ である。p は奇数であるから，これは因数分解できて

$$\left(a^{\frac{p-1}{2}} - 1\right)\left(a^{\frac{p-1}{2}} + 1\right) \equiv 0 \pmod p$$

となるので $a^{\frac{p-1}{2}} \equiv \pm 1 \pmod p$ が成り立つ。a が p の平方剰余であるとすれば，ある $x \in \mathbb{Z}_p$ が存在して，$x^2 \equiv a \pmod p$ が成立する。よって，フェルマーの小定理（定理 7.20）より

$$a^{\frac{p-1}{2}} \equiv x^{p-1} \equiv 1 \pmod p$$

となる。a が p の平方非剰余のときは，$a^{\frac{p-1}{2}} \not\equiv 1 \pmod p$ であるから，$a^{\frac{p-1}{2}} \equiv -1 \pmod p$ とならなければならない。

† 「基準」ではなく「規準」が正しいので注意されたい。

逆を示す。$a^{\frac{p-1}{2}} \equiv 1 \pmod p$ とする。定理 11.4 より，1 の原始根 $z \in \mathbb{Z}_p$ が存在するから，$a \equiv z^k \pmod p$ となるような k が存在する。$a^{\frac{p-1}{2}} \equiv 1 \pmod p$ に $a = z^k$ を代入すると，$z^{k\frac{p-1}{2}} \equiv 1 \pmod p$ となるが，z は原始根であるから，$k\frac{p-1}{2}$ は $p-1$ の倍数でなければならない。よって，k は偶数である。このとき，$z^{k/2}$ は意味を持ち，$(z^{k/2})^2 \equiv z^k \equiv a \pmod p$ となる。これは，$z^{k/2}$ が a の平方剰余であることを意味する。 □

オイラーの規準（定理 11.6）によると，平方剰余であるかどうかの判定は，べき乗剰余計算 1 回でできるので，n ビットの入力に対する計算量は $O(n^3)$ である。

オイラーの規準（定理 11.6）を用いたルジャンドル記号の実装は**リスト 11.1** のようになる。

リスト 11.1（StudyLegendre.py）

```
1 def Legendre(a, p):
2     L = pow(a, (p-1) // 2, p)
3     if L == p - 1:
4         L = -1
5     return L
```

リスト 11.1 のプログラムは，a が平方剰余のとき 1 か 0（a が p の倍数）を出力し，$p-1$ のときは，$p-1$ を -1 に置き換えて出力する（3，4 行目）。p が素数であるかどうかはチェックしていないことに注意されたい。

問題 11-78　リスト 11.1 のプログラムの Legendre 関数を用いて，以下の値を求めよ。

$$\left(\frac{5678}{12799}\right),\quad \left(\frac{1189}{12799}\right),\quad \left(\frac{1111}{12799}\right)$$

ただし，$p = 12799$ が素数であることは仮定してよい。

定理 11.7　p を奇素数とするとき，つぎが成り立つ。

$$\left(\frac{ab}{p}\right) = \left(\frac{a}{p}\right)\left(\frac{b}{p}\right)$$

証明　オイラーの規準（定理 11.6）より

$$\left(\frac{a}{p}\right) \equiv a^{\frac{p-1}{2}} \pmod p,\quad \left(\frac{b}{p}\right) \equiv b^{\frac{p-1}{2}} \pmod p$$

であるから，明らかに

$$\left(\frac{ab}{p}\right) \equiv (ab)^{\frac{p-1}{2}} \equiv a^{\frac{p-1}{2}} b^{\frac{p-1}{2}} \equiv \left(\frac{a}{p}\right)\left(\frac{b}{p}\right) \pmod p$$

が成り立つ。 □

定義 11.8　ルジャンドル記号を，法が合成数の場合に一般化したものが**ヤコビ記号**（Jacobi symbol）である。n の素因数分解を，$n = p_1 p_2 \cdots p_k$（重複してもよい）としたとき，ヤコビ記号（ルジャンドル記号と同じ記号を用いる）を，つぎで定義する。

$$\left(\frac{a}{n}\right) = \left(\frac{a}{p_1}\right)\left(\frac{a}{p_2}\right)\cdots\left(\frac{a}{p_k}\right)$$

◆　平方剰余の相互法則

ここで説明する平方剰余の相互法則により，ヤコビ記号は，ユークリッドの互除法を用いて計算することができる。平方剰余の相互法則は，ガウスによって示されたつぎの定理である。証明はかなり技巧的で複雑なので省略するが，興味を持った読者は，例えば，ノイキルヒ[43]を参照されるとよい。

定理 11.9（平方剰余の相互法則）　a, b をたがいに素な奇数とする。

$$\left(\frac{a}{b}\right)\left(\frac{b}{a}\right) = (-1)^{\frac{a-1}{2}\cdot\frac{b-1}{2}}$$

定理 11.10（平方剰余の第一，第二補充法則）　奇数 b に対して，以下が成り立つ。

$$\left(\frac{-1}{b}\right) = (-1)^{\frac{b-1}{2}}$$

$$\left(\frac{2}{b}\right) = (-1)^{\frac{b^2-1}{2}} = \begin{cases} 1 & b \equiv \pm 1 \pmod 8 \\ -1 & b \equiv \pm 3 \pmod 8 \end{cases}$$

定理 11.11　$a \equiv b \pmod n$ であれば

$$\left(\frac{a}{n}\right) = \left(\frac{b}{n}\right)$$

定理 11.12　a を奇数とするとき

$$\left(\frac{a}{n}\right) = \begin{cases} -\left(\frac{n}{a}\right) & a \equiv 3 \pmod 4 \\ \left(\frac{n}{a}\right) & \text{その他} \end{cases}$$

これらの定理を用いれば，ヤコビ記号の計算ができる。相互法則を使ってヤコビ記号の上下を入れ替えながら互除法を適用していけばよい。例を示す。

$$
\begin{aligned}
\left(\frac{7}{41}\right) &= (-1)^{\frac{7-1}{2}\cdot\frac{41-1}{2}}\left(\frac{41}{7}\right) \\
&= (-1)^{60}\left(\frac{41}{7}\right) \\
&= \left(\frac{6}{7}\right) \\
&= \left(\frac{2}{7}\right)\left(\frac{3}{7}\right) \\
&= (-1)^{\frac{7^2-1}{2}}\cdot(-1)^{\frac{3-1}{2}\cdot\frac{7-1}{2}}\left(\frac{7}{3}\right) \\
&= -\left(\frac{1}{3}\right) = -1
\end{aligned}
$$

となり，7 は 41 を法とする平方非剰余であることになる。

上記の定理を使ってヤコビ記号の計算を行うプログラムを**リスト 11.2** に示す。

リスト 11.2（StudyQuadraticReciprocity.py）

```
1  # n must be a positive odd integer
2  # a can be a negative integer
3  def Jacobi(a, n):
4      a = a % n
5      if a == 0:
6          return 0
7      if a == 1:
8          return 1
9
10     if a < 0:
11         if n % 4 == 3:
12             return -Jacobi(-a, n)
13         else:
14             return Jacobi(-a, n)
15
16     if a % 2 == 0:
17         if ((n**2 - 1) % 8 == 0) or ((n**2 - 1) % 8 == 7):
18             return Jacobi(a // 2, n)
19         else:
20             return -Jacobi(a // 2, n)
21
22     if (a % 4 == 3) and (n % 4 == 3):
23         return -Jacobi(n, a)
24
25     return Jacobi(n, a)
```

互除法と同様に，リスト 11.2 のプログラムでは再帰を用いて計算している。なお，このプログラムでは，a は任意の整数でよいが，n は正の奇数でなければならない（チェックはしていないので，入力の際には注意されたい）。4 行目で定理 11.11 を用いている。ヤコビ記号の値は，$a=0$ のときは 0 であり，$a=1$ のときは 1 であるから，5〜8 行目でその処理をしている。$a<0$ のときは，定理 11.10 の上の式とヤコビ記号の定義から

$$
\left(\frac{a}{n}\right) = (-1)^{\frac{n-1}{2}}\left(\frac{-a}{n}\right)
$$

となるので，$(n-1)/2$ が奇数のとき，つまり，$n \equiv 3 \pmod 4$ のとき符号が変わり，$(n-1)/2$ が偶数のとき，つまり，$n \equiv 1 \pmod 4$ のときは符号が変わらない。なお，n は奇数であるから，$n \equiv 0, 2 \pmod 4$ となることはない。10〜14 行目でこの符号処理をしている。

定理 11.9 は，ヤコビ記号の計算がほぼユークリッドの互除法と同等であることを示している。したがって，平方剰余であるか平方非剰余であるかの判定の計算量は，ユークリッドの互除法と同じであり，オイラーの規準（定理 11.6）を用いるよりも高速である。平方剰余の相互法則の工学的重要性は，その高速性にある。ただし，n が小さいときはオイラーの規準を使うほうが高速である。

問題 11-79　リスト 11.2 のプログラムの `Jacobi` 関数を用いて，7 が 41 を法とする平方非剰余であることを確認せよ。

11.3　N の素因数がわかればラビン暗号が解読できる

定理 11.13　a を奇素数 p を法とする平方剰余とする。$p \equiv 3 \pmod 4$ のとき，$x^2 \equiv a \pmod p$ の 1 つの根は，$a^{\frac{p+1}{4}}$ で与えられる。

証明　p は奇素数であるから，フェルマーの小定理（定理 7.20）より，$a^{p-1} \equiv 1 \pmod p$ である。$a^{\frac{p-1}{2}} \equiv \pm 1 \pmod p$ となるが，a は p を法とする平方剰余であるから，オイラーの規準（定理 11.6）より，$a^{\frac{p-1}{2}} \equiv 1 \pmod p$ でなければならない。また，$p \equiv 3 \pmod 4$ であるから，$p+1$ は 4 で割り切れるので，$(p+1)/4$ は正の整数であり

$$\left(a^{\frac{p+1}{4}}\right)^2 = a^{\frac{p+1}{2}} = a^{\frac{p-1}{2}} \cdot a \equiv a \pmod p$$

となる。これは，$a^{\frac{p+1}{4}}$ が a の平方根の 1 つであることを示している。　□

つまり，$p \equiv 3 \pmod 4$ を満たす平方剰余に対する平方根の計算は，べき乗剰余計算である。

まず簡単な問題から考える。$N = pq$ の素因数 p, q がわかったと仮定しよう。このとき，$C = M^2 \bmod N$ から M を計算するにはどうすればよいか。この問題を解くには前節でみた平方根計算アルゴリズムと CRT を使えばよい。まず，$M^2 \equiv C \pmod N$ を 2 つの合同式

$$M_p^2 \equiv C_p \pmod p$$
$$M_q^2 \equiv C_q \pmod q$$

に分解する。ここで，$M_p = M \bmod p$，$M_q = M \bmod q$，$C_p = C \bmod p$，$C_q = C \bmod q$ とする。$p \equiv 3 \pmod 4$，$q \equiv 3 \pmod 4$ であるから，前節の結果より，それぞれの平方根 M_p，M_q はべき乗剰余計算

$$M_p = C_p^{\frac{p+1}{4}} \bmod p$$
$$M_q = C_q^{\frac{q+1}{4}} \bmod q$$

で求めることができる。CRT から 4 通りの M の候補

$$M \equiv \pm p M_q (p^{-1} \bmod q) \pm q M_p (q^{-1} \bmod p) \pmod N$$

が得られ，所定の形式のマーカーの有無を調べることにより，メッセージ M が求められる。

11.4 モジュラー平方根の計算と法の素因数分解は同値である

計算複雑性理論における「X が困難（hard）であるならば，Y も困難である」こと，いいかえれば，「問題 Y が少なくとも X と同じくらい難しいこと」の証明は，以下のように行われる。まず，Y に対する「オラクル」の存在を仮定する。オラクルとは計算問題を解くための入力を受け取り，瞬時に正しい答を返すブラックボックスのことである。Y にアクセスする（Y を一種の関数（サブルーチン）として使う）アルゴリズムで，X を解くもの $\mathcal{A}^Y$ を構成する。もし，このアルゴリズムが（決定的）多項式時間のアルゴリズムであれば，「問題 Y が少なくとも X と同じくらい難しいこと」が証明されたと考えるのである。

表記の定理を証明する。本節の記述はおおむね Galbraith[44] の 24 章に従った。

定義 11.14

$$B = \{pq \mid p, q \equiv 3 \pmod 4,\quad p,\ q \text{ は異なる素数}\}$$

とする。ここで，計算問題 **SQRT-MOD-N** とは，与えられた $N \in B$ と，$y \in \mathbb{Z}_N^*$ に対し，y が N を法とする平方剰余でなければ QNR（平方非剰余）を，平方剰余であれば $x^2 \equiv y \pmod N$ の 1 つの根を出力する問題である。

定義 11.15　計算問題 **FACTOR** とは，与えられた $N \in B$ に対し，その素因数分解を出力する問題である。

定理 11.16　**SQRT-MOD-N** と **FACTOR** はつぎの意味で同値である。**FACTOR** が解ければ **SQRT-MOD-N** が解け，**SQRT-MOD-N** が解ければ，確率 1/2 で **FACTOR** が解ける。

証明 **FACTOR** オラクルがあるときに **SQRT-MOD-N** が解けることは，11.3 節で示した。よって，ここでは，**SQRT-MOD-N** オラクルを仮定して **FACTOR** が解けることを示す。

ランダムに $x \in \mathbb{Z}_N^*$ を選択し，$y = x^2 \bmod N$ を計算する。**SQRT-MOD-N** オラクルに (y, N) を入力し，出力 $x' \in \mathbb{Z}_N^*$ を得る。このとき，$x^2 \equiv (x')^2 \pmod N$ が成り立つ。つまり，$x^2 - (x')^2 = (x - x')(x + x')$ は $N = pq$ の倍数である。このとき，$x - x'$ か $x + x'$ が N の倍数のときは，N に関する新しい情報を得ることはできないので，再びランダムに $x \in \mathbb{Z}_N^*$ を選択し，$y = x^2 \bmod N$ を計算する。もし，$x \not\equiv \pm\, x'$ であれば，$(x - x')(x + x')$ は $N = pq$ の倍数であるが，$x - x'$ も $x + x'$ も N の倍数ではないので，$x - x'$ が p の倍数かつ $x + x'$ が q の倍数（p, q はもちろん入れ替えてもよい）となるから，$\gcd(x \pm x', N)$ が，N の素因数を与える。$x' \neq \pm\, x$ は確率 1/2 で起きるから，十分多くの回数この操作を繰り返せば，N を素因数分解することができる。 □

この定理の証明は，ラビン暗号が選択平文攻撃に対して危険であることを示している。実際，チャレンジレスポンス認証を考え，アタッカーが，ランダムに $x \in \mathbb{Z}_N^*$ を選択して $y = x^2 \bmod N$ を計算し，y を受信者に送る。これはチャレンジとして機能する。これに対し，受信者は y を復号してアタッカーに $(x')^2 \equiv x^2 \pmod N$ となる x' を返す。これがレスポンスである。このとき，確率 1/2 で $\gcd(x' - x, N)$ が N の自明でない素因数を返す。つまり，アタッカーは受信者を **SQRT-MOD-N** オラクルとして使うことができる。

11.5 ラビン暗号の Python 実装

リスト 11.3 にラビン暗号の Python 実装例を示す。

リスト 11.3（StudyRabin.py）

```
 1 # Rabin cryptosystem
 2 import secrets # for safe
 3 import sympy
 4 
 5 def modinv(a, q): # a, b must be primes
 6     return pow(a, q - 2, q)
 7 
 8 # to generate a prime r such that r % 4 = 3
 9 def randprimeforRabin(bits):
10     flag = False
11     while flag == False:
12         r = secrets.randbits(bits)
13         s = r % 4
14         l = r > pow(2, bits - 2)
15         flag = sympy.isprime(r) and (s == 3) and (l == True)
16     return r
17 
18 p = 1066814667228424264811396865747786410602974681913166846108807757753458285950236
19 2376550349891767863401817496411282447199136888698813941020352059310402748l883
20 q = 1078782539894546588207240380060323645875288723824589161946842036755215945814449
21 4080327028540038876364388983055924997059371569471637346612350907301476496l059
22 N = p*q # public key
23 
24 def RabinEnc(M, N):
25     return pow(M, 2, N)
26 
27 def RabinDec(C, p, q, N):
28     Cp = C % p
```

```
29     Cq = C % q
30     Mp = pow(Cp, (p+1)//4, p)
31     Mq = pow(Cq, (q+1)//4, q)
32     u = modinv(p, q)
33     v = modinv(q, p)
34     M1 = (Mq*u*p + Mp*v*q) % N
35     M2 = (Mq*u*p + (p-Mp)*v*q) % N
36     M3 = ((q-Mq)*u*p + Mp*v*q) % N
37     M4 = ((q-Mq)*u*p + (p-Mp)*v*q) % N
38
39     return [M1, M2, M3, M4]
40
41 def select(lst, marker, size):
42     for i in range(4):
43         if (lst[i] % pow(2, size+1) == marker):
44             return lst[i]
45
46 message = 123456
47 marker = pow(2, 16) - 1
48 sizeofN = 1024; halfsizeofN = 512
49
50 # format of M
51 # 256 bit random number | message | marker(16bit)
52 M = secrets.randbits(255)*pow(2, 256) + message*pow(2, 128) + marker
53 print(hex(M))
54
55 C = RabinEnc(M, N)
56 lstM = RabinDec(C, p, q, N)
57
58 decodedM = select(lstM, marker, 16)
59 print(hex(decodedM))
```

乱数を生成するために2行目で`secrets`モジュール，素数判定のために3行目で`sympy`をインポートしている。9〜16行目で定義している関数`randprimeforRabin`は，指定されたビット長の素数で，かつ4で割った余りが3になるものを1つ返す関数である。18〜21行目の素数（秘密鍵）p, qは，`randprimeforRabin`を用いて生成したものである。24，25行目では暗号化関数`RabinEnc`を定義している。27〜39行目では復号関数`RabinDec`を定義しているが，この関数では，4通りの平文候補のリストを返すだけであり，正しい平文の選択は，41〜44行目の`select`関数を用いて行う。ここでは，`size`で与えられたビット長さのマーカー（ここでは16進数でffff）が含まれるものを選んでいる。平文は，上位ビットを乱数として，129ビットから255ビット目までの間にメッセージを入れ，最後にマーカーを加えている。55行目で暗号文Cをつくり，56行目でその暗号文Cを復号し，4つの平文候補からなるリストが作成される。58，59行目でマーカーに基づいて正しい平文を選んで出力する。

問題11-80　リスト11.3のプログラムを実行し，暗号化と復号が正しく行われていることを確認せよ。

問題11-81　リスト11.3のプログラムの`randprimeforRabin`関数を利用して，128ビットの素数pで$p \equiv 3 \pmod 4$となるものを生成せよ。

11.6　トネリ＝シャンクスアルゴリズム（発展事項）

$p \equiv 3 \pmod 4$ の場合の平方根の計算は容易であった。一方，$p \equiv 1 \pmod 4$ の場合の平方根の計算には**トネリ＝シャンクスアルゴリズム**（Tonelli-Shanks algorithm）が必要である。ラビン暗号とは直接の関係はないが，秘密鍵の素数に $p \equiv 3 \pmod 4$ という条件を課す理由を理解しておくことは無駄ではないであろう。ここでは，トネリ＝シャンクスアルゴリズムを説明する。

p を奇素数とし，$p-1 = 2^s t$ と分解する。ここで，t は奇数である。この分解は，ミラー・ラビンの素数判定法のときと同様である。また，仮定から $s \geqq 1$ である。$p \equiv 3 \pmod 4$ の場合は，$s = 1$ の場合に相当し，$p \equiv 1 \pmod 4$ の場合は，$s \geqq 2$ の場合に相当する。a^t の位数 $\mathrm{ord}(a^t)$ は 2^s の約数である（a^t は 1 の 2^s 乗根である）。このとき，$x = a^{\frac{t+1}{2}}$ とすると

$$x^2 = a^{t+1} = a^t \cdot a$$

となるから，もし，$a^t \equiv 1 \pmod p$ であれば，$x = a^{\frac{t+1}{2}}$ が a の平方剰余となる。$s = 1$（つまり $t = (p-1)/2$）の場合オイラーの規準（定理 11.6）より

$$a^t \equiv a^{\frac{p-1}{2}} \equiv 1 \pmod p$$

であるからこの条件が満たされている。よって，$a^{\frac{t+1}{2}} \equiv a^{\frac{p+1}{4}} \pmod p$ となり，これが平方剰余を与える。

つぎに $s \geqq 2$ の場合を考える。$\mathrm{ord}(a^t) = 2^m (m \leqq s)$ とする。つまり，以下が成り立つものとする。

$$(a^t)^{2^m} \equiv 1 \pmod p$$
$$(a^t)^{2^{m-1}} \equiv -1 \pmod p$$

ここで，v を平方非剰余とする。平方非剰余は後に考察するように総当たりで探せば，高確率で見つけることができる。v は平方非剰余であるから，オイラーの規準（定理 11.6）より

$$v^{\frac{p-1}{2}} = (v^t)^{2^{s-1}} \equiv -1 \pmod p$$

が成り立つ。v^t が生成する $\mathbb{Z}_p^*$ の部分（巡回）群 $\langle v^t \rangle$ の位数は，ちょうど 2^s である。位数が 2^s の部分群は他にないので，$a^t \in \langle v^t \rangle$ でなければならない。すなわち

$$a^t \equiv (v^t)^z = v^{tz} \pmod p \tag{11.1}$$

となるような整数 $z (0 \leqq z < 2^s)$ が存在する。ここで，z は偶数でなければならないことがつぎのようにしてわかる。v は平方非剰余であるから，$v^{\frac{p-1}{2}} = v^{2^{s-1}t} \equiv -1 \pmod p$ となる。

式 (11.1) の両辺を 2^{s-1} 乗すると，$a^{2^{s-1}t} \equiv v^{2^{s-1}tz} \pmod p$ となるが，z が奇数だとすると，tz も奇数であり，$v^{2^{s-1}tz} \equiv -1 \pmod p$ でなければならない。しかし，a は平方剰余であるから，$a^{\frac{p-1}{2}} = a^{2^{s-1}t} \equiv 1 \pmod p$ となるので，$a^{2^{s-1}tz} \equiv 1^z = 1 \pmod p$ となり矛盾が生じる。よって z は偶数である。

以上を踏まえて x を構成する。t は奇数だから $t = 2\ell + 1$ となるような整数 ℓ が存在する。$x = v^{tz/2}a^{-\ell}$ とすれば

$$
\begin{aligned}
x^2 &\equiv (v^{tz/2}a^{-\ell})^2 \\
&\equiv v^{tz}a^{-2\ell} \\
&\equiv a^t \cdot a^{-2\ell} = a^{t-2\ell} = a \pmod p
\end{aligned}
$$

となって，$x = v^{tz/2}a^{-\ell}$ が求める平方剰余を与える。

問題は式 (11.1) を解いて z を求めなければならないところだが，z の範囲が 0 から 2^s までしかないので順に試していけば短時間で終わる。

補足 11.17　**拡張リーマン仮説**（extended Riemann hypothesis）が真であれば，平方非剰余 $v < 2\log^2 p$ が存在する。その限界までのすべての z を調べ，多項式時間で適当な v を見出すことが可能である。この結果は，Bach の 1990 年の論文[45)] に書かれている。ただし，これは最悪のケースであり，一般的には平均 2 回の試行で z を見つけることができる。

11.7　平方剰余計算関数の Python 実装

平方剰余を計算する modsqrt 関数を**リスト 11.4** に示す。modsqrt 関数は，$p \equiv 1, 3 \pmod 4$ のいずれにも対応している。

リスト 11.4（StudyTonelli-Shanks.py）

```
1  # modular squre root calculator modsqrt(a)
2  # p must be a prime
3  def Legendre(a, p): # Legendre symbol
4      L = pow(a, (p-1)//2, p)
5      if L == p - 1:
6          L = -1
7      return L
8
9  # Find v in QNR_p
10 def Find_QNR_v(p):
11     v = 2
12     while Legendre(v, p) != -1:
13         v += 1
14     return v
15
16 def modsqrt(a, p):
17     if p == 2:
18         return(a) # in this case, every a is QR
```

```
19      if Legendre(a, p) == -1:
20          raise Exception('sqrt does not exist')
21      elif a % p == 0:
22          return(0)
23      elif p % 4 == 3: # easy case
24          return pow(a, (p+1)//4, p)
25
26      # finding s and t such that p-1 = 2^s*t
27      t = p - 1
28      s = 0
29      while t % 2 == 0:
30          t //= 2
31          s += 1
32
33      v = Find_QNR_v(p) # find v
34      g = pow(v, t, p)
35      x = pow(a, (t+1)//2, p)
36      b = pow(a, t, p)
37      r = s
38
39      while True:
40          bpow = b # it will be updated
41          m = 0
42          for m in range(r):
43              if bpow == 1:
44                  break # m=ord(bpow)
45              bpow = pow(bpow, 2, p)
46
47          if m == 0:
48              return x
49
50          w = pow(g, 2**(r-m-1), p)
51          g = pow(w, 2, p)
52          x = x*w % p
53          b = b*g % p
54          r = m
```

入力 p が素数であることを仮定して処理を行っていることに注意。ルジャンドル記号は，オイラーの規準を利用して実装している（3〜7 行目）。`Find_QNR_v` 関数は，平方非剰余を総当りで見つける関数である（10〜14 行目）。`modsqrt` の最初の部分（17〜24 行目）では

1. $p = 2$ の場合はすべての a が平方数だから a 自身を返す
2. 平方非剰余の場合はエラーメッセージを返して停止
3. a が p で割り切れた場合は 0 を返す
4. $p \bmod 4 = 3$ の場合は $a^{\frac{p+1}{4}} \bmod p$ を返す

という処理を行っている。これらの条件分岐を抜けたとき，p は奇素数で，a は平方剰余であり，かつ，$p \bmod 4 = 1$（トネリ＝シャンクスアルゴリズムが必要な場合）となる。この場合に，まず $p-1 = 2^s t$ となる s, t を求め，`Find_QNR_v` 関数を用いて平方非剰余 v を求めている（33 行目）。その後，34〜37 行目で値を初期化する。

その後，`bpow`$= b = a^t \bmod p$ として，$m = 0, 1, \ldots, r-1$ を順に増やして `bpow` が 1 になるまで b を 2 乗し続ける。止まったときには $m = \mathrm{ord}(b) = \mathrm{ord}_p(a^t)$ となる。$m = 1$ なら更新する必要がないので，初期値 $x = a^{\frac{t+1}{2}} \bmod p$ を出力して終了する。

$m > 1$ のときは処理が続き，50〜54 行目のように値が更新される。w は別途計算しておくほうがよい変数なので追加されている。

例 11.1　一例として $p = 101$ を法とする $a = 43$ の平方根を求めてみる。p を 4 で割った余りは 1 である。作成した modsqrt 関数を使うと

```
>>> modsqrt(43, 101)
12
>>> pow(12, 2, 101) # check
43
```

となり，平方根 12 が求まり，直後の検算により，正しい結果を与えていることがわかる。

問題 11-82　リスト 11.4 のプログラムの modsqrt 関数を用いて，$p = 7001$ を法とする平方剰余 $a = 989$ の平方根を 1 つ求めよ。

12 楕円曲線と楕円曲線上の離散対数問題

楕円曲線を利用した暗号は，RSA暗号とならび広範囲で利用されている。RSA暗号と同等の安全性を保ちつつ，RSAよりも短い鍵長で済み，結果として高速な処理が可能になる。RSAでは多数の素数を必要とするが，楕円曲線暗号では不要であり，この点も乱数源に限りがある場合には利点となる。本章では，素体上の楕円曲線と楕円曲線上の離散対数問題について説明する。

12.1 素　　体

コンピュータで楕円曲線を扱う際には，有限体（ガロア体）が必要になる。ここでは，最もシンプルな有限体である素体のみ詳しく説明する。

定義 12.1　四則演算について閉じている代数系を**体**（たい）（field）という†1。特に元の数が有限の体を**有限体**（finite field）または**ガロア体**（Galois field）といい，元の数が素数であるものを**素体**（prime field）という。

暗号理論では，ガロア体という用語が優勢なので，ここでもその習慣にならう。つぎの定理はガロア体に関する基本定理である。

定理 12.2　ガロア体の元の数はある素数 p のべきになる。元の数が p^n であるようなガロア体を $\mathrm{GF}(p^n)$ と書く†2。

本書では扱わないが，$\mathrm{GF}(2^n)$ の形の有限体は，**二進体**（binary field）と呼ばれ，おもに符号理論で重要である。例えば，QRコードなどで用いられているリードソロモン符号では，$\mathrm{GF}(2^8)$ が利用されている。暗号理論では，例えば，AESのSボックスは，入力を $\mathrm{GF}(2^8)$ の元とみなし，その逆数を出力する関数になっている。

p を素数とする。$\mathbb{Z}_p$ を思い出そう。すでに見たように $\mathbb{Z}_p$ は可換環である。また，$0 \neq a \in \mathbb{Z}_p$

†1　本書では，積について交換法則が成り立つ体（可換体）のみ考える。

†2　数学者は $\mathbb{F}_{p^n}$ と書く。

は，$\gcd(a, p) = 1$ を満たすから，a^{-1} が存在して，$\mathbb{Z}_p$ の元となる。つまり，除算ができることになるので，$\mathbb{Z}_p$ は体であり，元の個数は p であるから $\mathbb{Z}_p$ は素体である。以下，これを $\mathrm{GF}(p)$ と書くことにする。

フェルマーの小定理（定理 7.20）より，任意の $0 \neq a \in \mathrm{GF}(p)$ に対し，$a^{p-1} \equiv 1 \pmod{p}$ が成り立つ。これは，$\mathrm{GF}(p)$ において $a^{p-1} = 1$ であることを示している。$a = 0$ の場合も含めて，つぎが成り立つ。

定理 12.3　任意の $a \in \mathrm{GF}(p)$ に対して，$a^p = a$ が成り立つ。

本書では，$\mathrm{GF}(p)$ における $a \neq 0$ の逆数 a^{-1} の計算を，$a^{-1} = a^{p-2} \bmod p$ の形で行うことが多い。最速ではないが，短く記述できる。

例 12.1　$\mathrm{GF}(5)$ は，集合としては，$\{0, 1, 2, 3, 4\}$ である（正確には剰余類の集合）。加算，減算，乗算はすべて mod 5 で行えばよい。除算が問題だが，これは逆数を掛けることに相当する。$\mathrm{GF}(5)$ において，$3/4$ を計算してみよう。$4^{-1} \equiv 4^{5-2} = 4^3 \equiv 4 \pmod{5}$ であるから

$$\frac{3}{4} = 3 \cdot 4^{-1} \equiv 3 \cdot 4 \equiv 2$$

となる。

問題 12-83　$\mathrm{GF}(7)$ において，$5/6$ を計算せよ。

12.2 楕　円　曲　線

つぎに**楕円曲線**（elliptic curve）について説明しよう。K を体とする。$a, b \in K$ に対し

$$E : y^2 = x^3 + ax + b \tag{12.1}$$

で与えられる曲線を K 上の楕円曲線といい，この方程式を定義方程式と呼ぶことにする。楕円曲線は，別の形で与えられることもあるが，本書では，式 (12.1) の形のみ考える。なお，式 (12.1) は楕円曲線の**ワイエルシュトラス標準形**（Weierstrass form）と呼ばれる。

実数体上の楕円曲線（$K = \mathbb{R}$）がどんな形をしているか，Python を使って描いてみることにしよう。後に素体 $\mathrm{GF}(p)(p \geqq 5)$ 上の楕円曲線がどのようなものかも見る。グラフ描画にはいくつか方法があるが，ここでは，`matplotlib` と `numpy` を使ってみることにする。**リスト 12.1** では，`matplotlib` モジュールの `plt.contour(x, y, z, [0])` で $z = 0$ の等高線を描いている。

リスト 12.1 (StudyEllipticCurve.py)

```
1  import matplotlib.pyplot as plt
2  import numpy as np
3
4  Ranx = np.arange(-2.5, 3.5, 0.05)
5  Rany = np.arange(-3, 3, 0.05)
6  x, y = np.meshgrid(Ranx,Rany)
7
8  plt.axis([-3, 3.5, -3, 3])
9  plt.gca().set_aspect('equal', adjustable='box')
10
11 z = y**2 - x**3 + 3*x - 1
12 plt.contour(x, y, z, [0])
13 plt.show()
```

$f(x) = x^3 + ax + b$ が重根を持つかどうかでグラフの形状が変化する。$f(x)$ が重根を持つかどうかは，$f(x)$ と $f'(x)$ が共通根を持つかどうかで判別できる。sympy モジュールを利用して，f, g の終結式（判別式）を求めてみる（**リスト 12.2**）。

リスト 12.2 (StudyDiscriminant.py)

```
1  import sympy
2
3  x, y, a, b, D = sympy.symbols("x y a b D")
4
5  f = x**3 + a*x + b
6  g = 3*x**2 + a
7
8  D = sympy.resultant(f,g,x)
9  print(D)
```

3 行目で x, y, a, b, D を文字として扱うことを宣言している。5，6 行目で多項式を定義し，8 行目で終結式を計算している。実行すると，終結式が $4a^3 + 27b^2$ であることがわかる。

問題 12-84　リスト 12.2 のプログラムを実行し，終結式が $4a^3 + 27b^2$ であることを確認せよ。

つまり，$D = 4a^3 + 27b^2$ が 0 であれば重根を持ち，0 でなければ重根を持たないのである。楕円曲線暗号では，K 上で $D \neq 0$ となる曲線を利用する。

例 12.2　**図 12.1** は，$y^2 = x^3 - 3x + 1$ のグラフである。$4a^3 + 27b^2 = 4 \cdot (-2)^3 + 27 \cdot 1^2 =$

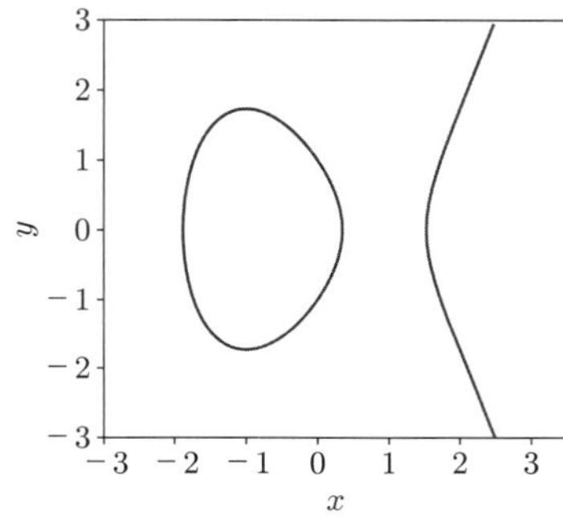

図 12.1　楕円曲線（$y^2 = x^3 - 3x + 1$）

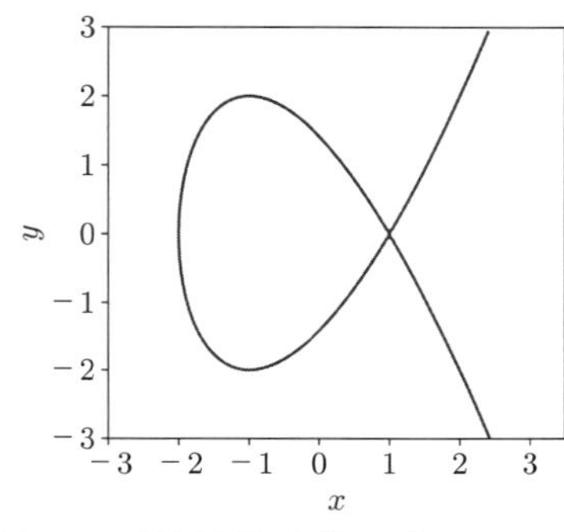

図 12.2　楕円曲線（$y^2 = x^3 - 3x + 2$）

$-5 \neq 0$ の場合である。**図 12.2** は，$y^2 = x^3 - 3x + 2$ のグラフである。これは，$4a^3 + 27b^2 = 4 \cdot (-2)^3 + 27 \cdot 2^2 = 0$ の場合で，重根を持つことがわかる。

問題 12-85　リスト 12.1 のプログラムを修正して，つぎの楕円曲線 E のグラフを描け。

$$E : y^2 = x^3 - 3x + 4$$

K 上で定義方程式を満たす点を E の**有理点**（rational point）といい，楕円曲線上の有理点と無限遠点と呼ばれる仮想的な有理点（記号で $\mathcal{O}_\infty$ と書く）を含めた点集合を $E(K)$ で表す。後に示すように $E(K)$ は群をなす。これは K における E の**有理点群**（rational point group）と呼ばれる。素体上の楕円曲線のグラフを見てみよう。**リスト 12.3** のプログラムは，GF(599) 上の

$$E : y^2 = x^3 + x$$

の有理点をプロットし，有理点の数 $|E(\mathrm{GF}(599))|$ を出力する。すると，**図 12.3** のような図が得られる。Python では，sympy モジュールを利用して，素体を扱うことができるが，若干中身が見えにくくなるので本書では扱わず，素朴な実装のみ提供している。

リスト 12.3（StudyECpointsPlot.py）

```
1  import matplotlib.pyplot as plt
2  
3  def Legendre(a, p):
4      L = pow(a, (p-1)//2, p)
5      if L == p - 1:
6          L = -1
7      return L
8  
9  # RHS of y^2 = x^3 + ax + b
10 def f(x, a, b, p):
11     ysq = (x**3 + a*x + b) % p
12     return ysq
13 
14 p = 599; a = 1; b = 0
15 
16 def modsqrt(c, p): # p MUST satisfies p % 4 = 3
17     return pow(c, (p+1)//4, p)
18 
19 for x in range(p):
20     ysq = f(x,a,b,p)
21     Leg = Legendre(ysq,p)
22     if Leg == 1:
23         y = modsqrt(ysq, p)
24         plt.scatter(x, y, s=10, c="black"); plt.scatter(x, p - y, s=10, c="black")
25     elif Leg == 0:
26         plt.scatter(x, 0, s=10, c="black")
27 
28 plt.show()
```

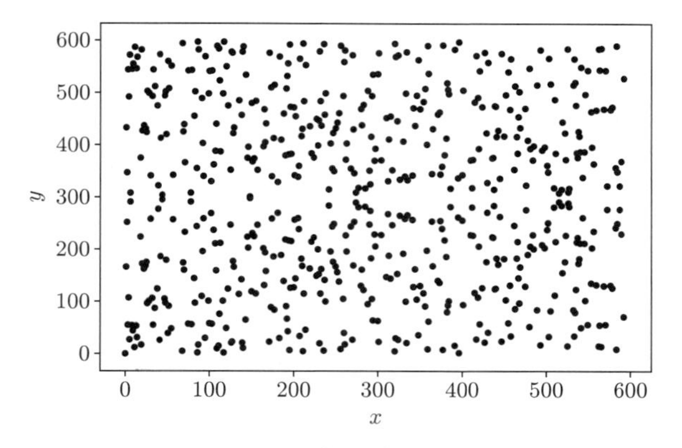

図 12.3　楕円曲線（$y^2 = x^3 + x$ on GF(599)）

$|E(\mathrm{GF}(599))| = 600$ となる（有理点を数える方法は後に述べる）から，図 12.3 は，無限遠点以外の 599 個の有理点を見ていることになる。実数体上の楕円曲線とは見た目が大違いであるが，これは，mod p によって曲線が折り返されたことによる。

問題 12-86　リスト 12.3 を修正してつぎの GF(163) 上の楕円曲線 E の有理点をプロットせよ。

$$E : y^2 = x^3 + x + 2$$

楕円曲線の有理点群の位数に関して以下の定理（ハッセの定理）が成り立つ。

定理 12.4（ハッセの定理）　ガロア体 $K = \mathrm{GF}(q)$ 上の楕円曲線 E の有理点群 $E(K)$ の位数に対して不等式が成り立つ。ここで，$q = p^n$（p は素数）である。

$$q + 1 - 2\sqrt{q} \leqq |E(K)| \leqq q + 1 + 2\sqrt{q}$$

定理 12.4 の証明はしないが，代わりにこの不等式が成り立っていることをシミュレーションで確かめてみることにする。q が大きい場合，有理点の個数を数えるには一工夫いるが，比較的小さな素体 GF(p) 上の楕円曲線に対し，素朴な方法で数えてみよう。

$|E(\mathrm{GF}(p))|$ を素朴な方法で計算するプログラムを**リスト 12.4** に示す。

リスト 12.4（StudyHasse.py）

```
1 def Legendre(a, p):
2     L = pow(a, (p-1)//2, p)
3     if L == p - 1:
4         L = -1
5     return L
6
7 # RHS of y^2 = x^3 + ax + b
8 def f(x,a,b,p):
9     ysq = (x**3 + a*x + b) % p
```

```
10         return ysq
11 
12     def CountElements(a,b,p):
13         count0 = 0 # for Legendre zero
14         count1 = 0 # for Legendre one
15         for x in range(p):
16             ysq = f(x,a,b,p)
17             Leg = Legendre(ysq,p)
18             if Leg == 0:
19                 count0 += 1
20             elif Leg == 1:
21                 count1 += 2
22         total = count0 + count1 + 1
23         return total
24 
25     n = CountElements(a=1, b=0, p=23)
26     print(n)
```

`CountElements(a,b,p)` は，$y^2 = x^3 + ax + b$ の GF(p) 上での点の個数を戻り値に持つ関数である。E 上の点を数えるには，$x \in \mathrm{GF}(p)$ に対して $x^3 + ax + b$ の値を計算し，値が平方剰余になるかどうかを考えればよい。`CountElements(a,b,p)` では，つぎのように計算している。x を 0 から $p-1$ まで変えながらルジャンドル記号 $\left(\left(x^3+ax+b\right)/p\right)$ の値を求め，$\left(\left(x^3+ax+b\right)/p\right)=0$ であれば点の個数を 1 だけ増やし，$\left(\left(x^3+ax+b\right)/p\right)=1$ であれば点の個数を 2 増やす。後者の場合に 2 増やすのは，右辺の 0 でない値に対して，y の点が 2 つ対応するからである。これらに，無限遠点 $\mathcal{O}_\infty$ を加えれば（つまり個数を 1 増やせば）$|E(\mathrm{GF}(p))|$ が求まることになる。すべての x を代入しているので，効率的な方法ではないことに注意されたい。なお，このプログラムでは，判別式は考慮していない。デフォルトでは，GF(23) 上の楕円曲線

$$E : y^2 = x^3 + x$$

の有理点の個数を数えている。実行すれば $|E(\mathrm{GF}(23))| = 24$ が得られる。この値は，定理 12.4 の区間

$$[p+1-2\sqrt{p},\ p+1+2\sqrt{p}] = [14.4083\cdots,\ 33.5916\cdots]$$

に含まれていることが確認できる。

問題 12-87　`CountElements` 関数を使って，$p = 1009$, $p = 2^{20} - 3$ に対し，つぎの GF(p) 上の楕円曲線 E の有理点の個数を求めよ（Blake ら[46]，p.83 より改題）。

$$E : y^2 = x^3 + 71x + 607$$

定理 12.4 の可視化のために，5 から 500 までの素数 p と $a, b \in \mathrm{GF}(p)$ をランダムに選び，$E : y^2 = x^3+ax+b$ の有理点の個数 $|E(\mathrm{GF}(p))|$ を求め，**トレース**（trace）$t = p+1-|E(\mathrm{GF}(p))|$

を図示してみよう（**リスト 12.5**）。

図 12.4 を見ると，$-2\sqrt{p} \leqq t \leqq 2\sqrt{p}$ に収まっていることがよくわかると思う。

リスト 12.5（StudyHasse2.py）

```
import random
import matplotlib.pyplot as plt
import sympy

def Legendre(a, p):
    L = pow(a, (p-1)//2, p)
    if L == p - 1:
        L = -1
    return L

# generate a list of prime numbers
PrimeList = []
def RandPrimeGen(low,high,num=1000):
    for i in range(num):
        q = random.randint(low,high)
        test = sympy.isprime(q)
        if test == True:
            PrimeList.append(q)
    return PrimeList

# generate parameters of y^2 = x^3 + ax + b
def RandCurveGen(p):
    Ran = [i for i in range(p)]
    a = random.choice(Ran)
    b = random.choice(Ran)
    return a, b

# RHS of y^2 = x^3 + ax + b
def f(x,a,b,p):
    ysq = (x**3 + a*x + b) % p
    return ysq

def CountElements(a,b,p):
    count0 = 0 # for Legendre zero
    count1 = 0 # for Legendre one
    for x in range(p):
        ysq = f(x,a,b,p)
        Leg = Legendre(ysq,p)
        if Leg == 0:
            count0 += 1
        elif Leg == 1:
            count1 += 2
    total = count0 + count1 + 1
    return total

numlist = []
plist = RandPrimeGen(5,500, 50000)

for p in plist:
    coef = RandCurveGen(p)
    a = coef[0]; b = coef[1]
    tr = p+1-CountElements(a,b,p)
    numlist.append(tr)

# drawing
plt.scatter(plist,numlist)
plt.show()
```

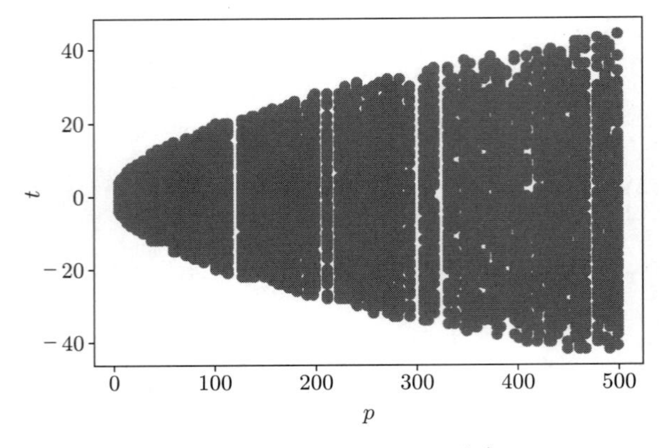

図 12.4　E のトレース t の分布

一部に隙間（白い縦線）があるが，これは，素数と素数の間隔が比較的広い部分に対応する。

12.3 有理点群

楕円曲線 E 上の点に関して以下のような演算を導入する。さしあたり，E を実数体 $K = \mathbb{R}$ 上の曲線と考えておく。**図 12.5** のように曲線上の 2 点 P, Q に対し，P, Q を通る直線を引く。$P = Q$ の場合は接線とする（**図 12.6**）。楕円曲線は 3 次曲線であるから（y 軸に平行である場合を除いて）直線は再び楕円曲線と交わる。その交点を R とする。x 軸に関して R と線対称の位置にある点を $P + Q$ とする。これが楕円曲線上の**可算**（addition）である（図 12.5）。一方，$P = Q$ のときは $P + P = 2P$ となるので特に **2 倍算**（doubling）と呼ばれる（図 12.6）。P, Q を通る直線が y 軸と平行になるときは $P + Q = \mathcal{O}_\infty$ とし，これを**無限遠点**（point at infinity）とする。無限に遠くでは交わっていると考えるのである。$P + Q = \mathcal{O}_\infty$ は，Q が P と x 軸に関して線対称になっていることを意味する。このとき，$Q = -P$ と書く。

この演算を式で表現しよう。$P = (x_1, y_1)$, $Q = (x_2, y_2)$, $R = P + Q = (x_3, y_3)$ とおく。$x_1 \neq x_2$ のとき，つまり，$P \neq \pm Q$ のとき，P, Q を通る直線は，$\ell : y = \lambda(x - x_1) + y_1$ と書

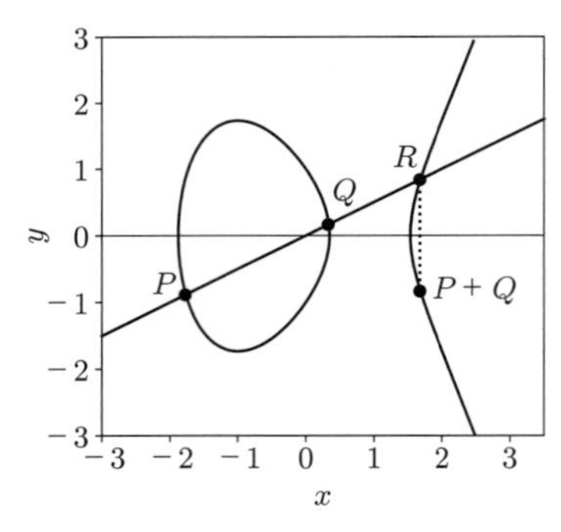

図 12.5　加算（$y^2 = x^3 - 3x + 1$）

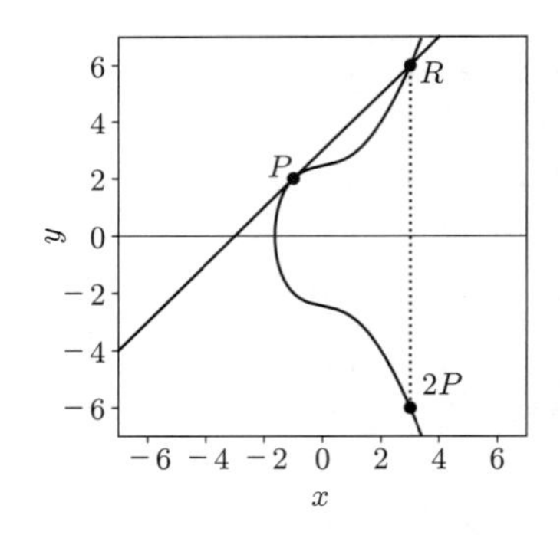

図 12.6　2 倍算（$y^2 = x^3 + x + 6$）

ける。ここで

$$\lambda = \frac{y_2 - y_1}{x_2 - x_1}$$

である。分数の形で書いているが，正確には，K 上の演算で考えて，$\lambda = (y_2 - y_1)(x_2 - x_1)^{-1}$ の意味に解釈する。ℓ の式を $y^2 = x^3 + ax + b$ に代入すると，つぎの 3 次方程式が導かれる。

$$x^3 + ax + b - (\lambda(x - x_1) + y_1)^2 = 0 \tag{12.2}$$

式 (12.2) を展開するまでもなく，x^2 の係数が，$-\lambda^2$ であることがわかる。ℓ と E の，P でも Q でもない共有点の x 座標を x_3 とすれば，3 次方程式の根と係数の関係から

$$x_3 = \lambda^2 - x_1 - x_2$$

であることがわかる。以上をまとめると，式 (12.3) のようになる。

【可　算】 $(x_3, y_3) = (\lambda^2 - x_1 - x_2,\ \lambda(x_1 - x_3) - y_1), \quad \lambda = \dfrac{y_2 - y_1}{x_2 - x_1}$ (12.3)

$P = Q$ のときは接線を考える。このときは，$y^2 = x^3 + ax + b$ の両辺を（y を x の陰関数として）x で微分すれば，$2yy' = 3x^2 + a$ となることから，$y_1 \neq 0$ のとき，式 (12.4) のようになる。

【二倍算】 $(x_3, y_3) = (\lambda^2 - 2x_1,\ \lambda(x_1 - x_3) - y_1), \quad \lambda = \dfrac{3{x_1}^2 + a}{2y_1}$ (12.4)

ここで重要なことは，式 (12.3)，(12.4) における (x_3, y_3) の**表現式には平方根の計算などの操作がなく，四則演算だけが現れている**ということである。つまり，楕円曲線上の点の可算（2 倍算も含む）という操作は，すべて体 K 上で実行できる。さらに，この演算については

【結合法則】 $(P_1 + P_2) + P_3 = P_1 + (P_2 + P_3)$

【零元の存在】 $P + \mathcal{O}_\infty = \mathcal{O}_\infty + P = P$

【逆元の存在】 $P + (-P) = (-P) + P = \mathcal{O}_\infty$

【交換法則】 $P + Q = Q + P$

が成り立つことが知られている。零元の存在（加法群における単位元の存在），逆元の存在，交換法則は明らかであろう。結合法則は自明ではない。証明は難しくはないがやや面倒なので，本書では割愛する。興味ある読者は，シルヴァーマン・テイト[47]を参照されたい。

楕円曲線 $E(K)$ は上記の可算操作でアーベル群をなす。これを K における E の**有理点群**と呼び，$E(K)$ で表す。K が有限体であれば，$E(K)$ は明らかに有限群である。$m(\geqq 1)$ 個の P の和を mP で表す。つまり，つぎのように定める。

$$mP = \underbrace{P + P + \cdots + P}_{m\ 個}$$

m が負の場合は，$-P$ の m 個の和を mP とする。$m = 0$ の場合は，$mP = \mathcal{O}_\infty$ とする。これらをまとめて，P の**スカラー倍**（scalar multiplication）という。

定理 7.7 より，$E(K)$ の任意の元（点）P は

$$|E(K)|P = \mathcal{O}_\infty$$

を満たし，その位数 $\mathrm{ord}(P)$ は $|E(K)|$ の約数である。$E(\mathrm{GF}(q))$ の構造は単純である。つぎの定理が知られている [†1]。

定理 12.5　$E(\mathrm{GF}(q))$（$q = p^n$，p は素数）は，巡回群であるか 2 つの巡回群の直積に同型である。すなわち，ある整数 m, m_1, m_2 が存在して

$$E(\mathrm{GF}(q)) \cong \mathbb{Z}_m \text{ または } E(\mathrm{GF}(q)) \cong \mathbb{Z}_{m_1} \times \mathbb{Z}_{m_2}$$

となる [†2]。ここで，m_1 は m_2 の約数である [†3]。なお，前者の場合，$|E(\mathrm{GF}(q))| = m$ であり，後者の場合，$|E(\mathrm{GF}(q))| = m_1 m_2$ となる。

問題 12-88　$\mathrm{GF}(q)$ 上の楕円曲線で，その有理点群 $E(\mathrm{GF}(q))$ が，$\mathbb{Z}_2 \times \mathbb{Z}_2 \times \mathbb{Z}_2$ と同型になるようなものはあるか。

12.4　楕円曲線上のスカラー倍の実装

素体 $\mathrm{GF}(p)$ 上の楕円曲線 $E : y^2 = x^3 + ax + b$ のスカラー倍のプログラムを**リスト 12.6** に示す [†4]。

リスト 12.6（StudyECurvePointMultiplication.py）

```
1 import math
2
3 Infty = (-1, -1) # point at infinity
4
5 def modinv(s,p): # p MUST be a prime
```

---

†1　Washington[48]，p.97, Thorem 4.1 を参照。

†2　演算が和なので，$\mathbb{Z}_{m_1} \times \mathbb{Z}_{m_2}$ は $\mathbb{Z}_{m_1} \oplus \mathbb{Z}_{m_2}$ と表現され，直和と呼ばれることが多い。本書では，$\oplus$ を排他的論理和の意味で使っているので，$\times$ を使う。

†3　本書では説明していないが，CRT の群論版「$\gcd(a, b) = 1$ のとき，$\mathbb{Z}_{ab} \cong \mathbb{Z}_a \times \mathbb{Z}_b$」により，もし，$\gcd(m_1, m_2) = 1$ となったなら，$\mathbb{Z}_{m_1} \times \mathbb{Z}_{m_2} \cong \mathbb{Z}_{m_1 m_2}$ となり巡回群と同型になる。

†4　有理点の計算を行う際に，無限遠点 $\mathcal{O}_\infty$ のみ例外処理する必要がある。じつは，楕円曲線を射影座標系またはヤコビ座標系で表現することによって例外処理を避けることができ，実装上重要だが，ここでは理解しやすさを優先して素朴なデカルト座標系（つまり普通の座標系）の場合のみ説明する。

```
6         return pow(s, p-2, p)
7
8     def ECadd(P, Q):
9         if P == Infty:
10            return Q
11        elif Q == Infty:
12            return P
13        elif Q[0] == P[0]:
14            return Infty
15
16        lam = ((Q[1]-P[1])*modinv(Q[0]-P[0], p)) % p
17        x3 = ((pow(lam,2))-P[0]-Q[0]) % p
18        y3 = (lam*(P[0]-x3)-P[1]) % p
19        return (x3,y3)
20
21    def ECdouble(P):
22        if P == Infty:
23            return Infty
24        elif 2*P[1] % p == 0:
25            return Infty
26        lam = ((3*pow(P[0],2,p)+a)*modinv(2*P[1],p)) % p
27        x3 = (pow(lam,2,p)-2*P[0]) % p
28        y3 = (lam*(P[0]-x3)-P[1]) % p
29        return (x3,y3)
30
31    def ECmult(scalar, P):
32        if scalar == 0:
33            return Infty
34        scalar_bin = str(bin(scalar))[2:]
35        point = P
36        slen = len(scalar_bin)
37        for i in range(1, slen):
38            point = ECdouble(point)
39            if scalar_bin[i] == "1":
40                point = ECadd(point, P)
41        return point
42
43    p = 23; a = 1; b = 0
44    P = (11, 10)
45
46    MAX = p+1+2*math.ceil(math.sqrt(p))
47    Plist = []
48    for i in range(1,MAX+1):
49        Q = ECmult(i, P)
50        Plist.append(Q)
51        if (Q[0] == -1) and (Q[1] == -1):
52            print(Plist)
53            print('ord(P) =', i)
54            break
```

43 行目で，先に例として挙げた，$p = 23$, $a = 1$, $b = 0$ を指定している。44 行目の $P = (11, 10)$ がスカラー倍される点である。実行すると P をスカラー倍した点のリスト $[P, 2P, \ldots, \mathrm{ord}(P)P = \mathcal{O}_\infty]$ を出力し，最後に P の位数を出力する。このプログラムでは，$(-1, -1)$ は無限遠点 $\mathcal{O}_\infty$ に対応し，$mP = \mathcal{O}_\infty$ となる m が P の位数 $\mathrm{ord}(P)$ である。$(-1, -1)$ を無限遠点 $\mathcal{O}_\infty$ とみなしているので，$(-1, -1)$ が E 上にあると誤動作する可能性がある。また，判別式のチェックもしていないことに注意されたい。

ほぼ数式をそのまま実装してあるので対応関係はつかみやすいであろう。ECadd(P, Q) が $P+Q$ の関数であり，ECdouble(P) が $2P$ の関数である。これらを使ってバイナリ法でスカラー倍を計算する関数が，ECmult である。つまり，スカラー k のバイナリ表記が，$k=(k[n-1]k[n-2]\cdots k[0])$ の場合，つぎのように kP の計算を行う。最初に $i=n-1, T=\mathcal{O}_\infty$ として，まず $T \leftarrow 2T$ を実行し，その後，もし $k[i]=1$ であれば $T \leftarrow T+P$ を実行する。ここで，i をデクリメントして $i<0$ になったら T を出力し，$i \geqq 0$ であれば再び 2 倍算に戻るのである †。逆数計算関数 modinv では，$s^{-1} \equiv s^{p-2} \pmod p$ を用いて逆数計算している。実行すると，$P=(11,10)$ のスカラー倍のリスト

```
[(11, 10), (13, 18), (15, 20), (9, 18), (19, 22), (1, 5), (17, 10), (18, 13), (20, 19),
(16, 8), (21, 17), (0, 0), (21, 6), (16, 15), (20, 4), (18, 10), (17, 13), (1, 18),
(19, 1), (9, 5), (15, 3), (13, 5), (11, 13), (-1, -1)]
ord(P) = 24
```

が出力され，$\mathrm{ord}(P)=24$ であることがわかる。$|E(\mathrm{GF}(23))|=24$ であるから $E(\mathrm{GF}(23)) \cong \mathbb{Z}_{24}$（位数 24 の巡回群）であることがわかる。

つぎに $P=(9,5)$ のスカラー倍も計算してみるとつぎのようになる。

```
[(9, 5), (18, 10), (0, 0), (18, 13), (9, 18), (-1, -1)]
ord(P) = 6
```

つまり，$P=(9,5)$ の位数は 6 である。楕円曲線の点の個数は 24 であるから，P の位数が 24 の約数になっていることが確かめられる。

問題 12-89　リスト 12.6 のプログラムを利用して，$P=(13,18)$ の位数を求めよ。

例 12.3　定理 12.5 によれば，$E(\mathrm{GF}(q))$ は，巡回群または 2 つの巡回群の直積に同型である。先に巡回群となる例を示したので，ここでは，$E(\mathrm{GF}(q))$ が巡回群にならない例を挙げよう（Washington[48], p.96, Example 4.2）。GF(7) 上の楕円曲線

$$E: y^2 = x^3 + 2$$

のすべての有理点を列挙しよう。**リスト 12.7** は，$p \equiv 3 \pmod 4$ となる素数 p に対し，$E(\mathrm{GF}(p))$ の有理点のリストを生成するプログラムである。これまでと同様 $(-1,-1)$ が無限遠点に対応する。大きな素体で考えた場合には，リストが巨大になるので注意してほしい。

リスト 12.7（StudyECpointlist.py）

```
1 def Legendre(a, p):
2     L = pow(a, (p-1)//2, p)
3     if L == p - 1:
4         L = -1
5     return L
6
7 def f(x,a,b,p):
```

† RSA 暗号で有効だった 2^k-ary 法は楕円曲線上のスカラー倍計算にも有効である。RSA 暗号の場合は，毎回事前計算が必要になるが，楕円曲線暗号では固定した点を使うので事前計算を毎回する必要はなく，さらなる高速化が可能である。ここでは，高速化については立ち入らない。

```
8       ysq = (x**3 + a*x + b) % p
9       return ysq
10
11  p = 7; a = 0; b = 2
12
13  def modsqrt(c, p): # p MUST satisfies p % 4 = 3
14      return pow(c, (p+1)//4, p)
15
16  points = []
17  for x in range(p):
18      ysq = f(x,a,b,p)
19      Leg = Legendre(ysq,p)
20      if Leg == 1:
21          y = modsqrt(ysq, p)
22          points.append((x, y))
23          points.append((x, p - y))
24      elif Leg == 0:
25          points.append((x, 0))
26
27  points.append((-1,-1)) # append infinite point
28  print(points)
```

実行すると，つぎのように有理点のリストが出力される。

```
[(0, 4), (0, 3), (3, 1), (3, 6), (5, 1), (5, 6), (6, 1), (6, 6), (-1, -1)]
```

$$E(\mathrm{GF}(7)) = \{(0,4),\ (0,3),\ (3,1),\ (3,6),\ (5,1),\ (5,6),\ (6,1),\ (6,6),\ \mathcal{O}_\infty\}$$

であり，$|E(\mathrm{GF}(7))| = 9$ であることを示している。このとき，定理 12.5 より，$E(\mathrm{GF}(7)) \cong \mathbb{Z}_9$ または $E(\mathrm{GF}(7)) \cong \mathbb{Z}_3 \times \mathbb{Z}_3$ である。じつは，$E(\mathrm{GF}(7))$ の点には，位数 9 のものが存在しない。例えば，E 上の点 $(3,1)$, $(0,3)$, $(5,1)$ の位数は 3 になる。すべての点について試してみると，$\mathcal{O}_\infty$ を除いて位数 3 であることがわかる。よって，$E(\mathrm{GF}(7)) \cong \mathbb{Z}_3 \times \mathbb{Z}_3$ である。

問題 12-90　有理点 $(3,1)$, $(0,3)$, $(5,1)$ の位数が 3 であることを確認せよ。さらに，これらを含む $E(\mathrm{GF}(7))$ のすべての有理点の位数を計算し，位数 9 の点が存在しないことを示せ。

問題 12-91　$E: y^2 = x^3 + x + 6$ に対し，$E(\mathrm{GF}(11))$ の構造を決定せよ。

問題 12-92　$E: y^2 = x^3 + 3$ に対し，$E(\mathrm{GF}(11))$ の構造を決定せよ。

12.5 楕円曲線上の離散対数問題（ECDLP）

楕円曲線上の**離散対数問題**（elliptic curve discrete logarithm problem：**ECDLP**，以下 ECDLP）とは，有限体 K 上の楕円曲線 E の 2 つの点 P と Q に対し，$kP = Q$ となる $k \in \mathbb{Z}_{|E(K)|}$ を求める問題である。この問題は P の位数が大きな素数の場合，非常に難しい。$Q = kP$ から k を求める問題は，高い計算複雑性を持つと考えられている。

ECDLP を実感するために，曲線上の点 P をランダムに選び，$Q = kP$ を計算し，スカラー倍で実際にどのように点が移動するかを見てみることにしよう。**リスト 12.8** のプログラムは，GF(163) 上の楕円曲線

$$E : y^2 = x^3 + x + 2$$

の有理点のリストを生成し（ただし無限遠点を除く），そこから 1 点 P をランダムに選び，$Q = kP$（ここでは $Q = 50P$）を計算する。実行すると，**図 12.7** のように，グレーの点の中に，黒い星印 P と，$Q = 50P$（黒いダイヤ印）が表示される。結果は実行のたびに異なる。

リスト 12.8（StudyDLP.py）

```
1  import matplotlib.pyplot as plt
2  import random
3  
4  def Legendre(a, p):
5      L = pow(a, (p-1)//2, p)
6      if L == p - 1:
7          L = -1
8      return L
9  
10 # RHS of y^2 = x^3 + ax + b
11 def f(x,a,b,p):
12     ysq = (x**3 + a*x + b) % p
13     return ysq
14 
15 def modsqrt(c, p): # p MUST satisfies p % 4 = 3
16     return pow(c, (p+1)//4, p)
17 
18 def modinv(s,p): # p MUST be a prime
19     return pow(s,p-2,p)
20 
21 def ECadd(P, Q):
22     if Q[0] == P[0]:
23         return (-1,-1)
24     lam = ((Q[1]-P[1])*modinv(Q[0]-P[0], p)) % p
25     x3 = ((pow(lam,2))-P[0]-Q[0]) % p
26     y3 = (lam*(P[0]-x3)-P[1]) % p
27     return (x3,y3)
28 
29 def ECdouble(P):
30     if 2*P[1] % p == 0:
31         return (-1,-1)
32     lam = ((3*pow(P[0],2,p)+a)*modinv(2*P[1],p)) % p
33     x3 = (pow(lam,2,p)-2*P[0]) % p
34     y3 = (lam*(P[0]-x3)-P[1]) % p
35     return (x3,y3)
36 
37 def ECmult(scalar, P):
38     if scalar == 0:
39         return (-1, -1)
40     scalar_bin = str(bin(scalar))[2:]
41     point = P
42     slen = len(scalar_bin)
43     for i in range(1, slen):
44         point = ECdouble(point)
45         if scalar_bin[i] == "1":
46             point = ECadd(point, P)
47     return point
48 
```

```
49 p = 163; a = 1; b = 2; k = 50
50 
51 points = []
52 for x in range(p):
53     ysq = f(x,a,b,p)
54     Leg = Legendre(ysq,p)
55     if Leg == 1:
56         y = modsqrt(ysq, p)
57         points.append([x, y])
58         points.append([x, p - y])
59         plt.scatter(x, y, s=10, c="gray"); plt.scatter(x, p - y, s=10, c="gray")
60     elif Leg == 0:
61         points.append([x, 0])
62         plt.scatter(x, 0, s=10, c="gray")
63 
64 # pick up a point randomly except the point at infinity
65 P = random.choice(points)
66 plt.scatter(P[0], P[1], s=90, c="black", marker="*")
67 Q = ECmult(k, P)
68 plt.scatter(Q[0], Q[1], s=50, c="black", marker="D")
69 
70 plt.show()
```

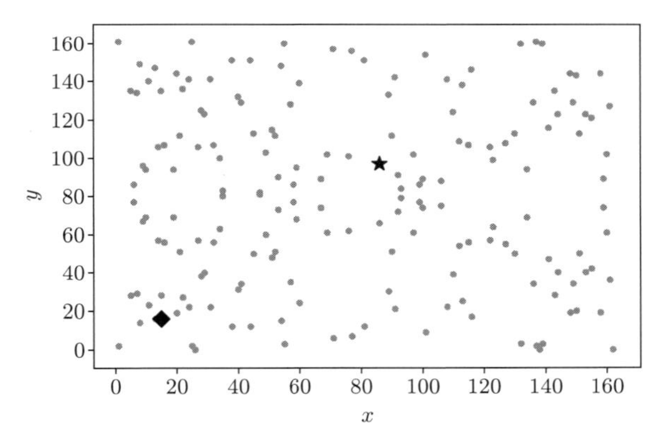

図 12.7 ECDLP

この楕円曲線に対する ECDLP とは，$k = 50$ という秘密情報を知らないときに，この星印を何倍すればダイヤ印の点が得られるか，という問題である。いまの例では，176 個の点（実際には無限遠点がないので 175 個）だけだが，暗号で使われるものは，2^{256} 個程度の膨大な点の集まりである。これが易しくないことは感覚的に了解できるであろう。

問題 12-93　リスト 12.8 のプログラムを複数回実行し，点の位置を確認せよ。

問題 12-94　リスト 12.8 のプログラムを利用して，GF(1123) 上の楕円曲線 $E : y^2 = x^3 + 71x + 602$ の有理点に対し，$P \neq \mathcal{O}_\infty$ をランダムに選択して $50P$ を求め，これらを座標平面上に表示せよ（マシンスペックによっては若干時間がかかるかもしれないので注意）。

12.6　有理点群の位数の計算

一般に，楕円曲線を暗号に利用する際には，その有理点群の位数が大きな素数 r を約数に持つように設定し，位数 r の点 G が生成する巡回群 $\langle G \rangle$ を利用する。r は有理点群の約数であるから有理点群の位数を決定することは重要な問題である。実用レベルの大きな素体上の楕円曲線の有理点群の位数計算は易しい問題ではない。そのためには，**シューフのアルゴリズム**（Schoof's algorithm）やその改良版を使う必要がある。しかし，これらの説明にはより進んだ代数学の知識が必要となるため，本書では割愛する。その代わりに，x を動かしてルジャンドル記号の値を求めていく素朴なアルゴリズムよりも高速でありながら高度な数学を必要としない**シャンクス＝メッスルのアルゴリズム**（Shanks-Mestre's algorithm）を紹介する。シャンクス＝メッスルのアルゴリズムは，一般の有限群に対する **BSGS アルゴリズム**（baby step and giant step algorithm）の楕円曲線版である。

$E(\mathrm{GF}(p))$ からランダムに点 P を取る。$\mathrm{ord}(P) > 4\sqrt{p}$ と仮定する。また，t をトレースとする。ハッセの定理（定理 12.4）から，$|E(\mathrm{GF}(p))|$ は $p+1 \pm \sqrt{p}$ の範囲にあるので，まず，$Q = (p+1)P$，$Q_1 = Q + \lfloor 2\sqrt{p} \rfloor P$ という 2 点を求める。Q はハッセの定理で与えられる区間の中央であり，Q_1 は区間の上端に対応する。トレースの範囲は $-2\sqrt{p} \leqq t \leqq 2\sqrt{p}$ であるから，$2\sqrt{p}$ ほど底上げして，$t' = t + \lfloor 2\sqrt{p} \rfloor \in [0, 4\sqrt{p}]$ とおいて，t' を求めることを考える。t' は $[0, 4\sqrt{p}]$ の範囲にあるので，$4\sqrt{p}$ の平方根にあたる $m = \lceil 2p^{1/4} \rceil$ を考え，t' を m で割ることにより $t' = im + j$ となる $i, j < m$ が取れる。

jP $(j = 0, 1, \ldots, m-1)$ を計算し，保存する（baby step）。$i = 0, 1, \ldots, m-1$ に対して

$$
\begin{aligned}
Q_1 - i(mP) &= Q + \lfloor 2\sqrt{p} \rfloor P - i(mP) \\
&= (p+1)P + (t' - t)P - imP \\
&= (p+1)P + (im + j - t)P - imP \\
&= (p+1)P + (j - t)P \\
&= (p+1-t)P + jP = jP
\end{aligned}
$$

を計算し（giant step），格納した jP のリストにあるかどうかを調べる。そのような i, j のペアが見つかれば，$t' = im + j$ が求まり，トレース $t = t' - \lfloor 2\sqrt{p} \rfloor$ が求まる。これがシャンクス＝メッスルのアルゴリズムである[†]。j は，t' を m で割った余りであるから $0 \leqq j \leqq m-1$ の範囲にある。i は，最大で $t'/m < 4\sqrt{p}/2p^{1/4} = 2p^{1/4} \leqq m$ までなので，やはり $0 \leqq i \leqq m-1$ の間にある。i, j のペアを探索するには，高々 $m \approx 2p^{1/4}$ 個の値を調べるだけでよいことになる。ただし，メモリ上に m 個の有理点を格納しておく必要がある。これがシャンクス＝メッス

---

† ここで，$\lceil x \rceil$ は，x の小数点以下を切り上げた整数，$\lfloor x \rfloor$ は，x の小数点以下を切り捨てた整数を表す。

ルのアルゴリズムのもとになったBSGS アルゴリズムのアイデアの核である。

シャンクス＝メッスルのアルゴリズムを Python で実装したものを**リスト 12.9** に示す。

リスト 12.9（StudyShanksMestre.py）

```
1  import math
2  import random
3  import sympy
4
5  def modinv(s,prime):
6      return pow(s,prime-2,prime)
7
8  def ECadd(P, Q, prime):
9      if (Q[0] - P[0]) % prime == 0:
10         return (-1, -1)
11     lam = ((Q[1] - P[1]) * modinv(Q[0]-P[0], prime)) % prime
12     x3 = ((pow(lam,2))-P[0]-Q[0]) % prime
13     y3 = (lam*(P[0]-x3)-P[1]) % prime
14     return (x3,y3)
15
16 def ECdouble(P, a, prime):
17     if 2*P[1] % prime == 0:
18         return(0,0)
19     lam = ((3*pow(P[0],2) + a)*modinv(2*P[1],prime)) % prime
20     x3 = (pow(lam,2)-2*P[0]) % prime
21     y3 = (lam*(P[0]-x3)-P[1]) % prime
22     return (x3,y3)
23
24 def ECmult(k, P, a, prime):
25     if k == 0:
26         return (-1, -1)
27     k_bin = str(bin(k))[2:]
28     point = P
29     slen = len(k_bin)
30     for i in range(1, slen):
31         point = ECdouble(point, a, prime)
32         if k_bin[i] == "1":
33             point = ECadd(point, P, prime)
34     return point
35
36 def ECinv(P, prime): # return -P for P
37     return(P[0], (prime - P[1]) % prime)
38
39 def Legendre(s, prime):
40     L = pow(s, (prime-1)//2, prime)
41     if L == prime - 1:
42         L = -1
43     return L
44
45 def Find_QNR_v(p):
46     v = 2
47     while Legendre(v, p) != -1:
48         v += 1
49     return v
50
51 def modsqrt(a, p):
52     if p == 2:
53         return(a) # in this case, every a is QR
54     if Legendre(a, p) == -1:
55         raise Exception('sqrt does not exist')
56     elif a % p == 0:
57         return(0)
58     elif p % 4 == 3: # easy case
59         return pow(a, (p+1)//4, p)
```

```
60
61      t = p - 1
62      s = 0
63      while t % 2 == 0:
64          t //= 2
65          s += 1
66
67      v = Find_QNR_v(p) # find v
68
69      g = pow(v, t, p)
70      x = pow(a, (t+1)//2, p)
71      b = pow(a, t, p)
72      r = s
73
74      while True:
75          bpow = b # it will be updated
76          m = 0
77          for m in range(r):
78              if bpow == 1:
79                  break # m=ord(bpow)
80              bpow = pow(bpow, 2, p)
81
82          if m == 0:
83              return x
84
85          w = pow(g, 2**(r-m-1), p)
86          g = pow(w, 2, p)
87          x = x*w % p
88          b = b*g % p
89          r = m
90
91  def f(x,a,b,p):
92      ysq = (x**3 + a*x + b) % p
93      return ysq
94
95  def randpicpoint(a, b, prime):
96      PrimTest = sympy.isprime(prime)
97      if PrimTest == False:
98          raise ValueError("modulo is not a prime")
99      flag = 0
100     while flag == 0:
101         x = random.randint(0,prime)
102         ysq = f(x,a,b,prime)
103         Leg = Legendre(ysq,prime)
104         if Leg != -1:
105             flag = 1
106             y = modsqrt(ysq, prime)
107     return (x, y)
108
109 p = 2**41+2**11+3; a = 71; b = 602
110 m = math.ceil(2*p**(1/4))
111 u = math.floor(2*math.sqrt(p))
112 P = randpicpoint(a, b, p); Q = ECmult(p+1, P, a, p)
113 V = ECmult(u, P, a, p); Q1 = ECadd(Q, V, p)
114 P1 = ECinv(ECmult(m, P, a, p), p)
115
116 tbl = []
117 for j in range(m):
118     tbl.append(ECmult(j, P, a, p))
119
120 for i in range(m):
121     LHS = ECadd(Q1, ECmult(i, P1, a, p), p)
122     if LHS in tbl:
```

```
123             for j in range(m):
124                 if LHS == tbl[j]:
125                     tprime = m*i + j
126                     print(p + 1 - tprime + u)
```

ここで実装したのはオリジナルのシャンクス＝メッスルのアルゴリズムである。また，これまでと同様，無限遠点 $\mathcal{O}_\infty$ は，$(-1,-1)$ に対応させていることに注意されたい。プログラムでは，最初にシャンクス＝メッスルのアルゴリズムに必要な楕円曲線の点の操作（加算，2 倍算，スカラー倍，逆元計算）の関数群と，ルジャンドル記号，平方根関数（$p \equiv 1 \pmod 4$ の場合にも対応する）が定義されている。その後に楕円曲線上の点をランダムに選ぶ `randpicpoint` を定義し，後はシャンクス＝メッスルのアルゴリズムを直接実装してある。シャンクス＝メッスルのアルゴリズムでは，42 ビットの素数 $p = 2^{41} + 2^{11} + 3$ と楕円曲線 $E : y^2 = x^3 + 71x + 602$ に対し $|E(\mathrm{GF}(p))| = 2199022864368$ をほぼ一瞬で求めることができる。これをルジャンドル記号の計算を利用する素朴なアルゴリズムで求めるには，多大な時間がかかる。

問題 12-95　$p = 2^{39} + 2^{15} + 3$ とする。このとき，楕円曲線 $E : y^2 = x^3 + 71x + 602$ に対する有理点群 $E(\mathrm{GF}(p))$ の位数を求め，$E(\mathrm{GF}(p))$ の構造を定めよ。位数の因数分解には，`sympy.factorint` を用いるとよい。

問題 12-96　$p = 2^{46} + 2^{14} + 3$ とする。このとき，楕円曲線 $E : y^2 = x^3 + 71x + 602$ に対する有理点群 $E(\mathrm{GF}(p))$ の位数を求め，$E(\mathrm{GF}(p))$ の構造を定めよ。

補足 12.6　本書では，楕円曲線上の離散対数問題（ECDLP）のみ扱っているが，一般に，有限巡回群 $G = \langle g \rangle$ と $h \in G$ に対し

$$g^x = h$$

を満たす整数 x を求める問題を G 上の離散対数問題という。特に，$\mathbb{Z}_p^*$ の大きな素数位数の部分巡回群を G としたものは，暗号理論では，単に DLP と表現される。DLP を利用した電子署名は DSA（Digital Signature Algorithm）と呼ばれ，DSS（Digital Signature Standard）として標準化されている。署名の原理は，ECDSA とほぼ同様である。DLP に対しては，**指数計算法**（index calculus）と呼ばれる（確率的）離散対数計算アルゴリズムが ECDLP よりも有効に機能することが知られている。DSA は，ECDSA と比べて遅く，安全性も劣ると考えられており，2023 年 2 月に発行された FIPS186-5（Digital Signature Standard（DSS））では，電子署名生成用途としては DSA を NIST 標準から外している。今後は，既存の DSA 署名の検証以外で DSA が利用されることはなくなっていくであろう。

13 楕円曲線の暗号への応用

本章では，楕円曲線ディフィー・ヘルマン鍵交換（ECDH），楕円曲線署名（ECDSA）に加え楕円曲線を利用した擬似乱数生成器 Dual_EC_DRBG のバックドアについても説明する。

13.1 楕円曲線ディフィー・ヘルマン鍵交換（ECDH）

楕円曲線を使って共通鍵暗号の秘密鍵を共有することができる。A 氏と B 氏の間で，盗聴可能な通信路で鍵を共有したいとする。両者の間で，楕円曲線 E とその有理点群，大きな素数位数 n を持つ有理点 G（これを**ベースポイント**（base point）という）を共有しておく†。A 氏は 1 以上 $n-1$ 以下の乱数 d_A（秘密鍵）を選んで $P_A = d_A G$（公開鍵）を計算する。B 氏も同様に乱数 d_B（秘密鍵）を選んで $P_B = d_B G$（公開鍵）を計算する。第 12 章で見たように ECDLP は困難であるため，P_A, P_B から d_A, d_B の計算は難しいことに注意する。A 氏は B 氏に $P_A = d_A G$ を送信し，B 氏は受け取った P_A を秘密鍵 d_B 倍して，$P_{BA} = d_B P_A = d_B d_A G$ を計算する。同様に B 氏は A 氏に $P_B = d_B G$ を送信し，A 氏は受け取った P_B を秘密鍵 d_A 倍して，$P_{AB} = d_A P_B = d_A d_B G$ を計算する。$P_{AB} = Q_{BA}$ であるから，これで A 氏と B 氏の間で鍵が共有できたことになる（**図 13.1**）。これが**楕円曲線ディフィー・ヘルマン鍵交換**

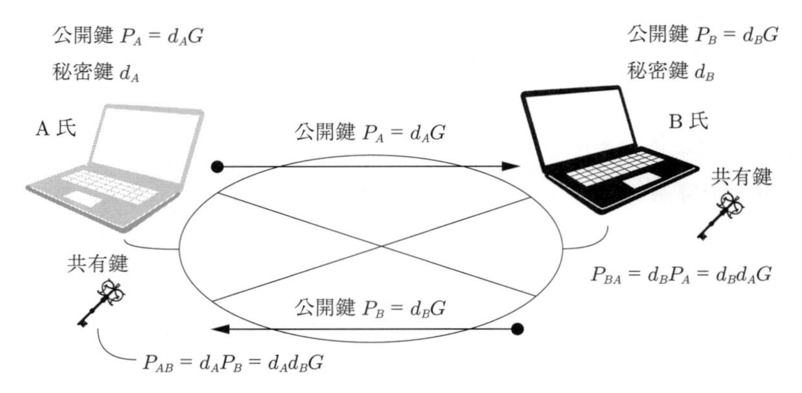

図 13.1　ECDH

† G は群の記号と紛らわしいが，ベースポイントを G で表す習慣が定着しているので，以後，G はベースポイントを意味する。

（elliptic curve Diffie-Hellman key exchange：**ECDH**）の基本原理である[†1]。

ECDH は，$G_a = aG$ と $G_b = bG$ から，$G_{ab} = abG$ を求めることが困難であることに基づいている。これは（楕円曲線上の）**ディフィー・ヘルマン仮定**（Diffie-Hellman hypothesis）と呼ばれる[†2]。ECDLP が解けるなら a と b が求まるので，abG を求めることは容易である。

ECDH を実際に使う場合には若干注意すべき点がある。その点も含めて実装したものが，**リスト 13.1** のプログラムである。

リスト 13.1（StudyECDH.py）

```
 1 from cryptography.hazmat.primitives.asymmetric import ec
 2 from cryptography.hazmat.primitives.kdf.hkdf import HKDF
 3 from cryptography.hazmat.primitives import hashes
 4 from cryptography.hazmat.primitives import serialization
 5
 6 # Generating a shared key
 7 def generate_shk(sk, pk):
 8     shk = sk.exchange(ec.ECDH(), pk)
 9     K = HKDF(algorithm = hashes.SHA256(),
10         length = 32, salt = None, info= b'Time is money',).derive(shk)
11     return K
12
13 def printsk(sk):
14     print(sk.private_bytes(encoding = serialization.Encoding.PEM,
15         format = serialization.PrivateFormat.PKCS8,
16         encryption_algorithm = serialization.NoEncryption()))
17 def printpk(pk):
18     print(pk.public_bytes(encoding = serialization.Encoding.PEM,
19         format = serialization.PublicFormat.SubjectPublicKeyInfo,))
20
21 ## key generation
22 d_A = ec.generate_private_key(ec.SECP256R1())
23 printsk(d_A)
24 P_A = d_A.public_key()
25 printpk(P_A)
26 d_B = ec.generate_private_key(ec.SECP256R1())
27 printsk(d_B)
28 P_B = d_B.public_key()
29 printpk(P_B)
30
31 P_AB = generate_shk(d_A, P_B)
32 print('P_AB = ', P_AB.hex())
33
34 P_BA = generate_shk(d_B, P_A)
35 print('P_BA = ', P_BA.hex())
```

1 行目では，楕円曲線のモジュール `ec` をインポートしている。3 行目はハッシュ用であることがわかるだろう。生成される鍵はオブジェクトなのでシリアル化（serialize）する必要がある。そのために 4 行目で `serialization` をインポートしている。2 行目でインポートされている **HKDF**（HMAC-based key derivation function）は，`generate_shk` 関数の中で使われ

[†1] モバイルメッセンジャーアプリとして知られる LINE のエンドツーエンド暗号化プロトコル letter sealing において通信の暗号化の鍵の共有に利用されている。

[†2] $G_a = aG$，$G_b = bG$，$G_c = cG$ だけから，$G_c = G_{ab} = abG$ であるかどうか判定するのが困難である，という（より強い）仮定を課す場合もある。この仮定は，**決定ディフィー・ヘルマン仮定**（decisional Diffie-Hellman hypothesis）と呼ばれる。

ている。この関数は，秘密鍵 `sk` と公開鍵 `pk` から共有鍵を生成するが，`pk` を `sk` 倍しているわけではなく，HMAC メッセージ認証子に基づく**鍵導出関数**（key derivation function）を用いて鍵をつくる。HKDF では，与えられたパスワード（Time is money）から共通鍵暗号で用いる秘密鍵を生成する。同じパスワードから異なる鍵を生成するために `salt` を使うことがあるが，ここでは使っていない。ハッシュ関数は SHA256 を指定している。

鍵を表示するために，`printsk`（秘密鍵表示用）と `printpk`（公開鍵表示用）という関数を用意した。`printsk` でも `printpk` でもエンコードは PEM，フォーマットは PKCS#8 を指定している。秘密鍵表示においては，必要なら `encryption` でパスフレーズを指定することもできるが，ここでは使っていない（書いておく必要はある）。22 行目と 26 行目で楕円曲線名 `SECP256R1` を指定している。詳しくは，ECDSA の節で説明する。

プログラムを実行すると，以下のように表示される（毎回異なることに注意）。

```
b'-----BEGIN PRIVATE KEY-----\n
MIGHAgEAMBMGByqGSM49AgEGCCqGSM49AwEHBG0wawIBAQQgdvNUD1foUVaNmpC4\n
oWB3XM60ASsbkndkBdOHOEQ0kp2hRANCAATSq8bae48xzKVrAOEws+ydivVoLrpq\n
awpKDwWR+q9yPEbW7MGpLLiBxVmQFZwDXuyINPvAeENPNzczyOGa7H5J\n
-----END PRIVATE KEY-----\n'
b'-----BEGIN PUBLIC KEY-----\n
MFkwEwYHKoZIzj0CAQYIKoZIzj0DAQcDQgAE0qvG2nuPMcylawDhMLPsnYr1aC66\n
amsKSg8FkfqvcjxG1uzBqSy4gcVZkBWcA17siDT7wHhDTzc3M8jhmux+SQ==\n
-----END PUBLIC KEY-----\n'
b'-----BEGIN PRIVATE KEY-----\n
MIGHAgEAMBMGByqGSM49AgEGCCqGSM49AwEHBG0wawIBAQQgg4nCNlrfwfst0G+i\n
UaVNICEpWBHaFOUwZx12lc2jgkuhRANCAATUFcqoVqy1qJquWTxJ+oY+Qfxt0e6u\n
m5wcXZ4e3RqJapu6x43gen0HTjoyTAjw8ec14hBhHP8WR7PV+dXLnz53\n
-----END PRIVATE KEY-----\n'
b'-----BEGIN PUBLIC KEY-----\n
MFkwEwYHKoZIzj0CAQYIKoZIzj0DAQcDQgAE1BXKqFastaiarlk8SfqGPkH8bTnu\n
rpucHF2eHt0aiWqbuseN4Hp9B046MkwI8PHnNeIQYRz/Fkez1fnVy58+dw==\n
-----END PUBLIC KEY-----\n'
P_AB =  c93c8326ab0a59cc21ead9ced2bda07cad93e52f4d61b04dd0ae96e11670dbea
P_BA =  c93c8326ab0a59cc21ead9ced2bda07cad93e52f4d61b04dd0ae96e11670dbea
```

最後の 2 行を見ると `P_AB` と `P_BA` が一致していることがわかる。

問題 13-97　リスト 13.1 のプログラムを実行し，`P_AB=P_BA` であることを確認せよ。

13.2　楕円曲線署名（ECDSA）

ECDH だけでは中間者攻撃を防げない。また，中間者攻撃を防ぐには電子署名が必要となる。RSA 暗号では，秘密鍵で暗号化操作をすれば電子署名となった。公開鍵の代わりに秘密鍵を使うだけで，処理は本質的に同じである。一方，楕円曲線暗号では，単に暗号化処理と復号処理の役割の入れ替えのようなことはできない。別途電子署名の方法を考える必要がある。

図 13.2 は，**楕円曲線署名**（elliptic curve digital signature algorithm：**ECDSA**）の仕組みである。RSA 暗号を用いた電子署名と同様に，A 氏のメッセージ M に B 氏が電子署名す

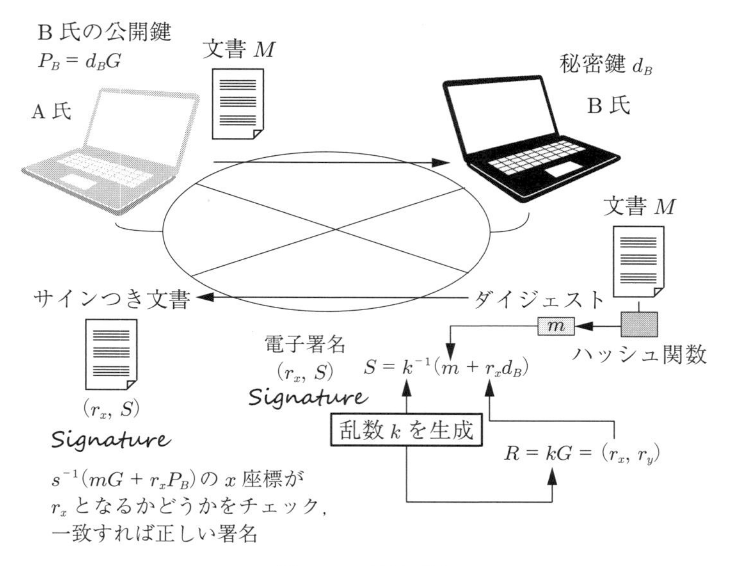

図 13.2　ECDSA

ることを考える。楕円曲線 E を固定し，その有理点群に含まれるベースポイントを G とし，$n = \mathrm{ord}(G)$ とする。RSA 電子署名と同様に，メッセージを暗号学的に安全なハッシュ関数 H でハッシュし，$m = H(M)$ を作成する。

1 以上 $n-1$ 以下の範囲の整数からランダムに k を選び，楕円曲線 E 上でベースポイント G のスカラー倍 $R = kG$ を計算する。kG の x 座標を r_x，y 座標を r_y とする（署名に使うのは x 座標だけである）。つまり，$R = kG = (r_x, r_y)$ とする。

B 氏は自らの秘密鍵 d_B を用いて

$$S = \frac{m + r_xd_B}{k}$$

を計算し，(r_x, S) を電子署名として，元のメッセージ M とまとめて A 氏に送る。これが B 氏の署名の手順である。署名つきの文書を受け取った A 氏は B 氏の公開鍵 $P_B = d_BG$ を使って，つぎのようにして署名を検証する。

$$\begin{aligned}\frac{mG + r_xP_B}{S} &= \frac{k}{m + r_xd_B}(mG + r_xP_B)\\ &= \frac{k}{m + r_xd_B}(mG + r_xd_BG)\\ &= \frac{k}{m + r_xd_B}(m + r_xd_B)G\\ &= kG = R = (r_x, r_y)\end{aligned}$$

つまり，この等式が成り立つかどうかを確認し（実際には R の x 座標が一致するかどうかを見る），成り立っていれば署名が正当なものと認める。m はメッセージ M のハッシュだから，もちろん計算できる値である。G はベースポイントであり，公開されている。P_B は B 氏の公開鍵だから，これも公開情報である。署名として r_x と S が送られてくるから，計算に使う情報はすべて既知である。なお，ここに登場する **k は乱数でなければならない。** これが固定値だったり，十分ランダムでない場合は危険である。実際，実装のミスで k が固定値だったためにECDSAが破られた事例があるので，ここで説明しておこう。

ハッカーチーム fail0verflow（0はオーではなくゼロ）は，当時のPlayStation3のECDSAにおいて，本来ランダムでなければならない k が固定値であることを発見した。k が固定値のとき，$R = kG = (r_x, r_y)$ から，署名に使う r_x も固定値となることがわかる。k を固定値とする（不完全な）ECDSAにおいて，異なるチャレンジ M_1, M_2 に対する電子署名を求めてみる。チャレンジそれぞれに対するハッシュ値を m_1, m_2 とすると，これらに対する S_1, S_2 はつぎのようになる。

$$S_1 = \frac{m_1 + r_x d_B}{k}, \quad S_2 = \frac{m_2 + r_x d_B}{k}$$

引き算すると r_x, d_B が消えて

$$S_1 - S_2 = \frac{m_1 - m_2}{k}$$

となる。これを k について解けば

$$k = \frac{m_1 - m_2}{S_1 - S_2}$$

となって k が求まる。k が求まってしまえば kG が計算できる。その x 座標を見れば r_x が求まり，この k を用いて

$$d_B = \frac{kS_1 - m_1}{r_x}$$

とすれば，秘密鍵 d_B が求まる。これはECDSAの欠陥ではなく，実装のミスである。fail0verflowは k が固定値であることを発見し，秘密鍵を取り出すことに成功した。実装の際には十分なテストが必要であることがよくわかる事例である。

13.3 ECDSAの実装

ECDSAの実装を見てみよう。ここでは，ビットコインで用いられているGF(p)上の楕円曲線Secp256k1を使う。p は以下のとおりである。

$$p = 2^{256} - 2^{32} - 2^9 - 2^8 - 2^7 - 2^6 - 2^4 - 1$$

問題 13-98　`sympy.isprime` を用いて上記の p がほぼ確実に素数であることを確認せよ。

Secp256k1は，上記の p に対し

$$y^2 = x^3 + 7 \quad \text{on GF}(p)$$

で定義される楕円曲線である。ここでは無限遠点を $\mathcal{O}_\infty = (0, 0)$ で表現した。

ビットコインで使われているベースポイント $G = (\mathrm{Gx}, \mathrm{Gy})$ は

$$\mathrm{Gx} = \mathrm{0x79BE667EF9DCBBAC55A06295CE870B07029BFCDB2DCE28D959F2815B16F81798}$$

$$\mathrm{Gy} = \mathrm{0x483ADA7726A3C4655DA4FBFC0E1108A8FD17B448A68554199C47D08FFB10D4B8}$$

であり，その位数は

$$\mathrm{ord}(G) = 115792089237316195423570985008687907852837564279074904382605163 \\ 141518161494337$$

である。$\mathrm{ord}(G)$ は 256 ビットの素数であり，もちろん，Secp256k1 の位数の約数になっている。

ビットコインにおいては，ハッシュ値の入力フォーマットはつぎのように定められている。

[1 バイト 0x04][32 バイト公開鍵の x（big endian）][32 バイト公開鍵の y（big endian）]

ECDSA のプログラムを**リスト 13.2** に示す。ECDSA ではハッシュ関数が必要になるので **hashlib** をインポートしておく必要がある。また，乱数 k の生成のため，**secrets** もインポートされている。以下に示す ECDSA では，曲線の位数も用いるので引数に含めて記述されていることに注意しよう。

重要なポイントは，公開鍵は整数として出力されるが，これをフォーマットに従って楕円曲線上の点に直さなければならないことである。これは関数 **Verify** の中で行われているので注意してほしい。このプログラムでは，秘密のフレーズ（ここでは “Change before you have to.” というジャック・ウェルチの言葉だが，適当に書き換えて使う）に従って鍵を生成している。メッセージは “**Hello**” だけだが，もちろんこれも書き換えられる。

リスト 13.2（StudyECDSA.py）

```
 1 from hashlib import sha256
 2 import secrets
 3 
 4 def modinv(s, prime):
 5     return pow(s, prime-2, prime)
 6 
 7 def ECadd(P, Q, prime):
 8     if (Q[0] - P[0]) % prime == 0:
 9         return(0,0)
10     lam = ((Q[1] - P[1]) * modinv(Q[0] - P[0], prime)) % prime
11     x3 = ((pow(lam,2)) - P[0] - Q[0]) % prime
12     y3 = (lam*(P[0]-x3) - P[1]) % prime
13     return (x3, y3)
14 
15 def ECdouble(P, prime):
16     if 2*P[1] % prime == 0:
17         return(0,0)
18     lam = ((3*pow(P[0],2) + a)*modinv(2*P[1], prime)) % prime
19     x3 = (pow(lam,2) - 2*P[0]) % prime
```

```
20      y3 = (lam*(P[0] - x3) - P[1]) % prime
21      return (x3, y3)
22
23  def ECmult(k, P, prime):
24      if k == 0:
25          raise ValueError('invalid scalar')
26      k_bin = str(bin(k))[2:]
27      point = P
28      slen = len(k_bin)
29      for i in range(1, slen):
30          point = ECdouble(point, prime)
31          if k_bin[i] == "1":
32              point = ECadd(point, P, prime)
33      return point
34
35  def KeyGen(string, P, prime):
36      shash = sha256(string.encode('utf-8')).hexdigest()
37      sk = int(shash, 16)
38      pkpt = ECmult(sk, P, prime)
39      pk = int("04" + "%064x" % pkpt[0] + "%064x" % pkpt[1], 16)
40      return (pk, sk)
41
42  def ECDSA(Message, G, sk, order, prime):
43      Mhash = sha256(Message.encode('utf-8')).hexdigest()
44      m = int(Mhash, 16)
45      k = 0
46      while k == 0:
47          k = secrets.randbelow(order)
48      R = ECmult(k, G, prime)
49      rx = R[0]
50      kinv = modinv(k, order)
51      S = kinv*(m+rx*sk) % order # sk:secret key(int)
52      return(rx, S)
53
54  def Verify(sign, Message, G, pk, order, prime):
55      Mhash = sha256(Message.encode('utf-8')).hexdigest()
56      m = int(Mhash, 16)
57      pky = pk % 2**256
58      pkx = ((pk - pky)//2**256) % 2**256
59      pkpoint = (pkx,pky)
60      rx = sign[0] # int
61      S = sign[1] # int
62      Sinv = modinv(S, order) # int
63      mG = ECmult(m, G, prime)
64      rxpk = ECmult(rx, pkpoint, prime)
65      v = ECadd(mG, rxpk, prime)
66      v = ECmult(Sinv, v, prime)
67      if v[0] == rx:
68          return True
69      else:
70          return False
71
72  # prime number p of GF(p)
73  p = pow(2,256)-pow(2,32)-pow(2,9)-pow(2,8)-pow(2,7)-pow(2,6)-pow(2,4)-pow
      (2,0)
74  # y^2 = x^3 + ax + b
75  a = 0; b = 7
76  # base point
77  Gx = 0x79BE667EF9DCBBAC55A06295CE870B07029BFCDB2DCE28D959F2815B16F81798
78  Gy = 0x483ADA7726A3C4655DA4FBFC0E1108A8FD17B448A68554199C47D08FFB10D4B8
79  G = (Gx, Gy)
80  # order of G
81  ordG = 0xFFFFFFFFFFFFFFFFFFFFFFFFFFFFFFFEBAAEDCE6AF48A03BBFD25E8CD0364141
```

```
82
83 # key generation from secret phrase
84 pk, sk = KeyGen("Change before you have to.", G, p)
85 print("secret key = ", hex(sk))
86 print("public key = ", hex(pk))
87 # message to be signed
88 Message = "Hello"
89 # signature generation
90 sign = ECDSA(Message, G, sk, ordG, p)
91 print("x of Digital Signature = ", sign[0])
92 # signature verification
93 verify = Verify(sign, Message, G, pk, ordG, p)
94 print(verify)
```

問題 13-99 (Gx, Gy) が Secp256k1 上にあることを確認せよ。

問題 13-100 $k = 123456789123456789$ に対して kG を計算せよ。

問題 13-101 $\ell = \mathrm{ord}(G)$ に対して，$\ell G = \mathcal{O}_\infty$ となることを確かめよ。

補足 13.1 ECDH, ECDSA において楕円曲線や素体が以下の条件を満たすとき，ECDLP が簡単になるので使用してはならない。詳細は，Blake ら[46] を参照されたい。

1. 有理点群の位数が小さな素数の積に分解できる場合，すなわち，$|E(\mathrm{GF}(p)| = p_1^{e_1}\cdots p_k^{e_k}$ と分解できて各 p_i が小さい場合は，もとの ECDLP を位数 p_i の小さな ECDLP に分解できる。**ポーリグ＝ヘルマン攻撃**（Pohlig-Hellman attack）と呼ばれる。
2. $|E(\mathrm{GF}(p))| = p$ の場合，このような曲線を**アノマラス曲線**（anomalous curve）という。このときは，より簡単な GF(p) 上の DLP に帰着できる。これを，**SSSA 攻撃**（SSSA attack）という。ここで SSSA は，攻撃の発見者セマーエフ（Semaev），スマート（Smart），佐藤，荒木の頭文字を並べたものである。
3. $|E(\mathrm{GF}(p))| = p + 1$ の場合，このような曲線を**超特異曲線**（supersingular curve）という。メネゼス（Menezes），岡本，ヴァンストン（Vanstone）によって発見され，フライ（Frey）とリュック（Rück）が拡張した **MOV 帰着**（MOV reduction）と呼ばれる攻撃が可能である。MOV は発見者の頭文字を並べたものである。

13.4 Pycryptodome による ECDSA

Pycryptodome では，素体上の楕円曲線を用いた ECDSA がサポートされている。利用可能な楕円曲線のリストは**表 13.1** のとおりであるが，NIST SP-800 Part 1 Rev.4（もしくは newer release）によると，鍵長は 224 ビット以上が推奨されているので，製品開発等では，P-192 の曲線を使うべきではない。ここで，各行の右側にある曲線名のリストは同じ曲線を意味する。例えば，NIST P-224 を指定する際，NIST P-224，p224，P-224，prime224v1，secp224r1 と

表 13.1　利用可能な楕円曲線のリスト

楕円曲線	曲線 API パラメータとして指定できる文字列
NIST P-192	NIST P-192, p192, P-192, prime192v1, secp192r1
NIST P-224	NIST P-224, p224, P-224, prime224v1, secp224r1
NIST P-256	NIST P-256, p256, P-256, prime256v1, secp256r1
NIST P-384	NIST P-384, p384, P-384, prime384v1, secp384r1
NIST P-521	NIST P-521, p521, P-521, prime521v1, secp521r1
Ed25519	ed25519, Ed25519
Ed448	ed448, Ed448

してもよいという意味である。

ここで，Ed25519 は，（ツイストした）**エドワーズ曲線**（Edwards curve）と呼ばれる楕円曲線であり，$p = 2^{255} - 19$ としたとき，素体 GF(p) 上で定義される。以下の形をしている。

$$-x^2 + y^2 = 1 - \frac{121665}{121666}x^2y^2 \tag{13.1}$$

これは，GF(p) 上の楕円曲線 Curve25519

$$y^2 = x^3 + 486662x^2 + x$$

と双有理同値（シルヴァーマン・テイト[47] を参照）である。曲線の位数は

$$8 \cdot (2^{252} + 27742317777372353535851937790883648493)$$

である。ベースポイントは，位数

$$2^{252} + 27742317777372353535851937790883648493$$

のものを使う。Ed25519 を使う場合のハッシュ関数は SHA512 である。なお，OpenSSH のデフォルトは Curve25519 ベースの ECDH である。ここでは，エドワーズ曲線（と双有理同値な Curve25519）についてはこれ以上触れない。ECDSA を利用する際に曲線のパラメータの値を意識する必要はないが，例えば，P-256 は，256 ビットの素数 p に対する GF(p) 上の楕円曲線で，各パラメータの値は，**表 13.2** のようになる。

ここで，p は定義体が GF(p) であることに対応している。n は有理点群の位数で，$n = h \cdot \mathrm{ord}(G)$

表 13.2　P-256

名前	パラメータの値
p	`0xffffffff00000001000000000000000000000000ffffffffffffffffffffffff`
a	`0xffffffff00000001000000000000000000000000fffffffffffffffffffffffc`
b	`0x5ac635d8aa3a93e7b3ebbd55769886bc651d06b0cc53b0f63bce3c3e27d2604b`
G	`(0x6b17d1f2e12c4247f8bce6e563a440f277037d812deb33a0f4a13945d898c296,` `0x4fe342e2fe1a7f9b8ee7eb4a7c0f9e162bce33576b315ececbb6406837bf51f5)`
n	`0xffffffff00000000ffffffffffffffffbce6faada7179e84f3b9cac2fc632551`
h	`0x1`

である。h は，**コファクター**（cofactor）と呼ばれる。P-256 では，$h=1$ であるから，有理点群は，G で生成される巡回群になっている。楕円曲線 P-256 を用いた ECDSA のプログラム例を**リスト 13.3** に示す。

リスト 13.3（StudyPycryptodomeECDSA.py）

```
 1 from Crypto.Hash import SHA256
 2 from Crypto.PublicKey import ECC
 3 from Crypto.Signature import DSS
 4 import binascii
 5
 6 message = b'Living well is the best revenge.'
 7 key = ECC.generate(curve='P-256')
 8 pk = key.export_key(format='PEM')
 9 print(pk)
10
11 # ECDSA
12 def ECDSAsignature(sk, message):
13     md = SHA256.new(message) # message digest
14     signer = DSS.new(sk, 'fips-186-3')
15     signature = signer.sign(md)
16     return signature
17
18 # Signature verification
19 def ecdsa_verify(pk, message, signature):
20     key = ECC.import_key(pk)
21     md = SHA256.new(message)
22     verifier = DSS.new(key, 'fips-186-3')
23     try:
24         verifier.verify(md, signature)
25         return True
26     except ValueError:
27         return False
28
29 signature = ECDSAsignature(key, message)
30 print('ECDSA signature:', binascii.hexlify(signature))
31 print(ecdsa_verify(pk, message, signature))
```

多くの複雑な処理をほぼ自動でやってくれるようになっている。7 行目で楕円曲線 P-256 に対応する鍵を生成している。8 行目は，pem 形式への変換である。12〜16 行目で署名関数を定義している。秘密鍵とメッセージから署名を生成する。なお，15 行目では，DSS（digital signature standard）の FIPS-186-3 に基づいて変数 `signer` を初期化している。FIPS-186-3 は，電子署名の標準規格を定めたもので RSA や ECDSA をカバーしている。19〜27 行目では署名の検証関数を定義している。20 行目で公開鍵をインポートし，22 行目以降でこの鍵を使って FIPS-186-3 に基づいた署名の検証が行われる。署名で指定されている標準 FIPS-186-3 と検証で指定されている標準は，もちろん一致している必要がある。

問題 13-102　リスト 13.3 のプログラムを実行して，ECDSA による署名を計算し，検証せよ。

13.5 Dual_EC_DRBG のバックドア

アメリカ国家安全保障局（NSA）が推奨し，2006 年に NIST SP-800-90A として標準化された

擬似乱数生成器 **Dual_EC_DRBG**（dual elliptic curve deterministic random bit generator）にバックドアが含まれていたというスキャンダルがあった（バックドアとは通常の認証プロセスを経ずにアクセスを得るための秘密のメカニズムのことである）。バックドアが発覚し，2013年に利用すべきではないと勧告されたものである。

Dual_EC_DRBG は，シードから，2 つの楕円曲線を使って乱数を生成する擬似乱数生成器であり，ECDLP の計算複雑性を基礎とした予測困難な疑似乱数を生成するアルゴリズムである。Dual_EC_DRBG でサポートされている楕円曲線は，NIST-p256 および NIST-p384 と NIST-p521 である。これらの曲線について特に疑惑はない。Dual_EC_DRBG は，楕円曲線上の 2 つの点 P と Q を利用して疑似乱数を生成する。この内 P は生成元 G である。例えば，NIST-p256 であればそれぞれ以下のように定義されている。

```
P.x = 6b17d1f2 e12c4247 f8bce6e5 63a440f2 77037d812deb33a0 f4a13945 d898c296
P.y = 4fe342e2 fe1a7f9b 8ee7eb4a 7c0f9e16 2bce33576b315ece cbb64068 37bf51f5

Q.x = c97445f4 5cdef9f0 d3e05e1e 585fc297 235b82b5be8ff3ef ca67c598 52018192
Q.y = b28ef557 ba31dfcb dd21ac46 e2a91e3c 304f44cb87058ada 2cb81515 1e610046
```

乱数生成の基本的な考え方は，シード s_0 から出発して

$$
\begin{aligned}
s_i &= (s_{i-1}P).x \\
r_{i-1} &= (s_iQ).x
\end{aligned}
$$

という漸化式で $r_0, r_1, \ldots$ を生成し，おのおのの下位 30 バイトを乱数として出力するというものである。ここで，添字の x は x 座標を意味する。段階的に書けば，以下のようになる。

STEP 1　安全な乱数源（エントロピーソース）から初期シード s_0 を生成する。

STEP 2　s_0 をスカラー値として s_0P を計算し，その x 座標を s_1 とする（$s_1 = (s_0P).x$）。

STEP 3　s_1 をスカラー値として s_1Q を計算し，その x 座標を r_1 とする（$r_0 = (s_1Q).x$）。（NIST-p256 の場合）r_1 は 32 バイトであり，その内の上位 16 ビットを削除した 30 バイトのデータが出力される。

STEP 4　s_1 をスカラー値として s_1P を計算し，その x 座標を s_2 とする（$s_2 = (s_1P).x$）。

STEP 5　s_2 をスカラー値として s_2Q を計算し，その x 座標を r_2 とする（$r_1 = (s_2Q).x$）。r_2 の下位 30 バイトがつぎの出力値である。これを要求されたビット数まで繰り返し，出力値を連結して返す（余ったバイトは破棄される）。

リスト 13.4 に Dual_EC_DRBG の Python プログラムを示す。

リスト 13.4（Dual_EC_DRBG.py）

```
1 import secrets
2
3 def modinv(s,prime):
4     return pow(s,prime-2,prime)
5
6 def ECadd(P, Q, prime):
7     if (Q[0] - P[0]) % prime == 0:
```

```
8          return(0,0)
9      lam = ((Q[1] - P[1]) * modinv(Q[0]-P[0], prime)) % prime
10     x3 = ((pow(lam,2))-P[0]-Q[0]) % prime
11     y3 = (lam*(P[0]-x3)-P[1]) % prime
12     return (x3,y3)
13 
14 def ECdouble(P, prime):
15     if 2*P[1] % prime == 0:
16         return(0,0)
17     lam = ((3*pow(P[0],2) + a)*modinv(2*P[1],prime)) % prime
18     x3 = (pow(lam,2)-2*P[0]) % prime
19     y3 = (lam*(P[0]-x3)-P[1]) % prime
20     return (x3,y3)
21 
22 def ECmult(k, P, prime):
23     if k == 0:
24         raise ValueError('invalid scalar')
25     k_bin = str(bin(k))[2:]
26     point = P
27     slen = len(k_bin)
28     for i in range(1, slen):
29         point = ECdouble(point, prime)
30         if k_bin[i] == "1":
31             point = ECadd(point, P, prime)
32     return point
33 
34 # prime number p of GF(p)
35 prime = 0xffffffff00000001000000000000000000000000ffffffffffffffffffffffff
36 # parameters for y^2 = x^3 + ax + b
37 a = 0xffffffff00000001000000000000000000000000fffffffffffffffffffffffc
38 b = 0x5ac635d8aa3a93e7b3ebbd55769886bc651d06b0cc53b0f63bce3c3e27d2604b
39 
40 # base point(P = G(generator) in Dual_EC_DRPG)
41 Px = 0x6b17d1f2e12c4247f8bce6e563a440f277037d812deb33a0f4a13945d898c296
42 Py = 0x4fe342e2fe1a7f9b8ee7eb4a7c0f9e162bce33576b315ececbb6406837bf51f5
43 P = (Px, Py)
44 
45 # Point Q designated by NSA
46 Qx = 0xc97445f45cdef9f0d3e05e1e585fc297235b82b5be8ff3efca67c59852018192
47 Qy = 0xb28ef557ba31dfcbdd21ac46e2a91e3c304f44cb87058ada2cb815151e610046
48 Q = (Qx, Qy)
49 # order of G(= ordP = ordQ)
50 ordG = 0xffffffff00000000ffffffffffffffffbce6faada7179e84f3b9cac2fc632551
51 
52 cutoff30byte = 2**(30*8)
53 
54 def randomstream(s0, P, Q, prime, ordG, byte30len):
55     s = []; r = []
56     s.append(s0)
57     for i in range(byte30len):
58         snext = ECmult(s[i], P, prime)[0]
59         s.append(snext)
60     for j in range(byte30len):
61         rnext = (ECmult(s[j], Q, prime)[0]) % cutoff30byte
62         r.append(rnext)
63     return r
64 
65 # Getting a seed value from high-entropy source in PC
66 s0 = secrets.randbits(30*8) # get a 30byte-long random seed
67 
68 print(randomstream(s0, P, Q, prime, ordG, 3))
```

曲線は，P-256，P，Q は指定どおりで，シードは `secrets.randbits` を用いて生成している。30 バイトの取り出しは，mod $2^{30 \cdot 8}$ によって実現している。実行すると，この例では，$3 \times 80 = 240$ バイトの乱数のリストが表示される。

```
[265209364103428621173469911724928954115060782155353109877759400550457839,
 905453931768317711982362903674659508076999811147227556475442239621603746,
 1027959685311194068560551032305578920097297689180575859418363733523000521]
```

問題 13-103　リスト 13.4 のプログラムを修正して，出力される乱数のリストの長さを 5 にして実行せよ。

このアルゴリズムそのものに疑惑があるわけではなく，**P と Q の選び方について合理的な説明がない点が問題である。**もし，NSA が，$P = dQ$ となるスカラー d を知っていて（本来は計算困難な離散対数を知っている），**パブリックナンス**（public nonce）などで r_1 を知っていたとすると，以下のような攻撃が可能になる。なお，パブリックナンスはブロック暗号の CBC モードの初期ベクタとして用いられるなど，外部から知ることができるものである。

r_1 は楕円曲線上の有理点の x 座標なので，y 座標を計算でき（2 通りある），有理点 $R = (r_1, y)$ を復元できる。定義から $R = s_1 Q$ であるが，この両辺を d 倍すると，$dR = ds_1 Q = s_1 P$ となる。$s_1 P$ の x 座標は s_2 を計算する入力値であるため，攻撃者は，これ以降の内部状態および出力値を知ることができる。つまり，$P = dQ$ の離散対数 d の知識がバックドアになるのである†。

すでに述べたように，Dual_EC_DRBG は NIST SP800-90A として標準化されたアルゴリズムである。しかし，ここで述べたようなバックドアが存在する可能性がある。ここから得られる教訓は，たとえ公的な機関で標準化されたアルゴリズムやパラメータであっても全面的に信頼してはいけないということである。

補足 13.2　Dual_EC_DRBG においては，生成元の選択の恣意（しい）性が問題であったが，ECDSA におけるベースポイントを勝手に指定できれば，署名が偽造できる。この種の攻撃としては，Windows CryptoAPI（Crypt32.dll）への攻撃，通称 Curveball（CVE-2020-0601）が有名である。Curveball は，署名の検証側で使うベースポイントを変更する。曲線パラメータのチェックだけでは不足であり，ベースポイントのチェックも必要という例である。なお，CVE（Common Vulnerabilities and Exposures）とは，米国政府の支援を受けた非営利団体の MITRE が提供するソフトウェア脆弱性情報データベースである（URL は，https://cve.mitre.org/）。なお，Curveball 脆弱性の報告者は驚くべきことに NSA（米国家安全保障局）であった。

† r_1 は上位 16 ビットが削除されているので，厳密には欠落しているビットを復元するのに攻撃者は最大 2^{16} 回の計算が必要である。

引用・参考文献

1）Matsumoto, M., Nishimura, T.：Mersenne Twister: A 623-dimensionally equidistributed uniform pseudorandom number generator, ACM Transactions on Modeling and Computer Simulation, **8**, 1, pp.3〜30 (1998)

2）神永正博：現代暗号入門 いかにして秘密は守られるのか，講談社 (2017)

3）Bard, G. V.：Algebraic Cryptanalysis, Springer (2009)

4）Wiener, M. J.：Efficient DES Key Search, Proc. of CRYPTO' 93, IEEE Computer Society Press, pp.31〜79 (1996)

5）Coppersmith, D.：The Real Reason for Rivest's Phenomenon, Proc. of CRYPTO' 85, Springer-Verlag, pp.535〜536 (1985)

6）Campbell, K. W., Wiener, M. J.：DES is not a Group, Proc. of CRYPTO' 92, pp.512〜520 (1992)

7）Barker, E.：NIST Special Publication 800-57 Part 1 Revision 5 Recommendation for Key Management：Part 1 - General (2020), https://nvlpubs.nist.gov/nistpubs/specialpublications/nist.sp.800-57pt1r5.pdf

8）Even, S., Mansour, Y.：A construction of a cipher from a single pseudorandom permutation, Journal of Cryptology, **10**, 3, pp.151〜161 (1997)

9）Daemen, J.：Limitations of the Even-Mansour construction, Proc. of ASIACRYPT '91, pp.495〜498 (1991)

10）Bogdanov, A., Knudsen, L. R., Leander, G., Paar, C., Poschmann, A., Robshaw, M. J. B., Seurin, Y., Vikkelsoe, C.：PRESENT：An Ultra-Lightweight Block Cipher, Proc. of CHES 2007, pp.450〜466 (2007)

11）Daemen, J., Rijmen, V.：AES Proposal：Rijndael, Document version 2, Date: 03/09/99 (1999), https://csrc.nist.gov/csrc/media/projects/cryptographic-standards-and-guidelines/documents/aes-development/rijndael-ammended.pdf

12）Rivest, R. L., Robshaw, M. J. B., Sidney, R., Yin, Y. L.：The RC6^{TM} Block Cipher Version 1.1 (Aug. 1998), https://people.csail.mit.edu/rivest/pubs/RRSY98.pdf

13）PyCryptodome's documentation, https://www.pycryptodome.org/en/latest/

14）Stamp, M., Low, R. M.：Applied Cryptanalysis：Breaking Ciphers in the Real World, IEEE Press (2007)

15）Biham, E., Shamir, A.：Differential cryptanalysis of DES-like cryptosystems, Journal of Cryptology, **4**, pp.3〜72 (1991)

16）Matsui, M.：Linear Cryptanalysis Method for DES Cipher, Proc. of EUROCRYPT' 93, Springer-Verlag, pp.386〜397 (1994)

17）金子敏信：共通鍵暗号の安全性評価，IEICE Fundamentals Review 7(1), pp.14〜29 (2013)

18）Menezes, A. J., van Oorschot, P. C., Vanstone, S. A.：Handbook of Applied Cryptography,

CRC Press (1996)

19) Dobbertin, H.：Cryptanalysis of MD4, Journal of Cryptology, **11**, pp.253〜271 (1998)
20) Leurent, G., Peyrin, T.：SHA-1 is a Shambles：First Chosen-Prefix Collision on SHA-1 and Application to the PGP Web of Trust, Proc. of 29th USENIX Security Symposium, pp.1839〜1856 (2020)
21) Kasselman, P. R.：A Fast Attack on the MD4 Hash Function, Proc. of COMSIG'97, pp.147〜150 (Sept. 1997).
22) Rivest, R. L., Shamir, A., Adleman, L.：A Method for Obtaining Digital Signatures and Public-Key Cryptosystems, Communications of the ACM, **21**, 2, pp.120〜126 (1978)
23) Chaum, D.：Blind Signatures for Untraceable Payments, Proc. of CRYPTO 82, pp.199〜203 (1983)
24) Davies, J.：Implementing SSL/TLS Using Cryptography and PKI (English Edition), Wiley (2010)
25) Bellare, M., Rogaway, P.：Optimal Asymmetric Encryption, Proc. of EUROCRYPT '94 (1994)
26) Fujisaki, E., Okamoto, T., Pointcheval, D., Stern, J.：RSA-OAEP Is Secure under the RSA Assumption, Journal of Cryptology, **17**, 2, pp.81〜104 (2004) (This is the full version of the paper presented at Crypto'01, Proc. of Fujisaki, E., Okamoto, T., Pointcheval, D., Stern, J.：RSA-OAEP Is Secure under the RSA Assumption, Proc. of CRYPTO' 2001, Springer-Verlag, **2139**, pp.260〜274 (2001)
27) Bellare, M., Desai, A., Pointcheval, D., Rogaway, P.：Relations Among Notions of Security for Public-Key Encryption Schemes, Proc. of CRYPTO' 98 (1998)
28) Saidak, F.：A New Proof of Euclid's Theorem, The American Mathematical Monthly, **113**, 10, pp.937〜938 (2006)
29) Hadamard, J.：Sur la distribution des zéros de la fonction $\zeta(s)$ et ses conséquences arithmétiques, Bulletin de la S. M. F., **24**, pp.199〜220 (1896)
30) de la Vallée Poussin, C. J.：Recherches analytiques sur la théorie des nombres premiers, Ann. Soc. Sci. Bruxelles, **20**, pp.183〜256 (1896)
31) 小山信也：素数とゼータ関数，共立出版 (2015)
32) Solovay, R. M., Strassen, V.：A fast Monte-Carlo test for primality, SIAM Journal on Computing, **6**, 1, pp.84〜85 (1977), Erratum: A fast Monte-Carlo test for primality, SIAM Journal on Computing, **7**, 1, p.118 (1978)
33) Agrawal, M., Kayal, N., Saxena, N.：PRIMES is in P Annals of Mathematics, **160**, 2, pp.781〜793 (2004)
34) Hastad, J.：Solving Simultaneous Modular Equations of Low Degree, SIAM J. on Computing, **17**, pp.336〜341 (1988)
35) Boneh, D.：Twenty Years of Attacks on the RSA Cryptosystem, Notices of the AMS, **46**, 2, pp.203〜213 (1999)
36) Wiener, M.：Cryptanalysis of short RSA secret exponents, IEEE Trans. Inform. Theory, **36**, 3, pp.553〜558 (1990)
37) Lang, S.：Introduction to Diophantine Approximations new expanded ed., Springer-Verlag

(1995)

38) de Weger, B.：Cryptanalysis of RSA with Small Prime Difference, Proc. of AAECC 13, pp.17〜28 (2002)

39) Boneh, D., Durfee, G.：Cryptanalysis of RSA with Private Key d Less Than $N^{0.292}$, IEEE Transactions on Information Theory, **46**, 4, pp.1339〜1349 (2000)

40) Hinek, M. J.：Cryptanalysis of RSA and Its Variants, CRC press (2009)

41) Rabin, M. O.：Digitalized Signatures and Public Key Functions as Intractable as Factorization (Technical report), MIT Laboratory for Computer Science, MIT-LCS-TR-212 (1979)

42) 高木貞治：初等整数論講義 第2版，共立出版 (1971)

43) J. ノイキルヒ 著，梅垣敦紀 訳：足立恒雄 監修，代数的整数論，丸善出版 (2012)

44) Galbraith, S. D.：Mathematics of Public Key Cryptography, Cambridge University Press (2012)

45) Bach, E.：Explicit Bounds for Primarity Testing and Related Problems, Mathematics of Computation, **55**, 191, pp.355〜380 (1990)

46) イアン・F・ブラケ，ガディエル・セロッシ，ナイジェル・P・スマート 著，鈴木治郎 訳：楕円曲線暗号，ピアソン・エデュケーション (2001)

47) J. H. シルヴァーマン，J. テイト 著，足立恒雄，木田雅成，小松啓一，田谷久雄 訳：楕円曲線論入門，丸善出版 (2012)

48) Washington, L. C.：Elliptic Curves: Number Theory and Cryptography Second Edition, CRC press (2008)

練習問題略解

問題 1-1 解答　つぎのようにすればよい。

```
>>> import secrets
>>> bin(secrets.randbits(8))
```

問題 1-2 解答　リスト 1.1 の 4 行目を `length = 10` に変更してプログラムを実行せよ。

問題 1-3 解答　例えばつぎのようにすれば，$2^{88} < 26! < 2^{89}$ であることがわかるから，2 進数で 89 桁，つまり，26! は，89 ビットとなる。もちろん 2 進数表示して桁を数えてもよい。

```
>>> import math
>>> math.factorial(26)
>>> 403291461126605635584000000
>>> math.log2(math.factorial(26))
>>> 88.38195332701626
```

問題 1-4 解答　リスト 1.2 のプログラムの 14 行目を，例えば，つぎのようにして実行する。

```
ptext = 'All cats are gray in the dark.'
```

問題 1-5 解答　ウェブサイトの英文記事を `test2.txt` として，リスト 1.5 のプログラムと同じフォルダに置き，プログラムの 4 行目をつぎのようにして実行すればよい。

```
f = open('test2.txt','r')
```

問題 2-6 解答　$f(x)$ の値は，0 以上の実数であり，負の値を取らないので，全射ではない。また，$f(-1) = f(1) = 1$ となり，異なる x の値に対して同一の値を取っているので単射でもない。

問題 2-7 解答　つぎのようになる。

$$(g \circ f)(x) = g(f(x)) = 3(2x+1) - 2 = 6x + 1$$
$$(f \circ g)(x) = f(g(x)) = 2(3x-2) + 1 = 6x - 3$$

問題 2-8 解答　$f(x) = 2x+1 = y$ とすると，$x = (1/2)y - 1/2$ であるから，$f^{-1}(x) = (1/2)x - 1/2$ となる。

問題 2-9 解答　つぎのようになる。

$$X \times Y = \{(0,0),\ (0,1),\ (0,2),\ (1,0),\ (1,1),\ (1,2)\}$$
$$Y \times X = \{(0,0),\ (0,1),\ (1,0),\ (1,1),\ (2,0),\ (2,1)\}$$

問題 2-10 解答　Python shell または IPython コンソールで，つぎのようにする。後半も同様である。

```
>>> ptext = 0x1212121212121212
>>> key = 0x1212121212121212
>>> subkeys = keyschedule(key)
>>> ciphertext = encryption(ptext,subkeys)
>>> print(hex(ciphertext))
```

```
>>> 0x96cd27784d1563e5
```

問題 2-11 解答　Python shell または IPython コンソールで，例えば，つぎのようにする。

```
>>> key = 0x12BB09182736CC99
>>> subkeys = keyschedule(key)
>>> subkeys
 [27782003711624, 76039310720198, 3215335409077, 237687819431627,
 106266248532241, 72104020232046, 106140769500032, 58137263490685,
 145802410581188, 2689774167999, 45446672112773, 211388782494707,
 19529511463181, 5607144953808, 56215851344687, 8916841121645]
>>> subkeys[::-1]
[8916841121645, 56215851344687, 5607144953808, 19529511463181,
 211388782494707, 45446672112773, 2689774167999, 145802410581188,
 58137263490685, 106140769500032, 72104020232046, 106266248532241,
 237687819431627, 3215335409077, 76039310720198, 27782003711624]
```

問題 2-12 解答　Python shell または IPython コンソールで，つぎのようにする。x, y の値に特に意味はない。

```
>>> x = 0x96cd27784d1563e5; y = 0x1212121212121212
>>> hex(IPread(x ^ y))
>>> '0xdad6b7f683cc1aba'
>>> hex(IPread(x) ^ IPread(y))
>>> '0xdad6b7f683cc1aba'

>>> x = 0x96cd2778; y = 0x12121212
>>> hex(Pread(x ^ y))
>>> '0xacd335d8'
>>> hex(Pread(x) ^ Pread(y))
>>> '0xacd335d8'
```

問題 2-13 解答

```
>>> x = 0b110001; y = 0b101010
>>> bin(Sboxread(3,x ^ y))
>>> '0b1010'
>>> bin(Sboxread(3,x) ^ Sboxread(3,y))
>>> '0b10'
```

問題 2-14 解答　例えば**リスト 1** のようになる。この関数を StudyDES.py に追記すればよい。

リスト 1（Study3DES.py）

```
1 def TripleDES(ptext, K1, K2, K3):
2     K1list = keyschedule(K1)
3     K2list = keyschedule(K2)[::-1]
4     K3list = keyschedule(K3)
5     ctext1 = encryption(ptext, K1list)
6     ctext2 = encryption(ctext1, K2list)
7     ctext3 = encryption(ctext2, K3list)
8
9     return ctext3
```

問題 2-15 解答　$M' = \text{DES-}X(M)$ とすると $K_1 \oplus \text{DES}_K^{-1}(M' \oplus K_2) = K_1 \oplus \text{DES}_K^{-1}(K_2 \oplus \text{DES}_K(M \oplus K_1) \oplus K_2) = K_1 \oplus \text{DES}_K^{-1}(\text{DES}_K(M \oplus K_1)) = K_1 \oplus M \oplus K_1 = M$ となり，$\text{DES-}X^{-1}(M) = K_1 \oplus \text{DES}_K^{-1}(M \oplus K_2)$ がわかる。逆も同様。

問題 2-16 解答　例えば**リスト 2** のようになる。この関数を StudyDES.py に追記すればよい。

リスト 2（StudyDESX.py）

```
1 def DESX(ptext, K1, K, K2):
2     Klist = keyschedule(K)
3     ctext = K2 ^ encryption(K1 ^ ptext, Klist)
4     return ctext
```

問題 3-17 解答　暗号文は"0x6414dcbd6f0e06a40a5354f30f42d2ca"となる。

問題 3-18 解答　ラウンド鍵 $rk[0] \sim rk[10]$ は以下のようになる。

```
rk[ 0] = 0x000102030405060708090a0b0c0d0e0f
rk[ 1] = 0xd6aa74fdd2af72fadaa678f1d6ab76fe
rk[ 2] = 0xb692cf0b643dbdf1be9bc5006830b3fe
rk[ 3] = 0xb6ff744ed2c2c9bf6c590cbf0469bf41
rk[ 4] = 0x47f7f7bc95353e03f96c32bcfd058dfd
rk[ 5] = 0x3caaa3e8a99f9deb50f3af57adf622aa
rk[ 6] = 0x5e390f7df7a69296a7553dc10aa31f6b
rk[ 7] = 0x14f9701ae35fe28c440adf4d4ea9c026
rk[ 8] = 0x47438735a41c65b9e016baf4aebf7ad2
rk[ 9] = 0x549932d1f08557681093ed9cbe2c974e
rk[10] = 0x13111d7fe3944a17f307a78b4d2b30c5
```

問題 3-19 解答　0x00

問題 3-20 解答　それぞれ 16 進表記で以下のようになる。

```
AddRoundkey : 0004080c 0105090d 02060a0e 03070b0f
SubBytes    : 63f230fe 7c6b01d7 776f67ab 7bc52b76
ShiftRow    : 63f230fe 6b01d77c 67ab776f 767bc52b
```

問題 3-21 解答　0x0253

問題 3-22 解答　暗号文は"0x7db1164555fa01d4014e5b454f2f7c56"となる。

問題 3-23 解答　ラウンド鍵 $s[0] \sim s[43]$ は以下のようになる。

```
s[ 0]=0x05479d38  s[ 1]=0xe4a3e582  s[ 2]=0xfbcc7a4b  s[ 3]=0xe878faa4
s[ 4]=0x8ed14980  s[ 5]=0x5f5873fd  s[ 6]=0xaec05ae6  s[ 7]=0xaafffe1d
s[ 8]=0x6bf8b7e3  s[ 9]=0x64e27682  s[10]=0x23c4d46f  s[11]=0xda521c4b
s[12]=0x662b9392  s[13]=0xc51ae971  s[14]=0xbe84587a  s[15]=0x473c1481
s[16]=0xab246684  s[17]=0xb9770047  s[18]=0x98327b6a  s[19]=0x529be229
s[20]=0xb992809a  s[21]=0x79c1fa56  s[22]=0x617cd18d  s[23]=0x1bcb9a08
s[24]=0x8babbbb3  s[25]=0x0dd061bd  s[26]=0x8c1ec8a2  s[27]=0x20f286d0
s[28]=0xfaf8eff4  s[29]=0x46b87c92  s[30]=0xc5096b01  s[31]=0xdbdcc9b0
s[32]=0xd1b212b4  s[33]=0xdd0f3d38  s[34]=0x27c02df3  s[35]=0x0fb21526
s[36]=0x46e0faa6  s[37]=0xe9d9748f  s[38]=0xe274fdcc  s[39]=0x09ae3f8e
s[40]=0x95f85e40  s[41]=0xa9f90a40  s[42]=0xf0e51469  s[43]=0x45f060d1
```

問題 3-24 解答　略

問題 3-25 解答　略

問題 4-26 解答　暗号文は"0xd6294009d6b4e22e"となる。

問題 4-27 解答　F 関数の内部では**図 1** に示すような差分が確率 1 で成り立つ。

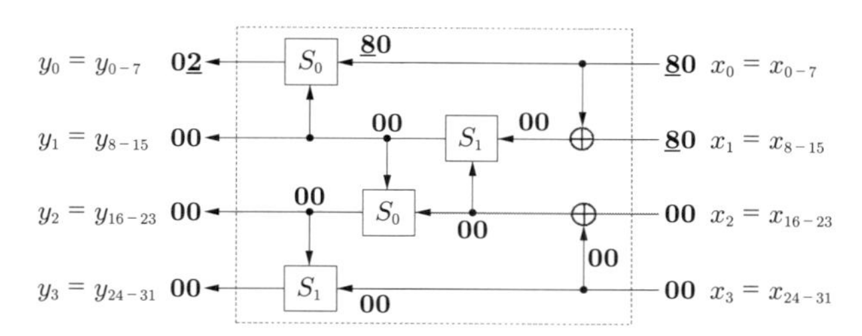

図 1　F 関数内部の入出力差分（問題 4-27）

問題 4-28 解答　以下の**図 2** に F 関数内部の差分を示す。点線で囲った部分の a, b に桁上げが生じるかどうかは確率 1/2 となる。桁上げが生じなければ与えられた出力差分となる。

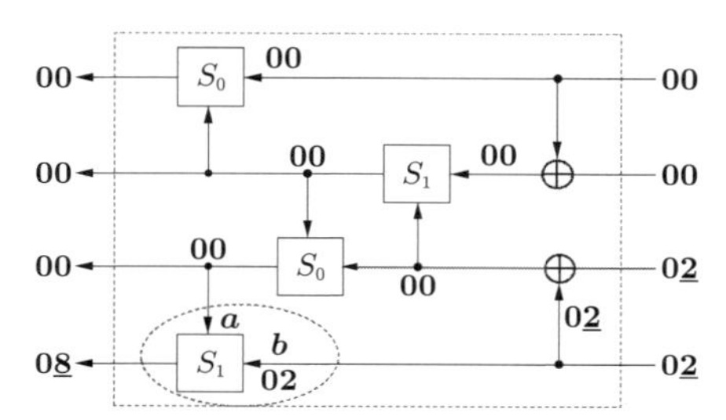

図 2　F 関数内部の入出力差分（問題 4-28）

問題 4-29 解答　F 関数の入力 32 ビットを 4 つの 8 ビットのブロックに分割したとき，1 番目と 4 番目は 0 であるから，2 番目と 3 番目のみに依存する。このとき，最上位の桁上げは無視されるので，最上位ビット以下の 7 ビットずつが 2 つの 14 ビットに依存することになる。

問題 4-30 解答　プログラムを実行して確認する。

問題 5-31 解答　つぎのようにすればよい。Python のバージョンによっては，サポートされているハッシュ関数の数が少ないことがわかるかもしれない（増えているかもしれない）。

```
>>> import hashlib
>>> print(sorted(hashlib.algorithms_available))
['blake2b', 'blake2s', 'md5', 'sha1', 'sha224', 'sha256', 'sha384',
'sha3_224','sha3_256', 'sha3_384', 'sha3_512', 'sha512',
'shake_128', 'shake_256']
```

問題 5-32 解答　リスト 5.1 のプログラムにおいて，例えば，2 行目を

```
h = hashlib.sha256(b"Masahiro Kaminaga").hexdigest()
```

として実行すれば，以下のような SHA256 のハッシュ値が得られる。

```
f3dbf640aecd935eb1b5a46e9b2a7d4ff1fb1ea3bf4a3e9bd6c9b57eabe333f3
```

また

```
h = hashlib.md5(b"Masahiro Kaminaga").hexdigest()
```

として実行すれば，以下のような MD5 のハッシュ値が得られる。

```
f2b2243618fa4b202a10cc4e011fe6b9
```

問題 5-33 解答　ハッシュ値は，入力のサイズによらず同じビット長（256 ビット）であるから，正しい選択肢は，（ウ）である。

問題 5-34 解答　略

問題 5-35 解答　Ψ_K を圧縮関数と考えてマークル＝ダンガード構成でつくったハッシュ関数 H のハッシュ値のサイズは 80 ビットである。バースデーパラドックスにより，2^{40} 回程度乱数をハッシュすれば，衝突が見つかる可能性が高い。2^{40} 回程度のハッシュは現実的な時間で可能であるから安全とはいえない。

問題 5-36 解答　例えば，リスト 5.3 のプログラム 5 行目の `message` を

```
message = b'Masahiro Kaminaga'
```

に変えて実行すると，つぎのタグが得られる。

```
f46fb9d149864864e677eb5b2efa076ff6f2fbac094f4aefab048e98e7715ff0
```

問題 6-37 解答　`"corona"`のハッシュ値は`"0x933cad13d9799c54dce5a11f7b9191f0"`となり，`"Corona"`のハッシュ値は`"0x865ebd1c9a3bc59ccda6152e405e7e23"`となる。

問題 6-38 解答　$a, b, c \in \{0, 1\}$ として，この関数は $(a \wedge b) \vee (b \wedge c) \vee (c \wedge a)$ と表されるから以下の性質が成り立つ。

1. $b = c$ であれば，$G(a, b, c) = G(\neg a, b, c)$
2. $a = c$ であれば，$G(a, b, c) = G(a, \neg b, c)$
3. $a = b$ であれば，$G(a, b, c) = G(a, b, \neg c)$

問題 6-39 解答　プログラムを実行して確認する。

問題 6-40 解答　プログラムを実行して確認する。

問題 7-41 解答　$-299 - 53 = -352 = -3 \times 131 + 41 \equiv 41 \pmod{131}$ であるから合同ではない。

問題 7-42 解答　命題 7.2 の後半を k 回使えばよいが，直接

$$a^k - b^k = (a - b) \sum_{i=0}^{k-1} a^{k-1-i} b^i$$

と書けることから，$a^k - b^k$ が $a - b$ の倍数であることを示してもよい。

問題 7-43 解答　$\mathbb{Z}_7 = \{\overline{0}, \overline{1}, \overline{2}, \overline{3}, \overline{4}, \overline{5}, \overline{6}\}$

問題 7-44 解答　$m\mathbb{Z} \subset \mathbb{Z}$ である。$a, b \in m\mathbb{Z}$ とすると，$a = ma'$, $b = mb'$ となるような整数 a', b' が存在する。よって，$a + b = ma' + mb' = m(a' + b') \in m\mathbb{Z}$ となり，$m\mathbb{Z}$ は加法について閉じている。明らかに結合法則が成り立ち，0 が単位元，a に対し，$-a$ が逆元となるから，$m\mathbb{Z}$ は群の公理を満たす。よって，$m\mathbb{Z}$ が $\mathbb{Z}$ の部分群であることが示された。

問題 7-45 解答　H は 12 の倍数全体からなる群であり，6 の倍数全体がつくる群 G に含まれるから，H は，G の部分群である。

問題 7-46 解答　g で生成される巡回群 $H = \langle g \rangle$ は，G の部分群であるから，ラグランジュの定理（定理 7.7）より，$|H|$ は $|G|$ の約数である。$\mathrm{ord}(g) = |H|$ であるから，$\mathrm{ord}(g)$ は，$|G|$ の約数である。

問題 7-47 解答　例 7.5 の準同型写像 f は，例えば，n が偶数の場合，$f(-I)=\det(-I)=(-1)^n=1=f(I)$ となり，単射でないことがわかる。n が 3 以上の奇数の場合

$$A=\mathrm{diag}(1,\overbrace{-1,-1,\ldots,-1}^{n-1\text{ 個}})$$

とすれば，$f(A)=\det(A)=(-1)^{n-1}=1=f(I)$ となり，単射でないことがわかる。よって，f は全単射でないので，同型写像にもなりえない。

問題 7-48 解答　$\mathbb{Z}_9^*$ は，$\gcd(a,9)=1$ となる a（正確には剰余類 $\overline{a}$）の集合である。つまり，$a=1,2,4,5,7,8$ があてはまるから，元を並べて書き下せば，つぎのようになる。

$$\mathbb{Z}_9^*=\{\overline{1},\overline{2},\overline{4},\overline{5},\overline{7},\overline{8}\}$$

問題 7-49 解答　$1,2,\ldots,18$ までの整数で $18=2\cdot 3^2$ とたがいに素なものは，1, 5, 7, 11, 13, 17 の 6 つであるから，$\varphi(18)=6$ である。

問題 7-50 解答

$$\varphi(19600)=\varphi(2^4\cdot 5^2\cdot 7^2)=\varphi(2^4)\varphi(5^2)\varphi(7^2)=(2^4-2^3)\cdot(5^2-5)\cdot(7^2-7)=8\cdot 20\cdot 42=6720$$

問題 7-51 解答　$|\mathbb{Z}_{100}^*|=\varphi(100)=\varphi(2^2\cdot 5^2)=\varphi(2^2)\cdot\varphi(5^2)=2\cdot 20=40$

問題 7-52 解答　例えば，$17^{1091-1} \bmod 1091$ は，つぎのようにして 1 であることがわかる。

```
>>> pow(17, 1091-1, 1091)
>>> 1
```

問題 7-53 解答　リスト 7.2 のプログラムを実行した後，`ExtEuclid` 関数を用いて

```
>>> ExtEuclid(141, 1593)
>>> (3, 113, -10)
```

となるので，$\gcd(141,1593)=3$ であり，$(x,y)=(113,-10)$ が得られる。

問題 7-54 解答　リスト 7.2 のプログラムを実行した後，`ExtEuclid` 関数を用いて

```
>>> ExtEuclid(276878, 2532)
>>> (2, 367, -40132)
```

となるので，$\gcd(276878,2532)=2$ であり，一組の解が，$(x_0,y_0)=(367,-40132)$ であることがわかる。よって，すべての解は，k を任意の整数として，つぎのように書ける。

$$x=367+\frac{2532}{\gcd(276878,2532)}k=367+1266k$$
$$y=-40132-\frac{276878}{\gcd(276878,2532)}k=-40132-138439k$$

問題 7-55 解答　リスト 7.3 のプログラムの 24 行目を `M=2**766-2**667+1` に書き換えて実行すればよい。結果は長いので省略する。

問題 8-56 解答　リスト 8.2 のプログラムを実行し，Python shell か IPython コンソールでつぎのようにすればよい。

```
>>> v = vectT(4096, k)
>>> lv = list(v)
```

```
>>> lv.index(min(lv))+1
>>> 7
```

この結果から，最小値を与える k の値は，7（リストのインデックスと 1 ずれているので +1 して補正したもの）であることがわかる。

問題 8-57 解答　リスト 7.3 のプログラムを実行したうえで，Python shell または IPython コンソールでつぎのようにして確認できる。

```
>>> x1 = 7*ModInv(7*25,12) % 12; x2 = 3*ModInv(12*25,7) % 7
>>> x3 = 10*ModInv(12*7, 25) % 25
>>> print(x1, x2, x3)
>>> 1 4 15
```

問題 8-58 解答　定理 8.1 において，$m_1 = 17, m_2 = 19$ としたとき，係数は

$$x_1 \equiv 5 \cdot 19^{-1} \equiv 5 \cdot 9 \equiv 11 \pmod{17}$$
$$x_2 \equiv 11 \cdot 17^{-1} \equiv 11 \cdot 9 \equiv 4 \pmod{19}$$

となるから，これを式 (8.3) に代入して

$$x \equiv x_1 m_2 + x_2 m_1 \equiv 11 \cdot 19 + 4 \cdot 17 = 277 \pmod{323}$$

が得られる。277 が求める数である。

問題 8-59 解答　リスト 8.3 のプログラムを実行したうえで，Python shell または IPython コンソールでつぎのようにすればよい。求める自然数は，$4109 + 6600k$（k は整数）の形をしているから，4109 が最小の自然数解である。

```
>>> CRT([24, 11, 25], [5, 6, 9])
>>> 4109
```

問題 8-60 解答　略

問題 9-61 解答　Python shell または IPython コンソールでつぎのようにすればよい。7333 が素数であることもわかる。10000 以下の素数リストは長いので省略する。

```
>>> from sympy import sieve
>>> sieve._reset()
>>> sieve.extend(10000)
>>> sieve._list
>>> 7333 in sieve
>>> True
```

問題 9-62 解答　$f(x) = x+1, g(x) = x$ とすれば，$\lim_{x\to\infty} f(x)/g(x) = 1$ であるが，x の値によらず $f(x)-g(x) = 1$ である。

問題 9-63 解答　式 (9.1) において，$x = 2^{1024}$ とすると

$$\frac{\pi(2^{1024})}{2^{1024}} \sim \frac{1}{\log 2^{1024}} = \frac{1}{1024 \log 2} \approx 0.0006769015435155716$$

となるから，求める確率は，約 0.068%となる。

問題 9-64 解答　$n = 1$ のときは明らかである。$n \geqq 2$ とする。$(n+1)! + k$ $(k = 2, 3, \ldots, n+1)$ は，すべて k で割り切れるから，これは，n 個の連続する合成数の列になっている。

問題 9-65 解答　定理 9.3 より，十分大きな x 以下の素数全体における $240n + 7$ という形の素数の割合は，ほぼ，$1/\varphi(240) = 1/64$ である。

問題 9-66 解答　つぎのようにして，$p_{20000} = 224737$，$\dfrac{p_{20000}}{20000 \log 20000} \approx 1.135$ がわかる。

```
>>> import sympy
>>> sympy.prime(20000)
>>> 224737
>>> import math
>>> 224737/(20000*math.log(20000))
>>> 1.1346356463206155
```

問題 9-67 解答　Python shell または IPython コンソールでつぎのようにする。

```
>>> import sympy
>>> sympy.primepi(10000)
>>> 1229
>>> sympy.isprime(3571)
>>> True
>>> sympy.isprime(799211)
>>> False
>>> sympy.factorint(799211)
>>> {7: 1, 29: 1, 31: 1, 127: 1}
```

となるから，10000 以下の素数の個数は 1229 である。3571 は素数。799211 は素数ではなく，その因数分解は，$799211 = 7 \cdot 29 \cdot 31 \cdot 127$ となる。

問題 9-68 解答　例えば，**リスト 3** のようにする。

リスト 3（StudyPiab.py）

```
 1 import sympy
 2 import math
 3
 4 def Piab(a, b, x):
 5     if math.gcd(a, b) != 1:
 6         return -1
 7     n = 0
 8     count = 0
 9     while a*n+b < x:
10         if sympy.isprime(a*n + b):
11             count += 1
12         n += 1
13     return count
```

問題 9-69 解答　実行のたびに異なるが，0.6 前後になるはずである。

問題 9-70 解答　$n - 1 = 352 = 2^5 \cdot 11$ となるから，$s = 5$，$t = 11$ である。

問題 9-71 解答　リスト 9.4 のプログラムを実行したうえで，Python shell または IPython コンソールで

```
>>> MillerRabin(9967)
>>> True
>>> MillerRabin(9523)
>>> False
```

となるから，9967 は素数であり，9523 は素数でないと判定された。

問題 10-72 解答　つぎの不定方程式を解く。

$$17x_1 + 23x_2 = \gcd(17, 23) = 1$$

リスト 8.3 のプログラムを実行したうえで，Python shell または IPython コンソールで，つぎのようにして，$x_1 = -4$, $x_2 = 3$ を得る。

```
>>> ExtEuclid(17, 23)
>>> (1, -4, 3)
```

つぎに，$M \equiv C_1^{x_1} C_2^{x_2} \pmod{35408621}$ を求める。

```
>>> N = 35408621; C1 = 31197418; C2 = 20386249
>>> x1 = -4; x2 = 3
>>> pow(C1, x1, N)*pow(C2, x2, N) % N
>>> 7678621
```

となり，メッセージ $M = 7678621$ が求まる。

問題 10-73 解答　リスト 8.3 のプログラムを実行したうえで，Python shell または IPython コンソールで，つぎのようにして，平文が $M = 1210$ であることがわかる。

```
>>> Nlist = [1537, 1633, 2419]
>>> C = [967, 950, 1512]
>>> CRT(Nlist, C)**(1/3)
>>> 1209.9999999999995
```

問題 10-74 解答　リスト 10.1 のプログラムを実行したうえで，Python shell または IPython コンソールで，つぎのようにして，連分数展開の係数が求まる。

```
>>> cfrac(1099, 2890)
>>> [0, 2, 1, 1, 1, 2, 2, 1, 40]
```

問題 10-75 解答　リスト 10.2 のプログラムを実行したうえで，Python shell または IPython コンソールで，つぎのようにする。

```
>>> e = 10542679810471; N = 59077593090821
>>> pconv(e, N)
>>> [0, 1/5, 1/6, 2/11, 3/17, 5/28, 53/297, 164/919, 4153/23272, 20929/117279,
 25082/140551, 71093/398381, 309454/1734075, 380547/2132456, 690001/3866531,
 15560569/87196138, 31811139/178258807, 79182847/443713752, 190176833/1065686311,
649713346/3640772685, 839890179/4706458996, 67001037487/375451033369,
335845077614/1881961625841, 402846115101/2257412659210, 738691192715/4139374285051,
 1141537307816/6396786944261, 1880228500531/10536161229312,
10542679810471/59077593090821]
```

これらの主近似分数のリストの分数の分母に正しい d がある。$d < N^{1/4}/3 \approx 924.1329250411831$ であることがわかっているから，d は，5, 6, 11, 17, 28, 297, 919 のいずれかである。これらについて，$100^{ed} \equiv 100 \pmod{N}$ となるものをつぎのようにして見つけることができる。

```
>>> e = 10542679810471; N = 59077593090821
>>> dlist = [5, 6, 11, 17, 28, 297, 919]
>>> plist = [pow(100, e*i, N) for i in dlist]
>>> plist
>>> [52016985503752, 101832538691, 18833291961698, 56210509409046, 41380566208725,
 41864211683958, 100]
```

となり，100 になるのは，$d = 919$ のときであることがわかる。よって，秘密指数 d は 919 である。

問題 11-76 解答　Python shell または IPython コンソールで，つぎのようにすれば，$p = 11$ に対する平方剰余が，0, 1, 3, 4, 5, 9 であることがわかる。

```
>>> print(set([pow(k, 2, 11) for k in range(0, 11)]))
>>> {0, 1, 3, 4, 5, 9}
```

平方非剰余は，2, 6, 7, 8, 10 である。

問題 11-77 解答　$p = 7$ に対して，$p - 1 = 6$ の約数は，1, 2, 3, 6 であるから，2 乗しても 3 乗しても 1 にならないものを求めればよい。Python shell または IPython コンソールで

```
>>> print([pow(k, 2, 7) for k in range(1,7)])
>>> [1, 4, 2, 2, 4, 1]
>>> print([pow(k, 3, 7) for k in range(1,7)])
>>> [1, 1, 6, 1, 6, 6]
```

とすると，2 乗しても 3 乗しても 1 にならないのは，3, 5 である。これらが原始根となる。

問題 11-78 解答　リスト 11.1 のプログラムを実行したうえで，Python shell または IPython コンソールで，つぎのようにすれば，左から順に，-1, 1, -1 となる。

```
>>> print(Legendre(5678, 12799), Legendre(1189, 12799), Legendre(1111, 12799))
>>> -1 1 -1
```

問題 11-79 解答　リスト 11.2 のプログラムを実行したうえで，Python shell または IPython コンソールで，つぎのようにすれば，7 が 41 の平方非剰余であることがわかる。

```
>>> Jacobi(7, 41)
>>> -1
```

問題 11-80 解答　リスト 11.3 のプログラムを実行するとつぎのようになり，暗号化と復号が正しく行われていることが確認できる。マーカー ffff があることに注意してほしい。

```
0x2734dc6126c6bd3314f85e8bb073a23d7977b81077f9be8101b118375ce98717
0000000000000000000000000001e2400000000000000000000000000000ffff
0x2734dc6126c6bd3314f85e8bb073a23d7977b81077f9be8101b118375ce98717
0000000000000000000000000001e2400000000000000000000000000000ffff
```

問題 11-81 解答　リスト 11.3 のプログラムを実行したうえで，Python shell または IPython コンソールで，つぎのようにすればよい。結果は毎回異なる。ここで示したのは一例である。

```
>>> randprimeforRabin(128)
>>> 229581411249801737383037430123926263379
```

問題 11-82 解答　リスト 11.4 のプログラムを実行したうえで，Python shell または IPython コンソールで，つぎのようにすれば，平方剰余 3984 が求まる。ここで，$p \bmod 4 = 1$ であることに注意してほしい。

```
>>> modsqrt(989, 7001)
>>> 3984
```

問題 12-83 解答　Python shell または IPython コンソールで，つぎのようにして答が 2 であることがわかる。

```
>>> 5*pow(6, -1, 7) % 7
>>> 2
```

問題 12-84 解答　リスト 12.2 のプログラムを実行するとつぎのようになり，終結式が $4a^3 + 27b^2$ であることが確認できる。

```
>>> 4*a**3 + 27*b**2
```

問題 12-85 解答　リスト 12.1 のプログラムの 10 行目を `z = y**2 - x**3 + 3*x - 4` に修正して実行すると，**図 3** のようなグラフが描かれる。

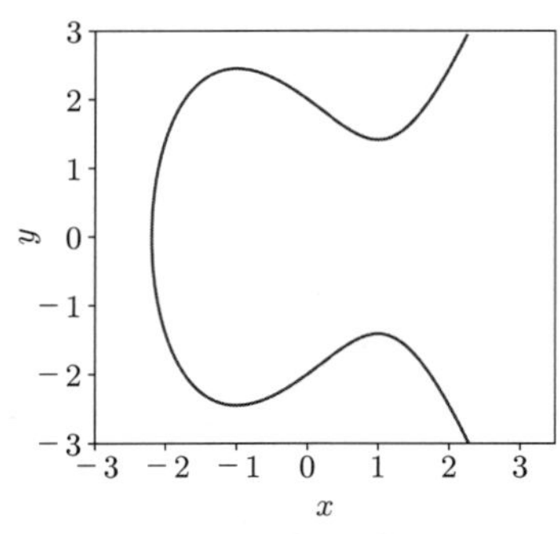

図 3　楕円曲線（$y^2 = x^3 - 3x + 4$）

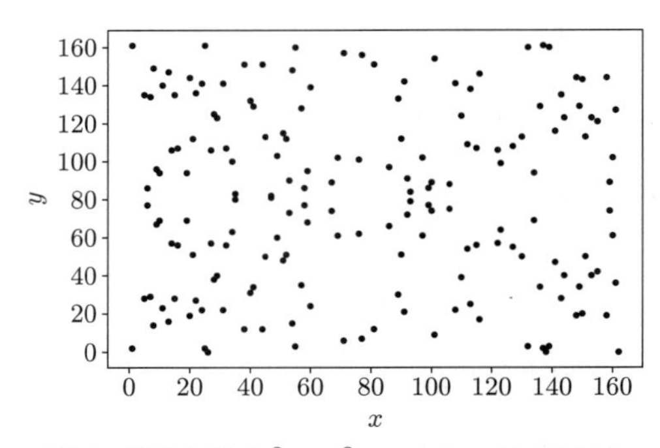

図 4　楕円曲線（$y^2 = x^3 + x + 2$ on GF(163)）

問題 12-86 解答　リスト 12.3 のプログラムの 14 行目を `p = 163; a = 1; b = 2` に修正して実行すると，**図 4** のような図が描かれる。

問題 12-87 解答　リスト 12.4 のプログラムを実行したうえで，Python shell または IPython コンソールで，つぎのようにして，おのおのの位数が，1048，894037 であることがわかる。

```
>>> CountElements(71, 607, 1009)
>>> 1048
>>> CountElements(71, 607, 2**20-3)
>>> 894037
```

問題 12-88 解答　定理 12.5 によると，有理点群 $E(\mathrm{GF}(q))$ は，巡回群であるか 2 つの巡回群の直積と同型である。$\mathbb{Z}_2 \times \mathbb{Z}_2 \times \mathbb{Z}_2$ は，3 つの巡回群の直積であり，巡回群と同型ではなく 2 つの巡回群の直積と同型でもない。よって，このようなことはありえない。

問題 12-89 解答　リスト 12.6 のプログラムの 44 行目を `P = (13, 18)` に書き換えて実行すると，つぎのようになるから，$P = (13, 18)$ の位数は 12 である。

```
>>> [(13, 18), (9, 18), (1, 5), (18, 13), (16, 8), (0, 0), (16, 15),
(18, 10), (1, 18), (9, 5), (13, 5), (-1, -1)]
ord(P) = 12
```

問題 12-90 解答　リスト 12.6 のプログラムの 43-44 行目を

```
p = 7; a = 0; b = 2
P = (3, 1)
```

のように書き直して実行すると

```
[(3, 1), (3, 6), (-1, -1)]
ord(P) = 3
```

のようになる。以下同様にして位数が 3 より大きな点がないことがわかる。

問題 12-91 解答　リスト 12.7 のプログラムの 11 行目を `p = 11; a = 1; b = 6` に書き換えて実行すると

```
[(2, 4), (2, 7), (3, 5), (3, 6), (5, 9), (5, 2), (7, 9), (7, 2),
```

```
(8, 3), (8, 8), (10, 9), (10, 2), (-1, -1)]
```

となり，有理点の個数が 13（素数）であることがわかる。素数位数の群は巡回群であるから，$E(\mathrm{GF}(11)) \cong \mathbb{Z}_{13}$ である。

問題 12-92 解答　リスト 12.7 のプログラムの 11 行目を `p = 11; a = 0; b = 3` に書き換えて実行すると

```
[(0, 5), (0, 6), (1, 9), (1, 2), (2, 0), (4, 1), (4, 10), (7, 4),
(7, 7), (8, 3), (8, 8), (-1, -1)]
```

となり，有理点の個数が 12 であることがわかる。リスト 12.6 のプログラムの 43，44 行目を

```
p = 11; a = 0; b = 3
P = (4, 1)
```

のように書き直して実行すると

```
[(4, 1), (7, 4), (1, 2), (0, 5), (8, 3), (2, 0), (8, 8), (0, 6),
(1, 9), (7, 7), (4, 10), (-1, -1)]
ord(P) = 12
```

となり，$P = (4, 1)$ の位数が有理点の個数に一致しているから，$E(\mathrm{GF}(11)) \cong \mathbb{Z}_{12}$（巡回群）である。

問題 12-93 解答　実行するだけなので省略。

問題 12-94 解答　リスト 12.8 のプログラムの 49 行目を `p = 1123; a = 71; b = 602; k = 50` と書き換えて実行すると，例えば，**図 5** のようになる。

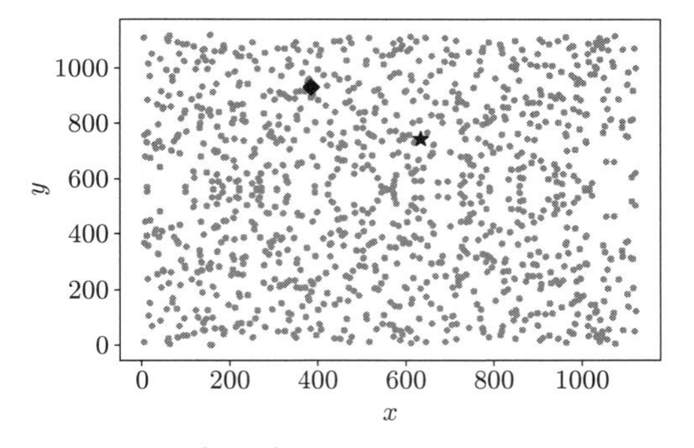

図 5　$E : y^2 = x^3 + 71x + 602$ on GF(1123)

問題 12-95 解答　位数は，$549755080838 = 2 \cdot 67 \cdot 173819 \cdot 23603$ だから，有理点群は，巡回群 $\mathbb{Z}_{549755080838}$ と同型になる。

問題 12-96 解答　位数は，$70368743683942 = 2 \cdot 11 \cdot 23 \cdot 20929 \cdot 6644783$ だから，有理点群は，巡回群 $\mathbb{Z}_{70368743683942}$ と同型になる。

問題 13-97 解答　実行するだけなので省略。

問題 13-98 解答　Python shell または IPython コンソールで，つぎのようにして p がほぼ確実に素数であることが確かめられる。

```
>>> import sympy
>>> sympy.isprime(2**256-2**32-2**9-2**8-2**7-2**6-2**4-1)
>>> True
```

問題 13-99 解答　まず，リスト 13.2 のプログラムを実行する。Python shell または IPython コンソールで，つぎのようにして，GF(p) 上で Gy**2 と Gx**3 + 7 の値を計算すると一致していることがわかる。つまり，(Gx, Gy) は Secp256k1 上にある。

```
>>> print(hex(pow(Gy, 2, p)), hex(pow(Gx, 3, p) + 7 % p))
0x4866d6a5ab41ab2c6bcc57ccd3735da5f16f80a548e5e20a44e4e9b8118c26f2
0x4866d6a5ab41ab2c6bcc57ccd3735da5f16f80a548e5e20a44e4e9b8118c26f2
```

問題 13-100 解答　リスト 13.2 のプログラムを実行し，Python shell または IPython コンソールで，つぎのようにして，kG が求まる。

```
>>> k = 123456789123456789
>>> ECmult(k, G, p)
>>> (22928050342884900963991937831106393976623872205611779454307552946113996512474,
36871582680692882516720121843940512202400830704618353294638862255559631007395)
```

問題 13-101 解答　リスト 13.2 のプログラムを実行し，Python shell または IPython コンソールで，つぎのようにして，$\mathrm{ord}(G)G = \mathcal{O}_\infty$ であることが確かめられる。

```
>>> ECmult(ordG, G, p)
>>> (0, 0)
```

問題 13-102 解答　リスト 13.3 のプログラムを実行すると，つぎのように，署名と検証結果が得られる。

```
-----BEGIN PRIVATE KEY-----
MIGHAgEAMBMGByqGSM49AgEGCCqGSM49AwEHBG0wawIBAQQgSNaRcX175sLN5fYg
pgD7w4TpFhxNsRCAM2n5xIAP7o6hRANCAAQeJI3/ZaxJ5pG0f5f3LqS0j/2oYo+P
KqsQjdJjNzd+eKvRLne4Zj+8A0ATS/0fagIfUzNlkNnafqAjiMl0V8p1
-----END PRIVATE KEY-----
ECDSA signature: b'da81d8929bad45d203932a91f8433e47d49a5580f75efe03e0c3fe6d
819e8272bc55e1c52b326fb35ae120fa2bf5232095a9ffe9a93c83a1e297ab64503c5bb0'
True
```

問題 13-103 解答　リスト 13.4 のプログラムの 68 行目を print（randomstream(s0, P, Q, prime, ordG, 5)）に修正して実行すると，つぎのようになる。数字は毎回異なる。

```
[936319514479737844718219024018607385378391082496034045028985833680464767,
112306045613060143015269502506791058633325291499632197995399950517620447,
1068105833007746307571640374705048988539231781087726856281351085988050619,
892315464633559606715272583924325299961091559780742913020115847678419658,
229978760022736773038377393899090032261635639722695296073695162526885952]
```

索　　引

—— 著 者 略 歴 ——

神永　正博（かみなが　まさひろ）
1991年　東京理科大学理学部数学科卒業
1993年　京都大学大学院理学研究科修士課程修了（数学専攻）
1994年　京都大学大学院理学研究科博士課程中退（数学専攻）
1994年　東京電機大学助手
1998年　株式会社日立製作所勤務
2003年　博士（理学）（大阪大学）
2004年　東北学院大学講師
2005年　東北学院大学助教授
2007年　東北学院大学准教授
2011年　東北学院大学教授
　　　　現在に至る

吉川　英機（よしかわ　ひでき）
1989年　大分工業高等専門学校電気工学科卒業
1991年　電気通信大学電気通信学部通信工学科卒業
1993年　電気通信大学大学院博士前期課程修了
　　　　（電子情報学専攻）
1993年　鈴鹿工業高等専門学校助手
2000年　博士（工学）（大阪市立大学）
2003年　鈴鹿工業高等専門学校講師
2007年　東北学院大学准教授
2019年　東北学院大学教授
　　　　現在に至る

Pythonで学ぶ暗号理論

Cryptography with Python

2024年10月15日　初版第1刷発行　★

検印省略

著　者　神　永　正　博
　　　　吉　川　英　機
発行者　株式会社　コ ロ ナ 社
　　　　代 表 者　牛 来 真 也
印刷所　三 美 印 刷 株 式 会 社
製本所　株式会社　グ リ ー ン

112–0011　東京都文京区千石4–46–10
発行所　株式会社　**コ ロ ナ 社**
CORONA PUBLISHING CO., LTD.
Tokyo Japan
振替00140–8–14844・電話(03)3941–3131(代)
ホームページ　https://www.coronasha.co.jp

ISBN 978–4–339–02946–8　C3055　Printed in Japan　（西村）